国家林业和草原局普通高等教育"十三五"规划教材
高等院校观赏园艺方向"十三五"规划教材

花卉国际贸易实务

（第2版）

黄 凯 主编

中国林业出版社

内 容 简 介

本教材介绍了花卉进出口产品类别及等级、花卉进出口贸易术语、花卉进出口程序、花卉进出口贸易单证及其办理、国际贸易货款收付、花卉产品包装与贮藏、运输与保险、进出口花卉产品检疫、花卉主要国际贸易方式,阐述了濒危物种与花卉进出口贸易、花卉新品种保护与国际贸易、花卉认证与国际贸易、新贸易壁垒与花卉进出口贸易的关系和影响,是一本实用性、专业性和可操作性强的教材,适用于园艺、园林等专业学生学习及从事花卉进出口贸易的人员学习参考。

图书在版编目(CIP)数据

花卉国际贸易实务/黄凯主编. —2版. —北京:中国林业出版社,2022.1

国家林业和草原局普通高等教育"十三五"规划教材 高等院校观赏园艺方向"十三五"规划教材

ISBN 978-7-5219-1429-0

Ⅰ.①花… Ⅱ.①黄… Ⅲ.①花卉-国际贸易-贸易实务-高等学校-教材 Ⅳ.①F746.23

中国版本图书馆CIP数据核字(2021)第239731号

中国林业出版社·教育分社

策划编辑:康红梅　　　　　　责任编辑:康红梅　田 娟　　　责任校对:苏 梅
电话:83143551　83143634　　传真:83143516

出版发行	中国林业出版社(100009 北京市西城区刘海胡同7号) E-mail:jiaocaipublic@163.com http://www.forestry.gov.cn/lycb.com
印　刷	北京中科印刷有限公司
版　次	2010年7月第1版(共印1次) 2022年1月第2版
印　次	2022年1月第1次印刷
开　本	850mm×1168mm　1/16
印　张	14.75
字　数	359千字
定　价	55.00元

未经许可,不得以任何方式复制或抄袭本书之部分或全部内容。
版权所有　侵权必究

《花卉国际贸易实务》（第2版）编写人员

主　　编　黄　凯

副 主 编　郁书君
　　　　　　吴沙沙
　　　　　　刘笑冰
　　　　　　杨　磊

编写人员　（按姓氏拼音排序）
　　　　　　黄　凯（北京农学院）
　　　　　　李　欣（中国花卉报社）
　　　　　　刘笑冰（北京农学院）
　　　　　　卢书云（北京首都机场物业管理有限公司）
　　　　　　王凤兰（仲恺农业工程学院）
　　　　　　吴沙沙（福建农林大学）
　　　　　　杨　磊［中瑞康达（北京）创新科技有限公司］
　　　　　　郁书君（华南农业大学）
　　　　　　诸葛鹏（北京北控生态建设集团有限公司）

《花卉国际贸易实务》（第1版）编写人员

主　　编　罗　宁

副 主 编　宋希强
　　　　　　　郁书君

编写人员　（按姓氏拼音排序）
　　　　　　　陈守智（云南农业大学）
　　　　　　　黄　凯（北京农学院）
　　　　　　　刘建民（北京第二外国语大学）
　　　　　　　刘玉冬（天津农学院）
　　　　　　　罗　宁（北京林业大学，中国林木种子公司）
　　　　　　　宋希强（海南大学）
　　　　　　　郁书君（华南农业大学）

第 2 版前言

近几年，中国花卉产业在改革创新和调整升级进程中迎难而上、行稳致远，产业转型升级取得显著成效。花卉消费市场日趋成熟，花卉正在进入千家万户，花卉生产结构不断优化，产品质量明显提高，花卉交易方式多样快捷，花卉进出口贸易也取得了长足的发展，花卉产品已成为农业产品进出口贸易的重要组成部分，花卉贸易也越来越受到各方重视，花卉产业从业人员、高校相关专业学生需要掌握当代花卉贸易知识，为产业发展注入新活力。

《花卉国际贸易实务》（第 1 版）面世十年以来，在使用过程中发现一些问题，主要涉及两个方面，一方面是花卉贸易行业发展迅速，知识不断更新，新的贸易方式及管理法规标准出台；另一方面是原版教材结构、内容有错误遗漏及重复现象，急需更新。为此我们对第 1 版进行修订，使教材内容更符合当代花卉贸易行业管理需求，既注重理论的系统性、准确性，又兼顾实用性、可操作性，补充新的理论研究和改革实践的最新成果，修正原版中的错误遗漏。

为此，我们特组织花卉贸易领域的专家学者及企业管理人员修订本教材。

由于花卉产品的进出口与一般产品的进出口存在差异，有其特殊性，本教材的修编在常规产品进出口贸易实务的基础上，增加了进出口花卉产品的一些特殊要求和管理规范，如花卉进出口产品类别及等级、花卉产品包装与贮藏、花卉新品种保护与国际贸易、花卉认证与国际贸易等，最后还探讨了新贸易壁垒对花卉进出口贸易的影响。

本教材是一本专业性强的花卉贸易教材，内容翔实，图表详细，易于理解，可操作性强。是一本可供园林及园艺专业学生学习花卉贸易实务教程，也适用于从事花卉产业的在职人员学习参考。

本教材由黄凯主编并统稿，郁书君、吴沙沙、刘笑冰、杨磊担任副主编。编写人员及编写分工如下：

黄　凯、李　欣、诸葛鹏	1　绪论
郁书君	2　花卉进出口产品类别及等级
刘笑冰	3　花卉进出口贸易术语

郁书君、王凤兰、罗 宁	4 花卉进出口程序
卢书云	5 花卉进出口贸易单证及其办理
黄 凯	6 国际贸易货款收付
杨 磊	7 花卉产品包装与贮藏
黄 凯	8 运输与保险
吴沙沙	9 进出口花卉产品检疫
杨 磊	10 花卉主要国际贸易方式
郁书君	11 花卉新品种保护与国际贸易
吴沙沙	12 花卉认证与国际贸易
刘笑冰	13 新贸易壁垒与花卉进出口贸易
黄 凯	附录

第2版编写出版过程中得到北京农学院、华南农业大学、福建农林大学与中国林业出版社等单位的支持，王瑞、冯倚琪、王艺涵、蒋怡冰、陈俊杰、张雯、史静、张玉春、刘一兵、翟硕、那悦琪等同学参与资料整理工作，在此一并表示感谢。

由于作者水平有限，书中错漏在所难免，敬请读者批评指正。

编 者
2021年10月

第 1 版前言

随着经济的全球化,特别是我国加入世界贸易组织后,我国的花卉进出口贸易取得了长足的发展,花卉进出口产品的种类、数量和金额逐年增加,花卉产品已成为农业产品进出口贸易的重要组成部分。由于花卉产品的进出口与一般产品的进出口存在差异,有其特殊性,因此本教材的编写在常规产品进出口贸易实务的基础上,增加了进出口花卉产品的一些特殊要求和管理规范,如花卉进出口产品类别及等级、花卉产品包装与储藏、花卉新品种保护与国际贸易、濒危物种与花卉进出口贸易、花卉认证与国际贸易等,最后还探讨了新贸易壁垒对花卉进出口贸易的影响。

本教材是一本专业性强的进出口贸易类教材,内容翔实,图表详细,易于理解,可操作性强,是一本可供园林及园艺专业学生学习的进出口贸易实务教程,也适用于从事花卉及植物进出口贸易的人员学习参考。

本教材由罗宁主编,并统稿;宋希强、郁书君担任副主编。编写人员及编写分工如下:

罗　宁、黄　凯	0	绪论
罗　宁、宋希强	1	花卉进出口产品类别及等级
刘玉冬	2	花卉进出口贸易术语
罗　宁	3	花卉进出口程序
罗　宁、方雪莹	4	花卉进出口贸易单证及其办理
罗　宁	5	国际贸易货款收付
宋希强	6	花卉产品包装与储藏
罗　宁	7	运输与保险
陈守智	8	进出口花卉产品检疫
刘玉冬	9	花卉主要国际贸易方式
宋希强	10	濒危物种与花卉进出口贸易
郁书君	11	花卉新品种保护与国际贸易

宋希强　　　　　　　　12　花卉认证与国际贸易
罗　宁、刘建民、黄　凯　13　新贸易壁垒与花卉进出口贸易

由于作者水平有限，时间仓促，书中错漏在所难免，敬请读者批评指正。

编　者
2010 年 4 月

目　录

第 2 版前言
第 1 版前言

1　绪　论 …………………………………………………………………………（1）
　　1.1　花卉国际贸易概述 …………………………………………………………（1）
　　1.2　与花卉国际贸易有关法律、法规和国际惯例 ……………………………（2）
　　1.3　全球花卉贸易概况 …………………………………………………………（5）
　　1.4　中国花卉进出口贸易概况 …………………………………………………（9）
　　小　结 …………………………………………………………………………（12）
　　思考题 …………………………………………………………………………（12）
　　参考文献 ………………………………………………………………………（12）

2　花卉进出口产品类别及等级 …………………………………………………（13）
　　2.1　主要花卉进出口产品类别 …………………………………………………（13）
　　2.2　主要花卉进出口产品等级 …………………………………………………（15）
　　小　结 …………………………………………………………………………（21）
　　思考题 …………………………………………………………………………（21）
　　参考文献 ………………………………………………………………………（21）

3　花卉进出口贸易术语 …………………………………………………………（22）
　　3.1　贸易术语概述 ………………………………………………………………（22）
　　3.2　有关贸易术语国际惯例 ……………………………………………………（23）
　　3.3　两类贸易术语 ………………………………………………………………（34）
　　小　结 …………………………………………………………………………（54）
　　思考题 …………………………………………………………………………（54）
　　参考文献 ………………………………………………………………………（54）

4 花卉进出口程序 ……………………………………………………………… (56)
4.1 进出口合同洽商 …………………………………………………………… (56)
4.2 进出口合同签订 …………………………………………………………… (62)
4.3 进出口合同履行 …………………………………………………………… (67)
小　结 ……………………………………………………………………………… (72)
思考题 ……………………………………………………………………………… (72)
参考文献 …………………………………………………………………………… (72)

5 花卉进出口贸易单证及其办理 ……………………………………………… (73)
5.1 进出口单证概述 …………………………………………………………… (73)
5.2 花卉进出口主要单证及其办理 …………………………………………… (76)
小　结 ……………………………………………………………………………… (85)
思考题 ……………………………………………………………………………… (85)
参考文献 …………………………………………………………………………… (85)

6 国际贸易货款收付 ……………………………………………………………… (86)
6.1 金融票据 …………………………………………………………………… (86)
6.2 汇付与托收 ………………………………………………………………… (89)
6.3 信用证付款 ………………………………………………………………… (95)
6.4 银行保函 …………………………………………………………………… (103)
6.5 支付方式选用 ……………………………………………………………… (105)
小　结 ……………………………………………………………………………… (106)
思考题 ……………………………………………………………………………… (106)
参考文献 …………………………………………………………………………… (106)

7 花卉产品包装与贮藏 …………………………………………………………… (107)
7.1 花卉产品包装 ……………………………………………………………… (107)
7.2 花卉产品贮藏 ……………………………………………………………… (112)
小　结 ……………………………………………………………………………… (116)
思考题 ……………………………………………………………………………… (116)
参考文献 …………………………………………………………………………… (116)

8 运输与保险 ……………………………………………………………………… (117)
8.1 运输方式 …………………………………………………………………… (117)
8.2 进出口运输保险 …………………………………………………………… (122)
小　结 ……………………………………………………………………………… (128)
思考题 ……………………………………………………………………………… (128)
参考文献 …………………………………………………………………………… (128)

9　进出口花卉产品检疫 (129)
9.1　进口花卉产品检疫 (129)
9.2　出口花卉产品检疫 (136)
9.3　检疫鉴定和检疫处理 (144)
小　结 (150)
思考题 (150)
参考文献 (150)

10　花卉主要国际贸易方式 (152)
10.1　拍卖 (152)
10.2　经销和批发 (155)
10.3　代理 (157)
10.4　电子商务 (162)
小　结 (166)
思考题 (166)
参考文献 (167)

11　花卉新品种保护与国际贸易 (168)
11.1　植物新品种保护的概念 (168)
11.2　植物新品种保护制度的主要内容 (169)
11.3　中国有关新品种保护知识产权法规体系 (174)
11.4　花卉国际贸易中的知识产权保护 (175)
11.5　世界主要国家新品种保护制度 (179)
11.6　花卉新品种管理 (185)
小　结 (187)
思考题 (187)
参考文献 (187)

12　花卉认证与国际贸易 (188)
12.1　花卉认证概述 (188)
12.2　花卉认证形式 (189)
12.3　花卉认证与进出口贸易 (194)
小　结 (195)
思考题 (195)
参考文献 (195)

13　新贸易壁垒与花卉进出口贸易 (197)
13.1　新贸易壁垒 (197)

13.2　新贸易壁垒与花卉进出口贸易 …………………………………………（202）
13.3　规避花卉新贸易壁垒的策略及措施 ………………………………………（205）
小　结 ……………………………………………………………………………（209）
思考题 ……………………………………………………………………………（210）
参考文献 …………………………………………………………………………（210）

附　录 ……………………………………………………………………………（211）

1

绪 论

1.1 花卉国际贸易概述

1.1.1 国际贸易的含义

国际贸易是人类社会发展到一定历史阶段的产物，是指世界各国（地区）之间进行的商品交换。它既包括有形商品（如原料品、半制成品及制成品等实物商品）的交换，也包括无形商品（如劳务、技术、教育、咨询、金融、投资、运输、保险、旅游、商业性服务等）的交换。这种交换活动，从一个国家（地区）的角度讲，称为该国（地区）的对外贸易；从世界范围讲，世界各国（地区）对外贸易的总和构成了国际贸易，也称世界贸易。

通常国际贸易与国内贸易之间是存在区别的。国与国之间的贸易之所以有别于国内贸易，是因为每个国家都有自己一套独立的关税制度和贸易措施，并通过这种关税制度和贸易措施保护本国的利益；而国内贸易是指在同一个关税制度下的一个国家内的贸易，贸易伙伴之间的交易活动并不受关税等措施的影响。从国家行政管理的角度，国内贸易并不使用关税等措施对交易的一方给予特别的限制或优惠。本教材正是从这样的角度区分国际贸易与国内贸易。但由于某种原因，一个国家内部存在着不同的关税区，而这些不同的关税区有着自己独特的贸易利益，尽管属于同一个国家，但这些不同的独立关税区之间的贸易行为和一般意义上不同国家之间的贸易是相同的，从理论上或政策上研究这种不同关税区之间的贸易与我们研究一般的国际贸易无异。因此，可以从经济学意义上把国际贸易理解为具有独立关税制度的国家（地区）之间的商品或服务的交换活动。

不同关税区之间的贸易利益会通过关税制度和其他各种贸易措施反映出来，因此，国际贸易活动有许多不同于国内贸易的特点。比如，它们之间的法律体系会有差异，法规或商业惯例也会有不同。这就要求贸易双方对这些方面有很深的了解，以免在贸易中由于该方面的原因遭受不必要的损失或引起不必要的纠纷。通常情况下，不同关税区的货币制度、度量衡制也会不同，交易双方在选择结算货币、支付工具与支付方式等方面也比国内贸易复杂。不同关税区的关境分割，使得市场呈现出不统一性，企业在进行商业活动决策时，必须考虑到这些特点。国际贸易过程中涉及的信用风险、价格风险、外汇风险、政治风险等都比国内贸易大。如果贸易双方发生纠纷，通过调解、诉讼或仲裁解决也比国内贸易类似纠纷的解决更加复杂和困难。正是由于国际贸易与国内贸易存在很大的差别，人们才把国际贸易作为一个专门的对象进行研究。

如果不同国家之间通过结成关税同盟使它们成为一个统一的关税区，那么，这些国家之间的贸易和一般的国际贸易就会有很大的区别。如果这些国家如同当今的欧盟，实行统一的货币政策，甚至使它们之间的法律体系、财政政策等各种经济政策、法规都统一起来，那么，这些国家尽管彼此之间没有最终统一，但它们之间的贸易已和国际贸易学所讲的国际贸易很少有共同点了，而是更像一般意义上的国内贸易。事实上，现在不少国家或国际经济组织在研究国际贸易的时候，已经把欧盟作为一个单位进行考虑。

1.1.2　花卉国际贸易的特点

花卉国际贸易除了具有国际贸易的共同特点外，还有其特殊性。

①花卉产品是具有生命力的一类产品，时效性强。有的花卉产品只有几天的寿命，如鲜切花具有较高观赏价值的时间只有一周左右。花卉产品如果不能及时运到客户手中，就不能成为商品，有时甚至变为垃圾。

②花卉产品的包装、贮藏和运输等要求较高。如对鲜切花和盆花包装时，为了防止被压坏，应选用牢固的纸箱。不同的植物其运输温度也不一样，如百合种球的运输温度为-1℃，苗木的运输温度为2~3℃，南方的盆景运输温度为9℃。无论哪个环节稍有疏忽，都可能给花卉产品的进口或出口造成损失。

③花卉产品种类繁多，如一、二年生草本花卉和球根花卉就有一千多个种和品种，而且每个种或品种都是一个进口单位，每批进口与出口的种、品种的名称、数量必须准确。如果某个花卉品种出现错误，将影响该批产品的进口或出口通关。

④花卉产品要从某个国家进口或出口到另一国家，由于各国对植物产品病虫害的检疫对象要求不同，而且有时政策还会发生变化，所以从事花卉产品进出口贸易必须紧密关注相应进出口国对植物检疫要求的变化，以便顺利进口或出口花卉产品。

⑤要完成某一花卉产品的进出口，依据其种类的不同，要办理濒危物种证明、非濒危物种证明、植检证、场库证、种用证等，其手续较多且复杂，如果手续或证件不齐全将影响花卉产品的进出口贸易。

1.2　与花卉国际贸易有关法律、法规和国际惯例

花卉产品的进出口贸易属于植物贸易的范畴，而植物又属于生物与生态的范畴。世界上很多国家都把生态安全与国防安全等同对待。花卉的进出口不能危害进(出)口国的植物生态状况，应遵守中国及国际上的有关法律、法规和国际贸易惯例。以下从国内

及国际两个方面简单介绍与花卉进出口贸易相关的一些法律、法规。

1.2.1 国内法律、法规

(1)《中华人民共和国进出境动植物检疫法》

《中华人民共和国进出境动植物检疫法》于1991年10月30日在第七届全国人民代表大会常务委员会第二十二次会议上通过,1991年10月30日中华人民共和国主席令第53号公布,自1992年4月1日起施行。2009年8月27日第十一届全国人民代表大会常务委员会第十次会议通过对该法作出修正。本法共8章50条,包括总则,进境检疫,出境检疫,过境检疫,携带、邮寄物检疫,运输工具检疫,法律责任,附则。

(2)《中华人民共和国海关法》

《中华人民共和国海关法》于1987年1月22日在第六届全国人民代表大会常务委员会第十九次会议上修订通过,1987年7月1日实施。2017年11月4日第十二届全国人民代表大会常务委员会第三十次会议作出第五次修正。本法共9章102条,包括总则、进出境运输工具、进出境货物、进出境物品、关税、海关事务担保、执法监督、法律责任、附则。

(3)《中华人民共和国对外贸易法》

2004年4月6日,第十届全国人民代表大会常务委员会第八次会议通过了修订后的《中华人民共和国对外贸易法》,并于2004年7月1日起施行。2016年11月7日第十二届全国人民代表大会常务委员会第二十四次会议作出最新修正,修订后共11章70条,分为总则、对外贸易经营者、货物进出口与技术进出口、国际服务贸易、与对外贸易有关的知识产权保护、对外贸易秩序、对外贸易调查、对外贸易救济、对外贸易促进、法律责任和附则。

(4)《中华人民共和国种子法》

《中华人民共和国种子法》于2000年7月8日第九届全国人民代表大会常务委员会第十六次会议通过,2015年11月4日第十二届全国人民代表大会常务委员会第十七次会议第三次修订。修正后共10章94条,分为总则、种质资源保护、品种选育与审定、新品种保护、种子生产经营、种子监督管理、种子进出口和对外合作、扶持措施、法律责任、附则。

(5)《中华人民共和国濒危野生动植物进出口管理条例》

《中华人民共和国濒危野生动植物进出口管理条例》于2006年4月12日国务院第一百三十一次常务会议通过,自2006年9月1日起施行。该条例共28条,是为了加强对濒危野生动植物及其产品的进出口管理、保护和合理利用野生动植物资源、履行《濒危野生动植物种国际贸易公约》而制定的。

(6)《中华人民共和国植物新品种保护条例》

《中华人民共和国植物新品种保护条例》(中华人民共和国国务院令第213号)于1997年3月20日发布,自1997年10月1日起施行。根据2014年7月29日《国务院关于修改部分行政法规的决定》第二次修订。该条例共8章46条,分为总则,内容和归属,授权的条件,申请和受理,审查与批准,期限、终止和无效,罚则,附则。

(7)《引进林木种子苗木及其它繁殖材料检疫审批和监管规定》

《引进林木种子苗木及其他繁殖材料检疫审批和监管规定》，于 2003 年 5 月 30 日由国家林业局发布，2013 年 12 月 24 日更名为《引进林木种子、苗木检疫审批与监管规定》，共 6 章 35 条，分为总则、检疫申请、受理与审批、检疫监管、有关责任、附则。

1.2.2　国际法律、法规

(1)《濒危野生动植物种国际贸易公约》

1972 年 6 月在瑞典首都斯德哥尔摩召开的联合国人类与环境大会全面讨论了环境问题，特别是濒危野生动植物保护问题，提议由各国签署一项旨在保护濒危野生动植物种的国际贸易公约，这标志着联合国开始全面介入世界环境与发展事务，被誉为世界环境史上的一座里程碑。1973 年 3 月 3 日，21 个国家的全权代表受命在华盛顿签署了《濒危野生动植物种国际贸易公约》，又称《华盛顿公约》，于 1975 年 7 月 1 日正式生效。截至 2019 年 8 月，有 183 个主权国家加入。中国于 1981 年正式加入该公约。

(2)《国际植物新品种保护公约》

《国际植物新品种保护公约》（UPOV 公约），于 1961 年 2 月 2 日在巴黎讨论通过，1968 年 8 月 10 日正式生效，后又经 1972 年 11 月 10 日、1978 年 12 月 23 日和 1991 年 3 月 19 日在日内瓦三次修改。

UPOV 公约旨在确认各成员国保护植物新品种育种者的权利，其核心内容是授予育种者对其育成的品种有排他的独占权，他人未经品种权人的许可，不得生产和销售植物新品种，或须向育种者交纳一定的费用。根据 UPOV 公约规定，育种者享有为商业目的生产、销售其品种的繁殖材料的专有权，包括以商业目的而繁殖、销售受保护的植物品种；在观赏植物或切花生产中作为繁殖材料用于商业目的时，保护范围扩大到以正常销售为目的而非繁殖用的观赏植物部分植株；为开发其他品种而将受保护品种商业性地反复使用。

UPOV 公约有两个文本，1991 年文本比 1978 年文本更严格地保护育种者的权利。如 1978 年文本允许农民保留种子再次播种、自繁自种和自由交换（虽没有明确写明）；1991 年文本严格地限制农民这种权利，育种者的权利延伸至收获的材料。UPOV 公约的 1991 年文本还将育种者的权利扩大到禁止侵权品种进口。在强调保护育种者权利的同时，UPOV 公约对育种者的权利也有所限制，如出于公共利益考虑或者为了推广新品种，可以不经过育种者同意而使用、繁殖其新品种。1991 年文本对育种者权利的限制更为具体，规定育种者的权利不适用于以下情况：私人的非商业活动；试验性活动；培育其他新品种活动，但培育派生品种以及需要反复利用受保护品种进行繁育品种的除外。

我国已于 1998 年 8 月 29 日第九届全国人民代表大会常务委员会第四次会议决定通过加入《国际植物新品种保护公约（1978 年文本）》，承诺在国际机制上保护新品种育种者的权利。

(3)《联合国国际货物销售合同公约》

《联合国国际货物销售合同公约》于 1980 年 4 月 11 日在维也纳签订。各缔约国铭记联合国大会第六届特别会议通过的关于建立新的国际经济秩序的各项决议的广泛目标，考虑到在平等互利基础上发展国际贸易是促进各国间友好关系的一个重要因素，认为采用照顾到不同的社会、经济和法律制度的国际货物销售合同统一规则将有助于减少国际贸易的法律障碍，促进国际贸易的发展。本公约共4部分101条，于1988年1月1日生效。1981年9月30日我国政府代表签署本公约，1986年12月11日交存核准书。核准书载明，中国不受公约第1条第1款(b)、第11条及与第11条内容有关的规定的约束。2013年1月中国政府正式通知联合国秘书长，撤回对《联合国国际货物销售合同公约》所作"不受公约第11条及第11条内容有关的规定的约束"的声明，该撤回已正式生效。

1.3　全球花卉贸易概况

世界各国花卉业的发展历史不一，短的只有三四十年，长的达二三百年。特别是第二次世界大战后，由于世界各国进入了相对平稳的时期，战后各国经济得到恢复和快速发展，花卉业也迅速在全球崛起，成为当今世界最具活力的产业之一，已成为国际贸易的大宗商品。根据统计，全球花卉行业市场规模2013年为4850亿美元左右，2014年为5200亿美元，2015年与2016年分别为5500亿美元与5900亿美元，到2017年增至约6300亿美元。2018年全球花卉行业市场规模约为6600亿美元(图1-1)。2020年全球遭受新冠疫情，导致一些花卉种植者、花卉贸易商、花卉物流企业、花店等破产关闭及整合。切花和室内盆栽植物消费通常与经济发展高度相关，高失业率将抑制花卉植物需求。国际空运成本较高，运力又较低，这些都将给非洲和南美洲国家的花卉供应带来问题。

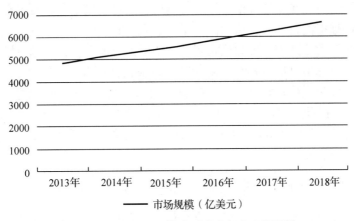

图1-1　2013—2018年全球花卉行业市场规模

1.3.1　全球花卉主产区及产值

目前花卉主产区主要分布在以下国家：中国、印度、日本、美国、荷兰、意大利、泰国、英国、法国、德国。花卉贸易内容主要包括切花、切叶、盆花、种球、种苗、种子等。花卉出口创汇比较高的国家依次是：荷兰、哥伦比亚、丹麦、以色列、意大利、哥斯达黎加、比利时、美国、泰国、肯尼亚。

从各国花卉产业优势和特色来看，荷兰的主要优势产品在于种苗、球根、切花；美国的优势产品是种苗、草花、盆花、观叶；日本的种苗、切花、盆花还有哥伦比亚的切花、观叶在世界具有较强竞争力；以色列的种苗、切花享有盛誉；意大利、西班牙、肯尼亚的切花以及丹麦的盆花等各具特色和优势。但是荷兰、美国、以色列等发达的花卉生产国，其种苗生产都非常发达，尤其与育种相关的研发能力强大。种子、种苗是花卉产业发展的灵魂，发达国家牢牢把握了产业发展的最顶端，从而把握住了世界花卉产业发展的脉搏，决定了世界花卉产业发展方向。

据统计，全球花卉业产值约为 550 亿美元，苗圃树木（乔木、灌木等）的产值约为 350 亿美元。近年来，中国花卉产业发展取得了长足的进步，中国现已成为世界最大的花卉生产基地和旺盛的花卉消费市场。中国花卉产业是随着改革开放的进程不断发展壮大起来的。2016 年，中国花木种植总面积 133.04 万 hm^2，比 2012 年增长 18.75%。中国已成为世界最大的花卉生产中心、重要的花卉消费国和进出口贸易国。

以 2016 年全球花卉产业发展的相关数据为例，哥伦比亚、肯尼亚、厄瓜多尔和埃塞俄比亚 4 国的切花出口占全球切花市场份额的 44%，已经超过了 2015 年荷兰切花出口占全球的市场份额。在花卉供应方面，欧洲国家在 2018 年花卉出货量达到 50 亿美元，占全球总量的 55.4%。肯尼亚园艺作物发展局的最新数据显示，90% 的鲜花出口荷兰、法国、英国及瑞典等西欧和北欧国家，在全欧洲的市场占有率高达 30% 以上，高峰期每天发送花枝一百万朵到欧洲，是名副其实的"欧洲后花园"。肯尼亚种植的鲜花主要包括玫瑰、香石竹、满天星、百合、金丝桃等一系列夏季花卉。

荷兰素有"世界花卉王国"之称，有着悠久的花卉栽培历史，是世界上最大的花卉生产国和出口国。荷兰在花卉种苗、种球、鲜切花、自动化生产方面占有绝对优势，以郁金香为代表的球根类花卉成为荷兰的印象。在荷兰的大街小巷，平均每 300m 就有 2 家花店。荷兰生产的花卉 75% 出口到世界 130 个国家与地区。在国际市场上，荷兰球茎花卉出口量占世界总出口量的 80%，鲜切花占 60%，盆花占 50%。

在意大利人眼中，鲜花胜金银，花卉就如同品位出众、高雅的时尚界。意大利以生产香石竹切花为主，在世界鲜切花出口比例中居第四位。意大利国土面积约 30.1 万 km^2，园艺植物种植面积约 7.8 万 km^2，种植价值超过 25 亿欧元，其中 11.5 亿欧元来自鲜切花和盆花。

1.3.2 主要进口国与进口额、消费国与消费额

随着经济全球化，世界花卉生产、消费和贸易呈现出较强的区域性，花卉进口量大的国家也是花卉消费量大的国家。主要的花卉进口国暨花卉消费量较大的国家有：德国、法国、英国、荷兰、美国、日本、西班牙、丹麦、比利时、瑞士等。

世界上花卉消费最多的是欧洲，其每年的鲜花消费约 92 亿美元，人均年消费约 30 美元，其中德国是鲜花消费最多的国家，全年花卉消费量达到 30 亿美元。

据德国花艺联合会的统计显示，2011 年德国进口各类鲜花和插花 16.9 万 t，支付 84 亿欧元，占世界总进口额的 23%。在德国的花卉消费中，市民消费稳稳占据着花卉消费的首要位置。在德国，花卉成为人们日常生活不可或缺的生活必需品，因此国内花

卉市场需求大，各类鲜花、插花主要依赖进口，而且比重逐步增加。

其余四大花卉进口国为美国（占世界总进口额13%）、英国（占10%）、法国（占10%）、荷兰（占9%）。以切花进口额为例，美国7.61亿美元，英国5.31亿美元，法国4.15亿美元，荷兰3.97亿美元。

从人均消费上看，欧洲各国人均花卉消费普遍较高。以2007年数据为例，瑞士位居世界第一，人均年消费77欧元，中国人均花卉消费额仅为0.36欧元。日本居亚洲第一，人均年消费33欧元。美国居美洲第一位，人均年消费20欧元。

1.3.3　全球花卉主要出口国与出口额

根据国际园艺生产者协会提供的统计数字，2018年全球花卉总产值约750亿欧元。全球花卉贸易出口总额超过680亿美元，其中切花占46.8%，盆栽植物占41.7%，切叶占8%，其他类占3.5%。从出口方面来看，荷兰仍是世界上最大的花卉出口国，位居世界第一位。据统计，荷兰花卉出口额占世界花卉出口总额的50%以上。

据荷兰市场研究机构最新数据显示，2019年荷兰花卉和植物的出口额达62亿欧元，就出口额而言，鲜切花同比增长3.6%。2019年12月，花卉出口额创下2013年以来月度出口额最高增幅，增长10.3%，达4.72亿欧元。2019年初，德国和意大利市场销售低迷，随后行情迅速复苏。2019年荷兰出口德国的总额为16.7亿欧元，虽下降0.6%，但德国仍然是荷兰最大的市场。出口意大利总额为3.01亿欧元，排名第四，下跌0.7%。2019年下半年，海外市场对荷兰花卉的需求最为旺盛。荷兰出口波兰的销售额不断增长。波兰代替比利时，成为荷兰花卉第五大出口目的地国家，比利时顺延为第六位，东欧国家市场继续活跃，俄罗斯在荷兰花卉前十大出口国中排名第七。尽管英国脱欧带来了不确定性，但2019年荷兰花卉出口英国的总额仍达8.55亿欧元，同比增长3.5%。

1.3.3.1　主要出口类别

鲜切花、种球、盆栽植物是最主要的出口花卉类别，2017年，三者出口额占年度花卉出口总额的83%。

全球共有65个国家（地区）从事鲜切花出口，2016年荷兰的切花出口市场份额维持在43%左右，是世界花卉贸易的中心。新崛起的哥伦比亚、肯尼亚、厄瓜多尔和埃塞俄比亚的市场份额之和达到了44%，超过了荷兰。哥伦比亚是第二大鲜切花出口国，占世界鲜切花贸易额的14%。第三大鲜切花出口国是以色列，占世界鲜切花贸易额的4%。厄瓜多尔占4%，西班牙、意大利占3%。

种球类方面，荷兰是头号出口大国。荷兰国土面积仅约4.15万km^2，但荷兰却有110km^2用于种植鲜花，荷兰每年大约培育90亿个鲜花球茎，出口量占全球市场约60%。出口种球9.3亿欧元。

盆栽植物主要出口国依次排列是：荷兰，占41%；丹麦，占13%；比利时，占9%；意大利，占8%；德国、加拿大各占5%。

1.3.3.2　主要出口国

荷兰花卉出口仍居世界第一。据统计，2019年荷兰花卉和植物出口总额达62亿欧元，占国际花卉贸易的60%，欧洲市场的70%。出口主要产品是鲜切花、种球、种苗等。

哥伦比亚依靠适宜的气候条件(全年温度10~25℃)、外资和技术的大量输入、廉价的土地和劳动力等优势，花卉出口呈逐年上升趋势。1965年出口额仅2万美元，到1985年花卉出口总额已达1.4亿美元，2019年鲜花出口创汇超过14亿美元，是仅次于荷兰的世界第二大鲜切花出口国。哥伦比亚约90%的鲜花产量用于供给国际市场，全国约6800hm^{2}土地将用于种植出口标准的花卉。主要产品有月季、香石竹和菊花等。产品主要销往美国、欧洲、日本等地。

肯尼亚位于非洲东部，地跨赤道。肯尼亚是欧盟市场最大供应地，其中，花卉年出口额超过2.5亿美元，肯尼亚共有100余家花卉企业，鲜花100%出口。肯尼亚每年有超过8.8万t的鲜花从内罗毕机场出口到欧盟国家，每天平均有4~5个航班飞往欧洲主要国家，在花卉消费旺季如情人节前后，每天最多可达6~7个航班。肯尼亚鲜切花品类以玫瑰为主，占73%，香石竹占5%，还有晚香玉、东方百合、飞燕草、天堂鸟、刺芹以及肯尼亚本土观赏植物。据肯尼亚生鲜农产品出口商协会(FPEAK)2019年2月公开数据显示，2018年肯尼亚花卉出口收入达1131亿先令(约合11亿美元)，比2017年的收入增长了37.8%。

厄瓜多尔因昼暖夜凉、光照和水源充足而成为花卉生产的沃土。厄瓜多尔主要花卉品类有玫瑰、非洲菊、满天星、紫菀、金丝桃、香石竹、补血草及其他夏季花卉等，其中玫瑰为厄瓜多尔出口的主要花卉品类，在巩固厄瓜多尔作为世界主要鲜花生产和出口国之一发挥了重要作用。目前玫瑰占厄瓜多尔出口鲜花总量的77%，其次为夏季花卉、满天星、香石竹、百合和其他鲜花，出口占比分别为10.2%、7%、1.6%、0.7%和3.5%，已经成为仅次于荷兰、哥伦比亚的世界第三大鲜切花出口国。近年来，厄瓜多尔已晋升为中国最大的玫瑰供应国，2019年中国进口厄瓜多尔花卉金额高达1100万美元。

泰国位于东南亚，地处热带，兰花种类多，栽培繁殖容易，成本低，兰花生产迅速发展，已成为亚洲花卉出口大国，2003年泰国兰花的出口总额达到20亿泰铢(约合5000万美元)，其兰花出口位居世界第一位。出口的主要产品有石斛兰、万带兰、文心兰、拖鞋兰以及其他热带兰品种。主要出口国为日本、中国。2018年进口泰兰最多的国家为中国，出口量高达2.37万t，约6亿枝兰花，约占泰兰出口量的40%。

意大利不仅是世界花卉生产大国，同时也是重要的花卉消费大国，每年消费的花卉数量相当可观。2016年意大利主要出口绿色植物和插条，其次是鲜切花，再次是新鲜或经处理的切叶、切枝、苔藓、地衣等，最后是种球类，出口总额约6.32亿欧元。其中法国是意大利花卉最大进口国，占意大利出口总额的19.3%；其次是德国和荷兰，分别占18.5%和16.0%。

比利时观赏园艺产业持续发展，在国家经济中起着重要作用。到2018年，观赏园艺产业是比利时的一个重要出口产业，出口额近 5.43 亿欧元，占全国观赏园艺产业产值的 80%。比利时虽然是西欧面积较小、人口较少的国家，但它的盆栽出口占全世界出口额的 10%，列荷兰、丹麦后的第三位。

1.4　中国花卉进出口贸易概况*

1.4.1　生产面积与销售额

中国由于具有种质资源、气候资源、劳动力资源、市场、花文化等几方面的优势，花卉生产面积不断扩大。据初步统计，2008 年种植面积 77.5 万 hm^2，销售额 666.9 亿元。花卉销售额每年以 10% 的速度上升。2017 年增至 144.89 万 hm^2，销售额达到 1533 亿元，出口额从几千万美元升至 6 亿多美元。2018 年种植面积约为 163 万 hm^2。2019 年，中国花卉种植面积达 176 万 hm^2，市场总规模达 1656 亿元，电商市场规模达 535.1 亿元，市场总成交额达 750.84 亿元，批发市场成交额 716.24 亿元。中国花卉生产面积已占世界花卉生产总面积的 1/3，生产面积为世界之最。

1.4.2　花卉进口

据不完全统计，自 20 世纪 80 年代初以来，中国花卉进口一直呈上升的发展趋势，2018 年进口额 2.16 亿美元，比 2017 年增长 2.86%，到 2019 年，中国从 67 个国家（地区）进口花卉，进口总额达 2.62 亿美元，同比减少 0.24 亿美元，降幅 8.39%，这是自 2010 年以来首次出现下降。

种球分别从 13 个国家（地区）进口，新增中国台湾地区。排名前 5 位国家（地区）没有变化，荷兰仍然排名第一，占种球进口额 85.38%。进口品类主要有百合、郁金香、风信子、洋水仙、朱顶红等鳞茎类；大丽花、花毛茛、彩色马蹄莲等块根、块茎类；美人蕉、德国鸢尾、荷花、睡莲等根茎类。百合种球进口量居首位，进口百合种球茎 3.4 亿个，其他鳞茎、块茎、块根、球茎类 2.3 亿个。云南种球进口额占全国种球进口总额的 46.45%，辽宁占 15.03%，浙江占 14.34%。

鲜切花类分别从 52 个国家（地区）进口。进口前 5 位的国家（地区）分别是厄瓜多尔、泰国、荷兰、南非、肯尼亚，占鲜切花进口总额的 77.79%，同比下降 22.93%；加上越南、哥伦比亚、日本、埃塞俄比亚、澳大利亚 5 个国家（地区），构成中国鲜切花进口前 10 个主要进口国，占鲜切花总进口额的 93.98%，同比下降 8.01%。进口品类主要有兰花、月季、菊花、香石竹、百合（属）和其他鲜切花品类。有 14 个省（自治区、直辖市）进口鲜切花，主要集中在上海、云南、北京、广东和浙江 5 省（市），进口额占全国总额的 98.51%。

盆花（景）和庭院植物分别从 18 个国家（地区）进口。日本、西班牙、荷兰、南非和中国台湾地区居进口额前 5 名，占比 93%。日本是中国最大的盆花（景）和庭院植物进

---

* 本书所列中国花卉进出口贸易相关数据以中国内地为准。

口来源国，2019年进口额0.46亿美元，占比达78.29%。盆花(景)和庭院植物进口集中度较高，排名前7位的省(自治区、直辖市)进口额占比达97.69%。浙江、广东是传统的进口大省，占进口额的83.19%。

种苗进口来源地涉及国家(地区)多，品类复杂，用途也广。进口最多的是无根插枝及接穗植物，2019年共进口0.7亿多条插穗，进口额597.66美元，占种苗进口总额25.79%；其次，带根小苗进口近0.5亿株。分别从34个国家(地区)进口种苗共0.23亿美元，同比下滑19.00%。荷兰、乌干达、德国、西班牙、波兰位居进口额前5名，占比达70.58%。其中，荷兰种苗的进口额达1236.74万美元，占进口总额的53.37%，同比增长4.51%。有12个省(自治区、直辖市)进口种苗，云南以924.19万美元排名第一，占中国种苗进口总额的39.88%，同比下降20.52%。

鲜切枝(叶)是近年来进口额增长较快的类别，进口的鲜切枝(叶)主要有北美冬青、寸寸金、绣线菊等。2019年中国鲜切枝(叶)进口额为577.65万美元，同比上升24.39%，分别从49个国家(地区)进口。从荷兰、日本、意大利、德国、丹麦进口的鲜切枝(叶)占进口总额71.93%。上海、北京、云南、广东、山东、四川位居前6位，其进口额450.74万美元，占进口总额的96.98%，进口额同比增加24.28%。

2010—2019年，中国花卉进口来源国家(地区)进口额排名的变化反映出中国花卉市场的需求变化、热点，在不同国家(地区)之间转换的现象。从荷兰、泰国、日本、智利这4个国家花卉的进口额一直比较稳定，10年来，进口额排名始终处于前5位。从2015年开始，随着中国对高品质鲜切花需求的增长，厄瓜多尔异军突起，跻身前5位。

1.4.3　花卉出口

中国的花卉出口，是伴随着花卉的进口而发展起来的。近年来花卉出口的态势是总额小幅上扬，切花盆栽领路。

据海关统计，2017年中国花卉出口2.9亿美元，比2016年增长0.67%。在出口类别中，鲜切花和盆栽植物仍然是重要产品，两者的出口额占2017年花卉出口总额的66.2%。与2016年相比，盆栽植物、种球和干切枝出口额均有明显增长，盆栽植物出口9234万美元，同比上升6.6%；种球出口291万美元，同比上升12.2%；干切花出口312万美元，同比上升4.49%。鲜切花、鲜切枝叶、种苗、干切枝叶则出现不同程度的下滑，鲜切花出口1.0亿美元，同比略降1.71%；鲜切枝叶出口3353万美元，同比下降5.7%；种苗出口3223万美元，同比下降0.2%；干切枝叶出口2040万美元，同比下降2.2%。

2018年出口额比2017年增长5.10%；2019年中国花卉出口继续持续较快增长，2019年出口额达3.58亿美元，同比增长14.70%。这充分显示了中国花卉业的出口优势和巨大潜力。

随着中国花卉产业布局的区域化，各地主要出口产品的种类已形成。如云南已成为全国最大的鲜切花生产基地，年鲜切花生产量占全国总产量的40%，主要产品为月季、香石竹、满天星、补血草等；广东、福建以盆景、盆花、观叶植物为主，如人参榕、福建茶、虎尾兰、富贵竹、仙人掌等；浙江、河南、山东以观赏苗木为主，如红枫、羽毛枫、玉兰、牡丹、棕榈等；北京、上海以种苗为主，如菊花、香石竹、蝴蝶兰等；辽宁以宿根花卉为主；内蒙古以花卉种子为主；江苏以水生植物为主，如睡莲等。

2018年中国花卉分别出口至93个国家(地区)，与2017年相比，新增了15个国家(地区)，同时减少了12个国家(地区)。从数据来看，根据出口额高低排序，排在前5位的国家(地区)依次是日本、韩国、美国、德国和荷兰，且对这5个国家(地区)的出口额占该年度花卉出口总额的70.94%，日本仍是中国花卉最大的出口市场。2018年中国对韩国、日本、荷兰、德国等花卉市场出口有不同程度的增长，对美国出口小幅下降。2019年，中国花卉出口目的地国家(地区)有97个，出口额排名前5位的分别是日本、韩国、荷兰、美国和越南，占出口总额的65.02%。中国花卉出口省(自治区、直辖市)27个，排名前5位的福建、云南、广东、浙江、广西花卉出口较为稳定，5省(自治区、直辖市)花卉出口额占我国花卉出口总额的84.00%。中国主要花卉产品的出口情况如下：

2018年中国种苗出口额0.36亿美元，同比上升13.14%。2018年中国种苗分别出口到美国等61个国家(地区)，美国、荷兰、日本位居前3位。种苗由广东、上海、云南等22个省(自治区、直辖市)对外出口。

2019年，中国种苗出口额0.38亿美元，同比增加8.84%；出口到包括美国、日本、荷兰、澳大利亚、韩国、越南在内的60个国家(地区)，其中美国出口额占比22.54%，同比增加5.39%，日本出口额占比19.63%，同比增加1.33%，荷兰出口额占比17.97%，同比下降9.69%。广东、上海、云南等21个省(自治区、直辖市)对外出口种苗，广东出口额0.15亿美元，占出口总额39.05%，同比上升23.97%，主要以出口无根插枝及接穗植物为主。

2019年，种球出口额259.31亿美元，同比下降10.57%；出口到包括荷兰、日本、美国等在内的16个国家(地区)，其中荷兰占比36.17%，同比增长6%。江苏出口额147.18万美元，占出口总额56.76%，同比下降3.12%。

2018年中国鲜切枝(叶)出口额0.57亿美元，同比上升5.67%。2018年中国鲜切枝(叶)分别出口到日本等65个国家(地区)，日本、美国、荷兰位居前3位。鲜切枝(叶)由浙江、广东、河北等20个省(自治区、直辖市)对外出口。

中国鲜切花2019年出口呈恢复性增长，共出口鲜切花6.12亿枝，分别出口到35个国家(地区)，对日本、韩国、泰国、澳大利亚、缅甸等前10位国家(地区)的出口额占比达95.06%。其中，菊花占比最大、最具市场竞争优势，2019年出口1.93亿枝，出口额占该年度鲜切花出口总额的34.67%。出口额排名前5位的分别是云南、浙江、福建、广东、江苏，出口额1.03亿美元，占比89.94%。其中，云南是中国鲜切花出口大省，2019年鲜切花出口额0.58亿美元，占比50.63%，同比上升23.21%。

2017年中国观赏苗木出口120亿株，到2018年观赏苗木产量下降，为117亿株。

2005年中国干花类出口395万美元，到2008年已达1281万美元，2019年干花干切枝叶出口2001.1万美元。日本、美国、英国、荷兰、意大利位列中国干花出口市场的前5位。其中，日本和德国的增长幅度最大，增幅超过100%，而美国、英国和荷兰市场都出现明显下降。日本依然是内地干花进出口的最大卖家和买家。随着中国制作工艺水平的提高,干花类产品出口将逐渐成为中国花卉业发展的新亮点。

就目前的形势来讲,亚洲仍是中国花卉出口重点维护及开拓的市场。其中,日本、韩国、缅甸、中国香港、新加坡、马来西亚、泰国和中国台湾仍将是我们最主要的花卉销售市场。

虽然碍于运输、品种、质量、检疫等相关原因,致使中国对欧美出口成本较高,市场风险较大,但发达的欧美国家花卉消费量巨大,像荷兰、美国等已成为中国花卉的主要出口国。较之欧美国家,中国对大洋洲的花卉贸易具有相对的地理优势。近年来,中国对大洋洲花卉出口逐年稳步增长,澳大利亚、新西兰将是未来主要的销售市场之一。

小 结

花卉进出口贸易属于国际贸易的范畴,但又有其特殊性。本章从国际贸易的视角出发,介绍了花卉国际贸易的特点和从事花卉国际贸易须遵守的一些国内及国际的法律、法规和条例。简述了国际及国内花卉进出口贸易的情况。

思 考 题

1. 花卉国际贸易有哪些特点?
2. 中国花卉国际贸易应遵守哪些法律法规?
3. 简述国际国内花卉进出口的基本情况。

参考文献

旷野,2018. 园艺产业是比利时的出口导向型产业[J]. 中国花卉园艺(21).
陆继亮,2020. 世界花卉产销现状及发展趋势[J]. 现代园艺(23):73-75.
田靖,2017,2016 世界花卉地图:赤道国家加速发展[J]. 环球视野(14):65-66.
薛荣久,2006. 国际贸易[M]. 北京:对外经济贸易大学出版社.
周伟伟,2020,2019 年荷兰花卉出口额创新纪录[J]. 中国花卉园艺(5):61.
朱桥明,2020. 欧洲花卉产业的发展模式及其启示[J]. 广东园林(3):59-63.

2 花卉进出口产品类别及等级

2.1 主要花卉进出口产品类别

中国花卉进出口产品已从早期进口少量的切花种苗、种球,向进出口种子、种苗、种球、鲜切花、盆栽植物包括盆花、盆景和观叶植物及观赏苗木等花卉产品多样性发展。中国花卉产品的进出口从数量、品种及质量上都发生了很大的变化。充分认识中国进出口花卉产品的主要类别,将有助于提高中国花卉进出口的水平。通过收集整理国内外花卉产品统计类别,并结合中国花卉业特点及发展需要,可将花卉产品的主要类别概括为9类,包括种源类(种子、种苗、种球)、鲜切花类(切花、切叶、切枝、切果)、盆栽植物类(盆花与观叶植物)、盆景、观赏苗木和球宿根类、草坪草类、永生花(仿真、干花、压花与保鲜花)及资材类。

2.1.1 种子类

包括花卉种子、观赏树木种子、草坪草种子和其他种子。

2.1.1.1 花卉种子

花卉种子是指用于生产草本花卉的种子,包括一、二年生和多年生草本花卉。

一、二年生草花种子 如球根秋海棠($Begonia\ tuberhybrida$)、天竺葵($Pelargonium\ hortorum$)、凤仙花($Impatiens\ sultani$)、万寿菊($Tagets\ erecta$)、三色堇($Viola \times wittrockiana$)、矮牵牛($Petunia\ hybrida$)等。

多年生草花种子 如八宝景天($Sedum\ spectabile$)、蛇鞭菊($Liatris\ spicata$)、耧斗菜($Aquilegia\ vulgaris$)、假龙头($Physostegia\ virginiana$)、黑心菊($Rudbeckia\ hybrida$)等。

2.1.1.2 观赏树木种子

观赏树木种子是指以观赏为主要目的,用于绿化、美化而种植的木本植物的种子。

包括乔木、灌木和藤本植物的种子。如雪松(*Cedrus deodata*)、红枫(*Acer palmatum* 'Atropurpureum')、银杏(*Ginkgo biloba*)、望春玉兰(*Magnolia biondii*)、黄栌(*Cotinus coggygria* var. *cinerea*)等。

2.1.1.3 草坪草种子

如高羊茅(*Festuca arundinacea*)、早熟禾(*Poa* spp.)、黑麦草(*Lolium* spp.)、结缕草(*Zoysia* spp.)、狗牙根(*Cynodon* spp.)等。

2.1.2 种球类

种球是指用于生产球根花卉的鳞茎、球茎、块茎、块根和根茎等无性繁殖材料。如朱顶红(*Amaryllis* spp.)、风信子(*Hyacinthus* spp.)、百合类(*Lilium* spp.)、郁金香类(*Tulipa* spp.)、小苍兰类(*Freesia* spp.)、大丽花类(*Dahlia* spp.)、马蹄莲类(*Zantedeschia* spp.)等。

2.1.3 宿根类

宿根是指可以用作繁殖材料的多年生草本花卉的根，其茎叶枯萎后可以继续生存，次年重新发芽生长，与上述种球差别在于宿根不发生膨大变态。如菊花(*Chrysanthemum morifolium*)、玉簪类(*Hosta* spp.)、芍药(*Paeonia lactiflora*)、萱草类(*Hemerocallis* spp.)。

2.1.4 种苗类

种苗是指用于生产观赏植物的幼株和茎、叶、芽等无性繁殖材料，尚未生长完全，非成品植株，不可直接应用，组培苗、穴盘苗属于此类。包括草本、木本观赏植物种苗，如蝴蝶兰(*Phalaenopsis aphrodite*)、大花蕙兰(*Cymbidium hybridum*)、香石竹(*Dianthus caryophyllus*)、菊花(*Chrysanthemum* spp.)、常绿类杜鹃(*Rhododendron* spp.)、月季(*Rosa* spp.)等。

2.1.5 盆栽植物

盆栽植物是指栽植在花盆或其他容器中，以花、叶、果、茎等供观赏的完形植物。分为观花、观叶、观果、仙人掌及多浆植物、水生植物等。

①盆栽观花植物　以观赏花朵为主的盆栽植物，如蝴蝶兰、大花君子兰(*Clivia miniata*)、仙客来(*Cyclamen persicum*)、杜鹃花(*Rhododendron* spp.)等。

②盆栽观叶植物　以观赏茎叶为主的盆栽植物，如马拉巴栗(发财树 *Pachira aquatica*)、绿萝(*Scindapsus aureus*)、朱蕉(*Cordyline terminalis*)、香龙血树(*Dracaena fragrans*)、一品红(*Euphorbia pulcherrima*)等。

③盆栽观果植物　以观赏果实为主的盆栽植物，如金橘(*Citrus japonica*)、柠檬(*Citrus limon*)、佛手(*Citrus medica*)、朱砂根(*Ardisia crennta*)、五彩椒(*Capsicum annuum*)等。

④仙人掌及多浆植物　指仙人掌科和其他科属的茎或叶特化成肉质多汁器官的植物。如仙人掌(*Opuntia dillenii*)、金琥(*Echinocactus grusonii*)、蟹爪兰(*Zygocactus trun-

cactus)、麒麟掌(*Eephorbia neriifolia*)、虎刺玫(*Euphorbia milii*)等。

⑤水生植物　指常年生长于水体中、沼泽地、湿地上的植物。如睡莲(*Nymphaea tetragona*)、荷花(*Nelumbo nucifera*)、千屈菜(*Lythrum salicaria*)、水生菖蒲(*Acorus calamus*)、慈姑(*Sagittaria trifolia* subsp. *leucopetala*)等。

2.1.6　盆景

盆景是指以植物、山石等为素材，运用微缩艺术布局手法和特殊的园艺栽培技术，经过细致加工，以植株的造型艺术为主要观赏目标的盆栽植物。如榕树(*Ficus* spp.)盆景、榆树(*Ulmus parvifolia*)盆景、小叶女贞(*Ligustrum quihoui*)盆景、福建茶(*Carmona microphylla*)等。山水盆景及组合盆栽不纳入此类。

2.1.7　鲜切花

鲜切花是指从活体植株上切取的以其鲜活状态供观赏或装饰用的花、枝、叶、果的总称。按观赏部位不同可以分为鲜切花、鲜切叶、鲜切枝和鲜切果。

①鲜切花　主要观赏单朵花或花序，包括花瓣和苞片。主要种类包括月季、菊花、百合、香石竹、非洲菊(*Gerbera jamesonii*)、唐菖蒲(*Gladiolus gandavensis*)、鸢尾(*Iris* spp.)、郁金香、金鱼草(*Antirrhinum majus*)、满天星(*Gypsophila paniculata*)等。

②鲜切叶　主要观赏其叶或叶状变态茎。要求叶形、叶色美丽奇特，主要观赏其叶或叶状变态茎。如蕨类(*Pteridium* spp.)、文竹(*Asparagus setaceus*)、桉属(*Eucalyptus* spp.)、常春藤(*Hedera helix*)、冬青类(*Ilex* spp.)、散尾葵(*Chrysalidocarpus lutescens*)等。

③鲜切枝　主要观赏其枝干。如银芽柳(*Salix leucopithecia*)、龙桑(*Morus* spp.)、红瑞木(*Cornus alba*)等。

④鲜切果　主要观赏果枝。如唐棉(*Asclepias fruticosa*)、乳茄(*Solanum mammosum*)、紫珠(*Callicarpa japonica*)、火棘(*Pyracantha fortuneana*)和柿子(*Diospyros kaki*)等。

2.1.8　观赏苗木

观赏苗木是指以观赏为主要目的，用于绿化、美化的木本植物。包括乔木、灌木和藤本植物。如雪松、银杏、桂花(*Osmanthus fragrans*)、广玉兰(*Magnolia grandiflora*)、紫薇(*Lagerstroemia hybrida*)、大叶黄杨(*Euonymus japonicus*)、杜鹃花、紫藤(*Wisteria sinensis*)、金银花(*Lonicera japonica*)等。

2.1.9　草坪草

草坪草是指为了提供建植观赏草坪而种植的植物材料，主要是禾本科的耐修剪的草坪草。如早熟禾、黑麦草、结缕草等。

2.2　主要花卉进出口产品等级

目前还没有一部通用的国际花卉产品质量等级标准，不同国家(地区)仍然采用不同的标准和规范。花卉产品质量标准根据其应用范围可分为区域性标准、国家标准、行业标准和企业标准。

2.2.1 花卉产品等级划分的方法

花卉品质的衡量可分为主观及客观两大类，花或叶的颜色、香气、清洁度、形状对称性(balance)等是靠主观判断的；而花径、叶的大小、茎长及捆束的质量等则可以通过客观方法来测定。

为了使花卉产销更有系统性，做到优质优价，世界花卉产业比较发达的国家(地区)都制定了花卉的分级标准。有的国家以花径的大小与花梗的长度为花卉分级的标准，如美国花卉者协会(Society of American Florists，SAF)制定的月季、菊花的分级标准(表2-1)、英国花卉协会(British Flower Industry Association，BFIA)制定的香石竹分级标准(表2-2)。

表2-1 美国花卉者协会(SAF)制定的月季、菊花切花分级标准

品 种	等级			品 种	等级		
	蓝(cm)	红(cm)	绿(cm)		蓝(cm)	红(cm)	绿(cm)
菊 花				月季(最短全长)			
1. 最小花朵直径	14	12.1	10.2	1. 大花种	56	36	25
2. 最短全长	76	76	61	2. 小花种	36	25	15

表2-2 英国花卉协会(BFIA)制定的香石竹分级标准

等 级	花径(mm)	茎长(mm)
金	77.6	745.7
银	76.4	745.7
白	75.7	738.0

以花径大小或花茎长度为客观分级标准，应结合主观判断标准，方能使分级臻于完善。感官视测的标准常以花卉的状况、清洁度、色泽、损伤、花茎的正直与否及花形等加以制定，如美国花卉者协会建议制定的香石竹视测标准(此标准也适用于欧洲)如下：明亮、清洁、坚实的花朵与叶片；相当紧蕾——指靠近花朵中心的花瓣仍紧苞未开；对称的——指花形与该品种应有的形状相符；无裂萼——凡有裂萼或补束着的裂萼花朵不可包括在前述表2-1的各级中，此项标准的视测判断取决于生产者，凡有裂萼的花朵不得利用胶带补束而上市销售；无其他花苞或吸芽；无腐烂或伤害的部分；必须是正常生长的正直花茎。

规格等级是花卉产品特性的一些具体量化指标，通过规格等级划分标志可以使购买商对产品的各种外显特征一目了然。对鲜切花、切叶(枝)而言，决定规格等级的因素有花枝长度、花苞直径、花蕾数、花枝硬度、成熟度、花序长度等。如我国农业行业标准《香石竹切花等级规格》(NY/T 325—2020)将香石竹切花依据花枝长度、花苞直径和花蕾数划分规格标准如下：

(1) 以花枝长度划分规格等级

花枝长度每 9cm 为一个规格,以最短枝的长度确定该扎花的花枝长度,分为 7 个规格,具体见表 2-3 所列。

表 2-3 以花枝长度划分规格的表示方法

表示代码	花枝长度(cm)	表示代码	花枝长度(cm)	表示代码	花枝长度(cm)
040	40~49	070	70~79	100	100 以上
050	50~59	080	80~89		
060	60~69	090	90~99		

(2) 以花苞直径划分规格等级

花苞直径每 0.4cm 为一个规格,以最小花苞的直径确定该扎花的花苞直径,分为 10 个规格,具体见表 2-4 所列。

表 2-4 以花苞直径划分规格的表示方法

表示代码	花苞直径(cm)	表示代码	花苞直径(cm)
10	1.5 以下	35	3.5~3.9
15	1.5~1.9	40	4.0~4.4
20	2.0~2.4	45	4.5~4.9
25	2.5~2.9	50	5.0~5.4
30	3.0~3.4	55	5.5 以上

(3) 以花蕾数划分规格等级

花蕾数为每一花枝上(针对多头香石竹切花)所着生的花蕾数量,分为 6 个规格,具体见表 2-5 所列。

表 2-5 花蕾数划分规格等级表示方法

表示代码	花蕾数(个)	表示代码	花蕾数(个)
5	5	8	8
6	6	9	9
7	7	10	10 以上

2.2.2 主要花卉产品等级标准

在我国,最具代表性的花卉产品等级标准是由国家质量技术监督局于 2000 年 11 月 16 日颁布的《主要花卉产品等级》(GB/T 18247)系列国家标准,该标准包括 7 个部分:鲜切花、盆花、盆栽观叶植物、花卉种子、花卉种苗、花卉种球、草坪。该标准为后来的许多标准提供了参考,是多年来规范花卉市场的有力技术依据,并且目前还在施行。

(1) 鲜切花等级划分标准

鲜切花质量划分为 3 个等级:一级品、二级品和三级品。鲜切花质量的评定依据分为整体效果、病虫害及缺损情况。整体效果的分级主要依据鲜切花的整体感、新鲜程度、成熟度及是否具有该品种特性；病虫害及缺损情况主要依据有无病虫害、受害程度和症状表现。鲜切花质量等级划分公共标准见表2-6所列。

表2-6 鲜切花质量等级划分公共标准

项目内容	一级品	二级品	三级品
整体效果	整体感、新鲜程度很好，成熟度高，具有该品种特性	整体感、新鲜程度好，成熟度较高，具有该品种特性	整体感、新鲜程度较好，成熟度一般，基本保持该品种特性
病虫害及缺损情况	无病虫害、折损、擦伤、压伤、冷害、水渍、药害、灼伤、斑点、褪色	无病虫害、折损、擦伤、压伤、冷害、水渍、药害、灼伤、斑点、褪色	有不明显的病害斑迹或微小的虫孔，有轻微折损、擦伤、压伤、冷害、水渍、药害、灼伤、斑点或褪色

(2) 盆花等级划分标准

①盆花产品标准的划分，采用规格等级和形质等级相结合的分级方法。

②规格等级是指以所规定的花盖度、株高、冠幅/株高、株高/盆径、叶片或花朵等数量进行分级。

③形质等级是指根据盆花产品的整体效果、花部状况、茎叶状况、病虫害或破损4个指标进行分级。

④等级划分中的某一项指标，同时满足两个等级的评价指标时，要根据该项指标在这两个等级中的评价指标是否相同决定归属哪一级。如果该项指标在这两个等级中不同，则应归属下一个等级；否则，应归属上一个等级。

⑤各主要产品等级的划分，依据盆花产品质量等级划分公共标准(表2-7)和主要盆花产品等级划分标准进行。

表2-7 盆花产品质量等级划分公共标准

项目内容	一级	二级	三级
整体效果	外观新鲜，花朵大小和数量正常；生长正常，无衰老症状；符合该品种特性；植株大小与盆的大小相称	外观较新鲜，花朵大小和数量较正常；生长正常，无衰老症状；符合该品种特性；植株大小与盆的大小相称	外观较新鲜，生长较正常；符合该品种特性；植株大小与盆的大小基本相称
花部状况	含苞欲放的花蕾者≥90%，初花者10%~15%。花色纯正，无褪色或杂色斑点，花形完好整齐；花枝（花梗、花序梗或花葶）健壮	盛花者30%~50%。花色纯正，无褪色，花形完好较整齐；花枝（花梗、花序梗或花葶）健壮	盛花者60%。花色纯正，无褪色，花形完好整齐；花枝（花梗、花序梗或花葶）健壮
茎叶状况	茎、枝(干)健壮，分布均匀；叶片排列整齐，匀称，形状大小完好，色泽正常，无褪色	茎、枝(干)健壮，分布较均匀；叶片排列整齐，匀称，形状大小完好，色泽正常，无褪色	茎、枝(干)较健壮，分布稀疏；叶片排列较整齐，色泽正常，略有褪色、落叶
病虫害或破损状况	无病虫害、折损、擦伤、压伤、冷害、水渍、药害、灼伤、斑点、褪色	无病虫害、折损、擦伤、压伤、冷害、水渍、药害、灼伤、斑点、褪色	有不明显的病害斑迹呈微小的虫孔，有轻微折损、擦伤、压伤、冷害、水渍、药害、灼伤、斑点和褪色
栽培基质	必须使用经过消毒的无土基质		

(3) 盆栽观叶植物等级划分标准

①为了便于操作，盆栽观叶植物等级划分采用规格标准和品质标准相结合的评价方法。

② 规格标准用数字表示。
③ 品质标准用文字表示。
④ 盆栽观叶植物等级划分以简明、代表性强、便于操作为原则。
盆栽观叶植物等级划分公共标准见表 2-8 所列。

表 2-8　盆栽观叶植物等级划分公共标准

项目内容	一级	二级	三级
整体效果	植株生长旺盛，处于观赏前期；株型端正、丰满、基部叶片完整无缺；植株大小与容器相称、协调	植株生长正常，处于观赏前期或最佳观赏期；株型较丰满、基部叶片完整无缺；植株大小与容器基本相称、协调	植株生长一般、处于观赏期或最佳观赏期；有轻微的偏冠或基部叶片部分缺失；植株大小与容器不相称
茎叶状况	茎、叶生长健壮，具光泽，叶片形状、大小、质地、色泽、斑纹等符合其品种特性	茎、叶生长正常，具光泽，叶片形状、大小、质地、色泽、斑纹等符合其品种特性	茎、叶生长较正常或有轻微的徒长和偏小现象，质地较柔软，斑纹较模糊
病虫害情况及其他	无病虫害，叶片无干尖、焦边、折损或机械损伤	无病虫害，叶片无干尖、焦边、折损现象，有轻微的机械损伤	有少量的害虫、不明显的病斑，有轻微的干尖、焦边、折损或机械损伤，无检疫对象
栽培基质	必须使用经过消毒的无土基质		

(4) 花卉种子等级划分标准

种子质量分为 3 级。以种子净度、发芽率、含水量和每克粒数的指标划分等级。等级各相关技术指标不属于同一级时，以单项指标低的定级。

(5) 花卉种苗等级划分标准

苗木以地径、苗高为依据分为 3 级。

合格苗应具有发达的根系，苗干健壮、充实、通直、色泽正常、无机械损伤、无病虫害。

(6) 花卉种球等级划分标准

种球质量分为 3 级。以围径、饱满度、病虫害的指标划分等级。等级各相关技术指标不属于同一级时，以单项指标低的定级。

(7) 草坪草种子等级划分标准

草坪草种子质量等级主要根据净度和发芽率将种子质量分为 3 个等级。该标准附录详细说明了主要草坪草种子等级标准、草坪草营养枝等级标准、草皮等级标准、草坪植生带等级标准、开放型绿地草坪等级标准、封闭型绿地草坪等级标准、水土保持草坪等级标准、公路草坪等级标准、飞机场跑道区草坪等级标准、足球场草坪等级标准。

2.2.3　主要花卉产品质量等级

确定花卉产品类别，制定花卉产品的质量等级、评级内容及要求，为制定具体花卉产品质量等级标准提供指导。

(1) 种子

以种子发芽率、发芽势、品种纯度、净度、含水量、千粒重或每克粒数等指标划分等级，建议分为一级、二级、三级。各等级的相关技术指标不属于同一级别时，以单项指标低的定等级。

（2）种球

以围径、饱满度、均匀度、病虫害、机械损伤等指标划分等级，建议分为一级、二级、三级。各等级的相关技术指标不属于同一级时，以单项指标低的定等级。

（3）宿根

以饱满度、均匀度、细菌量、病毒、机械损伤等指标划分等级，建议分为一级、二级、三级。各等级的相关技术指标不属于同一级时，以单项指标低的定等级。

（4）种苗

以地径、苗高、叶片、根系、机械损伤、病虫害等指标划分等级，建议分为一级、二级、三级。各等级的相关技术指标不属于同一级时，以单项指标低的定等级。

（5）盆栽植物

①观花 以花盖度、高度、冠幅、高冠比、容器尺寸、整体效果、开花状况、盛花比例、茎叶状况、机械损伤、病虫害、栽培基质等指标划分等级，建议分为一级、二级、三级。各等级的相关技术指标不属于同一级时，以单项指标低的定等级。

②观叶 以茎叶状况、高冠比、容器尺寸、株形及整体效果、机械损伤、病虫害、栽培基质等指标划分等级，建议分为一级、二级、三级。各等级的相关技术指标不属于同一级时，以单项指标低的定等级。

③观果 以整体效果、果部情况、茎叶状况、高冠比、容器尺寸、株形、果实密度及分布、机械损伤、病虫害、栽培基质等指标划分等级，建议分为一级、二级、三级。各等级的相关技术指标不属于同一级时，以单项指标低的定等级。

（6）盆景

以造型效果、茎叶状况、病虫害、植株大小与配器等的协调性、机械损伤、栽培基质等指标划分等级，建议分为一级、二级、三级。各等级的相关技术指标不属于同一级时，以单项指标低的定等级。

（7）鲜切花

以预处理、新鲜度、成熟度、整齐度、病虫害及机械损伤等指标划分等级，建议分为一级、二级、三级。各等级的相关技术指标不属于同一级时，以单项指标低的定等级。

（8）观赏苗木

以苗木的整体效果、枝条、地径、米径、根系、芽饱满度、病虫害及机械损伤、品种纯度等指标划分等级，建议分为一级、二级、三级。各等级的相关技术指标不属于同一级时，以单项指标低的定等级。

（9）草坪草

以盖度、高度、均一性、色泽、病虫侵害度、杂草率等指标划分等级，建议分为一级、二级、三级。各等级的相关技术指标不属于同一级时，以单项指标低的定等级。

总之，花卉产品质量等级是花卉进出口贸易的前提，只有明确了进口与出口花卉产品的规格及质量等级，才能按质论价，避免纠纷，保证花卉进出口贸易的顺利进行。

小　结

随着花卉产业化程度日益提高，花卉的进出口贸易不断扩大，花卉进出口的种类也越来越多。为了使花卉产销更加规范，做到优质优价，世界花卉比较发达的国家（地区）都制定了花卉产品的等级标准。本章列述了花卉进出口产品的主要类别，同时根据国际上花卉产品质量等级的划分标准，结合中国自身花卉业的发展现状，将鲜切花（切花、切枝、切叶）、盆栽花卉、盆栽观叶植物、花卉种子、草坪种子、花卉种球、花卉种苗的产品质量划分等级，并列出国家质量分级标准以供参考。

思考题

1. 中国主要的花卉进出口产品有哪些种类？请举例说明。
2. 简述花卉产品质量等级的划分方法和原则。
3. 举例说明鲜切花的划分标准。

参考文献

陈琰芳，罗宁，2001. GB/T 18247.4—2000　主要花卉产品等级．第4部分：花卉种子[S]. 北京：中国标准出版社．

高延厅，赵祥云，温春秀，等，2001. GB/T 18247.3—2000　主要花卉产品等级．第3部分：盆栽观叶植物[S]. 北京：中国标准出版社．

韩烈保，孙吉雄，刘德荣，等，2001. GB/T 18247.7—2000　主要花卉产品等级．第7部分：草坪[S]. 北京：中国标准出版社．

罗宁，陈琰芳，2001. GB/T 18247.5—2000　主要花卉产品等级．第5部分：花卉种苗[S]. 北京：中国标准出版社．

罗宁，陈琰芳，2001. GB/T 18247.6—2000　主要花卉产品等级．第6部分：花卉种球[S]. 北京：中国标准出版社．

邵莉楣，虞佩珍，袁涛，2001. GB/T 18247.2—2000　主要花卉产品等级．第2部分：盆花[S]. 北京：中国标准出版社．

王莲英，陈新露，高俊平，2001. GB/T 18247.1—2000　主要花卉产品等级．第1部分：鲜切花[S]. 北京：中国标准出版社．

王莲英，秦魁杰，2011. 花卉学[M]. 2版. 北京：中国林业出版社．

杨秀梅，瞿素萍，王丽花，等. 2020. NY/T 325—2020　香石竹切花等级规格[S]. 北京：中国农业出版社．

花卉进出口贸易术语

日常生活中，人们通过语言交流思想，进行各种活动，其中包括商务活动。在国际货物买卖中，买卖双方在交易磋商和合同订立及履行过程中，一般都需使用贸易术语来确定双方在交接货物方面的部分合同义务。鉴于贸易术语是交易磋商和订立买卖合同中不可缺少的专门用语，可比作"对外贸易的语言"（the language of foreign trade），因此，要求每个进出口贸易的从业者，必须对其有充分的了解，以便在实际业务中正确运用，维护企业和国家的经济利益。

3.1 贸易术语概述

贸易术语（trade terms），又称价格术语（price terms），是在长期的国际贸易实践中产生的，用来表示成交价格的构成和交货条件，确定买卖双方风险、责任、费用划分等问题的专门用语。例如，FOB 是 free on board 或 freight on board 的英文缩写，其中文含义为"装运港船上交货（……指定装运港）"。使用该术语，卖方应负责办理出口清关手续，在合同规定的装运港和规定的期限内，将货物交到买方指派的船上，承担货物在装运港越过船舷之前的一切风险，并及时通知买方。C&F 即"cost and freight"的英文缩写，其中文含义为"成本加运费"使用该术语，卖方负责按通常的条件租船订舱并支付到目的港的运费，按合同规定的装运港和装运期限将货物装上船并及时通知买家。可说明价格的构成及买卖双方有关费用、风险和责任的划分，确定卖方交货和买方接货应尽的义务。进出口贸易的买卖双方在规定价格时使用贸易术语，既可节省交易磋商的时间和费用，又可简化交易磋商和买卖合同的内容。

进出口贸易的买卖双方分处两国，远隔两地，在卖方交货和买方接货的过程中，将会涉及许多问题。例如，货物的检验费、包装费、装卸费、运费、保险费、进出口税捐和其他杂项费用究竟由何方支付；货物在运输途中可能发生的损坏或灭失的风险由何方负担；安排运输、装货、卸货，办理货运保险，申请进出口许可证和报关纳税等责任又由何方承担。如果每笔交易都要求买卖双方对上述费用（costs）、风险（risks）和责任

(responsibilities)逐项反复磋商，将耗费大量的时间和费用，并将影响交易的达成。在进出口贸易长期的实践中，逐渐形成了各种不同的贸易术语。通过使用贸易术语，就可解决上述问题，方便和促进交易的达成。

贸易术语是国际贸易发展到一定阶段的产物。18世纪末至19世纪初最早产生了FOB贸易术语，19世纪中叶产生了CIF贸易术语，但含义与现行的贸易术语不同。

从有关贸易术语的国际惯例来看，从其产生之后，经历了一个不断发展的过程。《1936年国际贸易术语解释通则》(以下简称1936年《通则》，余同)定义了9种贸易术语，1953年《通则》的贸易术语数量没有改变，其后则在数量上有所增加。1980年《通则》包含了14种贸易术语，1990年《通则》包含了13种贸易术语。2000年《通则》在贸易术语的数量上没有改变，但含义上有所演进(2010年版《通则》的术语数量由13种变为11种。2020年新《通则》的术语数量仍为11种)。随着国际贸易和交通运输与通讯事业的发展，国际上采用的贸易术语也日渐增多，除传统的术语以外，近年来又出现了一些新的贸易术语。

由于贸易术语确定了买卖双方的部分合同义务，在磋商和订立合同的同时，采用了某种贸易术语，如FOB或CIF，就使该合同具有一定的特征，从而可分别称之为"FOB合同"或"CIF合同"。

贸易术语在国际贸易中广泛应用，它发挥的作用主要有：

①确定交货条件，说明买卖双方在交接货物方面彼此承担责任、费用和风险的划分。

②用来表示商品的价格构成因素，尤其是货价中所包含的从属费用。

③节省了交易中双方商议的时间与费用。

④简化了交易买卖合同的内容。

⑤有利于交易的达成和纠纷的解决。

3.2　有关贸易术语国际惯例

国际贸易惯例本身不是法律，对贸易双方不具有强制性。但是，国际贸易惯例是国际贸易法律的渊源之一，它对贸易实践仍具有重要的指导作用。

其实早在19世纪初，在进出口贸易中已开始使用贸易术语。但是，因为各个国家法律制度、贸易惯例和交易习惯不同，因此，国际上对各种贸易术语的解释与应用存有差异，从而容易引起贸易纠纷。后来，某些商业团体、学术机构为了消除分歧，有利于进出口贸易的发展，试图对贸易术语作统一的解释，于是，陆续出现了一些有关贸易术语的解释和规则。这些解释和规则为较多国家的法律界和工商界所熟悉、承认和接受，成为有关贸易术语的国际贸易惯例。

目前，在国际上有较大影响的有关贸易术语的惯例有3种，其一是《1932年华沙—牛津规则》；其二是《1941年美国对外贸易定义修订本》；其三是《2020年国际贸易术语解释通则》。现分述如下。

3.2.1 《1932年华沙—牛津规则》(Warsaw-Oxford Rules)

这是国际法协会专门为解释 CIF 合同而制定的。这一规则对于 CIF 的性质、买卖双方所承担的风险、责任和费用的划分以及所有权转移的方式等问题都作了比较详细的解释。《华沙—牛津规则》在总则中说明,这一规则供交易双方自愿采用,凡明示采用《华沙—牛津规则》者,合同当事人的权利和义务均应援引本规则的规定办理。经双方当事人明示协议,可以对本规则的任何一条进行变更修改或增添。如本规则与合同发生矛盾,应以合同为准。凡合同中没有规定的事项,应按本规则的规定办理。

该规则是由国标法协会(International Law Association)所制定的。该协会于1928年在华沙举行会议,制定了关于 CIF 买卖合同的统一规则,共22条,称为《1928年华沙规则》。后又经过1930年纽约会议、1931年巴黎会议和1932年牛津会议修订为21条,定名为《1932年华沙—牛津规则》(Warsaw-Oxford Rules 1932,简称"W. O. Rules 1932")。

《华沙—牛津规则》对 CIF 合同的性质、特点及买卖双方的权利和义务都作了具体的规定和说明,为那些按 CIF 贸易术语成交的买卖双方提供了一套可在 CIF 合同易于使用的统一规则,供买卖双方自愿采用,在缺乏标准合同格式或共同交易条件的情况下,买卖双方可约定采用此项通则,凡在 CIF 合同中订明采用《华沙—牛津规则》者,则合同当事人的权利和义务,应按此规则的规定办理,由于现代国际贸易惯例,是建立在当事人"意思自治"的基础上,具有任意法的性质,因此,买卖双方在 CIF 合同中也可变更,修改规则中的任何条款或增添其他条款,当此规则的规定与 CIF 合同内容相抵触时,仍以合同规定为准。

《华沙—牛津规则》自1932年公布后,一直沿用至今,并成为国际贸易中颇有影响国际贸易惯例,因为此项规则在一定程度上反映了各国对 CIF 合同的一般解释不仅如此,其中某项规定的原则还可适用于其他合同,例如《华沙—牛津规则》规定,在 CIF 合同中,货物所有权称转于买方的时间,应当是卖方把装运单据(提单)交给买方的时刻,即以交单时间作为所有权移转的时间,此项原则,虽是针对 CIF 合同的特点制定的,但一般认为也可适用于卖方有提供提单义务的其他合同,可见《华沙—牛津规则》的制定和公布,不仅有利于买卖双方订立 CIF 合同而且也利于解决 CIF 合同履行当中出现的争议,当合同当事人发生争议时,一般都参照或引用此项规则的规定与解释来处理。

①除依照下节的第七条③款、第④款的规定外,卖方必须备妥合同规定的货物,并且依照装船港口的习惯方式将货物装到该港口的船上。

②如成交时订售的是海上路货,或按照第七条第②款和第④款规定的方式已经交给承运人保管,或者为履行合同起见,卖方有权按合同规格买进海上路货时,卖方只需将该货划拨到买卖合同项下。这种划拨不需在单据提交买方以前办理,提交单据即意味着该货划拨到买卖合同项下。

该规则对 CIF 买卖合同的性质作了说明,并具体规定了在 CIF 合同中买卖双方所承担的费用、责任和风险。按该规则,CIF 合同的卖方所需承担的主要义务包括:

(1) 关于卖方装船的责任

①除依照《华沙—牛津规则》的第七条卖方对提单的责任的第③款、第④款的规定外，卖方必须备妥合同规定的货物，并且依照装船港口的习惯方式将货物装到该港口的船上。必须提供符合合同说明的货物，并按港口习惯方式，在合同规定的时间或期限内，在装运港将货物装到船上；负担货物损坏或灭失的风险，直到货物装上船为止。

②如成交时订售的是海上路货，或按照第七条卖方对提单的责任第②款和第④款规定的方式已经交给承运人保管，或者为履行合同起见，卖方有权按合同规格买进海上路货时，卖方只需将该货划拨到买卖合同项下。这种划拨不需在单据提交买方以前办理，提交单据即意味着该货划拨到买卖合同项下。

(2) 卖方对订单的责任

①卖方有责任由自己承担费用订妥运输合同。该项合同从货物的性质、预定航线或特定行业的现用条款来看，应该是合理的。除依照其中载有的惯常的例外以外，上述运输合同必须订明在买卖合同所规定的目的地交货。此外，除下述另有规定者外，上述运输合同必须用"已装船"提单作为证明，此项提单应当符合良好的商业要求，由船公司或它的正式代理人签发，或者依照租船合同的规定签发，注明日期，并注明船名。

②如果买卖合同或特定行业惯例许可，除依照下述规定和限制外，运输合同可以用"备运"提单或类似单据（视情况而定）作为证明，此项提单或单据应当符合良好的商业要求，由船公司或它的正式代理人签发，或者依照租船合同的规定签发；在这种情况下，这样的"备运"提单或类似单据，就各方面讲，应当认为是有效提单，并可由卖方提供对方。再者，如果这样的单据已经恰当地注明船名和装船日期，它就应被认为在一切方面相当于"已装船"提单。

③如果卖方有权提供"备运"提单，除依照第二条（关于卖方装船责任）第②款的规定外，卖方必须将合同规定的货物备妥，并有效地交给装船港口的承运人保管，以便尽速发运给买方。

④如果卖方依照买卖合同的条款或特定行业惯例有权提供"联运"提单，而此项提单涉及到部分陆运和部分海运，签发"联运"提单的运输机构又是陆运承运人，则卖方除依照第二条（关于卖方装船责任）第②款的规定外，必须备妥合同规定的货物，并有效地交给承运人保管，以便尽速发运给买方。除非卖方依照买卖合同的条款或特定行业惯例有权利用内河运输方式，否则货物不得经由内河运输。如果买卖合同规定只用海运，卖方无权提供部分陆运、部分海运的"联运"提单。

⑤如果货物用"联运"提单运输，此项单据必须规定自风险转由买方承担之时起的全部运程中，对买方的完全和连续的保障，买方有权对参加运输该货物至目的地的每一个或任何一个承运人要求合法的补救。

⑥如果买卖合同规定了特定路线，则有效地提交作为运输合同证明的提单或其他单据，必须规定货物由该条运输路线运输，如果买卖合同没有规定路线，则由特定行业惯例所采取的路线运输。

⑦作为运输合同的证明，有效提供的提单或其他单据应当并且只限于用以处理合同中所订售的货物。

⑧卖方无权使用提货单或船货放行单来代替提单，除非买卖合同有这样的规定。

(3) 卖方对货物状况的责任

①买卖合同货物应在这样的状况下装船或交给承运人保管：即在正常的航行后并在正常的情况下运到合同规定的目的地时能保持可商销状态。由于货物固有的变质、漏泄、体积或重量的损耗（不是由于货物在装船或交付承运人保管时已有的缺陷造成的，也不是由于装船或运输发生的），不在此限。适当参照特殊行业惯例，容许通常的变质、漏泄、体积或重量的自然损耗。

②如果在成交时，订售的是海上路货，或已经交给承运人保管；或者，如果卖方为履行合同起见，有权买进合同规格的海上路货，那末，可以认为买卖合同中含有这样的默示条件，即货物已经依照前款规定装船或交给承运人保管。

③如果在装船或交给承运人保管时，对有关货物的状况发生争议，又没有依照买卖合同的条款、特定行业惯例或本规则第十五条规定所签发的任何证明书，那末，货物的品质、规格、状态和/或重量或数量，应当依照当时装到船上时的状况来决定。如果卖方是依照第七条（卖方对订单的责任）第③款、第④款的规定，把货物交给承运人保管，以代替装船者，就按照确实交给时的状况决定。

(4) 卖方对保险的责任

①卖方有责任承担费用向信誉良好的保险商或保险公司投保，取得海运保险单，作为有效和确实存在的保险合同的证明，此项保险单是为维护买方的利益，承保了买卖合同规定的全部运程中的货物（包括习惯上的转船）。除依照本款第二段和买卖合同的特别规定外，此项保险单，对于货物在装船或交给承运人保管时，按照特定行业惯例或在规定航线上应投保的一切风险，必须向保险单持有人提供完全和延续的合同保障。

除符合下述情况之一者外，卖方不负投保"战争险"的责任：

· 买卖合同有投保"战争险"的特别规定者；

· 货物装船或交给承运人保管前，卖方接到买方的通知，要求投保"战争险"者；

· 同时，除买卖合同另有特殊规定外，投保"战争险"费用应由买方负担。

②如果在提供单据时，未取到保险单，买方应接受信誉良好的保险商或保险公司（照上述保险单的规定）所签发的保险凭证以代替保险单，并作为承保海洋险的依据和代表本规则意义内的保险单，对于原应在保险单上载明的有关提单和发票项内货物的主要条款和条件，该保险凭证应转载清楚，并将保险单内的一切权利转让给持有人（持证人）。在这样情况下，卖方有责任保证在买方要求时，尽速提出或取得凭证中所指明的保险单。

③除非特定行业惯例可以由卖方向买方提供保险经纪人的承保书以代替保险单，这种承保书不应作为代表本规则意义内的保险单。

④投保货物的保险金额，应当依照特定行业惯例来定，如果没有此项惯例，保险金额应当是运交买方货物的 CIF 发票价，减去货到时应付的运费（如果有的话），再加 CIF 发票价（减去货到时应付的运费——如果有的话）的 10%利润。

《华沙—牛津规则》在总则中说明：这一规则供交易双方自愿采用，凡明示采用《华沙—牛津规则》者，合同当事人的权利和义务均应援引本规则的规定办理。经双方当事人明示协议，可以对本规则的任何一条进行变更修改或增添。如本规则与合同发生矛盾，应以合同为准。凡合同中没有规定的事项，应按本规则的规定办理。

3.2.2 《1941年美国对外贸易定义修正本》

1919年美国9个大商业团体制订了《美国出口报价及其缩写》(The U. S. Export Quotations and Abbreviations)。其后，因贸易习惯发生了很多变化，在1940年举行的美国第27届全国对外贸易会议上对该定义作了修订，并于1941年7月31日经美国商会、美国进口商协会和美国全国对外贸易协会所组成的联合委员会通过，称为《1941年美国对外贸易定义修正本》(Revised American Foreign Trade Definitions 1941)。该修正本对下列6种贸易术语作了解释：

(1) Ex(Ex Point of Origin)

Ex指原产地交货。如制造厂交货(Ex Factory)、矿山交货(Ex Mine)、农场交货(Ex Plantation)、仓库交货(Ex Warehouse)等，其后分别注明指定原产地(named point of origin)。

按此术语，卖方必须在规定的日期或期限内，在原产地双方约定的地点，将货物置于买方处置之下，并负担一切费用和风险，直至买方应负责提取货物之时为止。当货物按规定被置于买方处置之下时，买方必须立即提取，并自买方应负责提货之时起，负担货物的一切费用和风险。

在此规定下买卖双方的责任如下：

• 卖方责任：

——承担货物的一切费用和风险，直至买方应负责提货时为止。

——在买方请求并由其负担费用的情况下，协助买方取得原产地及/或装运地国家签发的为货物出口或在目的地进口所需的各种证件。

• 买方责任：

——在货物按规定日期或期限内送抵约定地点并置于买方控制下时，应立即受领。

——支付出口税及因出口而征收的其他税捐费用。

——从买方应负责受领货物之时起，承担货物的一切费用和风险。

——支付因领取原产地及/或装运地国家签发的，为货物出口或在目的地进口所需的各种证件的全部费用。

(2) FOB(Free on Board)

《1941年美国对外贸易定义修正本》将FOB术语分为下列6种：

①FOB(named inland carrier at named inland point of departure) 指在指定内陆发货地点的指定内陆运输工具上交货。按此术语，在内陆装运地点，由卖方安排并将货物装于火车、卡车、驳船、拖船、飞机或其他供运输用的运载工具上。

在此规定下买卖双方的责任如下：

• 卖方责任：

——将货物装在载运工具上，或提交内陆承运人装运。

——提供清洁提单或其他运输收据，注明运费到付。

——承担货物的任何灭失及/或损坏的责任,直至货物在装运地被装上载运工具,并取得承运人出具的清洁的提单或其他运输收据为止。

——在买方请求并由其负担费用的情况下,协助买方取得原产地及/或装运地国家签发的、为货物出口或在目的地进口所需的各种证件。

• 买方责任:

——负责货物自内陆装货地点装运后的一切运送事宜,并支付全部运输费用。

——支付出口税及因出口而征收的其他税捐费用。

——承担在指定的内陆起运地点装运后所发生的任何灭失及或损坏的责任。

——支付因领取由原产地及/或装运地国家签发的、为货物出口或在目的地进口所需各种证件的全部费用。

②FOB (named inland carrier at named inland point of departure) freight prepaid to (named point of exportation) 指在指定内陆发货地点的指定内陆运输工具上交货,运费预付到指定的出口地点。按此术语,卖方预付至出口地点的运费,并在指定内陆起运地点取得清洁提单或其他运输收据后,对货物不再承担责任。

在此规定下买卖双方的责任如下:

• 卖方责任:承担①项下规定的卖方责任,但其中提供清洁提单或其他运输收据,注明运费到付除外。卖方必须提供清洁的提单或其他运输收据,并预付至–指定出口地点的运费。

• 买方责任:承担①项下规定的买方责任,但无须支付从装货地点至指定出口地点的运费。

③FOB (named inland carrier at named inland point of departure) freight allowed to (named point) 在指定内陆发货地点的指定内陆运输工具上交货,减除至指定地点的运费。按此术语,卖方所报价格包括货物至指定地点的运输费用,但注明运费到付,并由卖方在价金内减除。卖方在指定内陆起运地点取得清洁提单或其他运输收据后,对货物不再承担责任。

在此规定下买卖双方的责任如下:

• 卖方责任:承担①项下规定的卖方责任,但运至指定地点的运输费用应在发票中减除。

• 买方责任:承担①项下规定的买方责任,但要负责支付卖方已减除的由内陆装运地点到指定地点的运费。

④FOB (named inland carrier at named point of departure) freight allowed to (named point) 在指定出口地点的指定内陆运输工具上交货。按此术语,卖方所报价格包括将货物运至指定出口地点的运输费用,并承担货物的任何灭失或损坏的责任,直至上述地点。

在此规定下买卖双方的责任如下:

• 卖方责任:

——将货物装在载运工具上,或交给内陆承运人装运。

——提供清洁的提单或其他运输收据,并支付由装运地点至指定出口地点的一切运输费用。

——承担货物的一切灭失及/或损坏责任，直至装于内陆载运工具上的货物抵达指定出口地点为止。

——在买方请求并由其负担费用的情况下，协助买方取得原产地及/或装运地国家签发的、为货物出口或在目的地进口所需的各种证件。

• 买方责任：

——承担货物在出口地点内陆载运工具上时起的全部运转责任。

——支付出口税及因出口而征收的其他税捐费用。

——承担从装于内陆载运工具上的货物抵达指定出口地点时起的一切灭失及/或损坏的责任。

——支付因领取由原产地及/或装运地国家签发的、为货物出口或在目的地进口所需各种证件所发生的一切费用。

⑤FOB Vessel(named port of shipment) 船上交货(指定装运港)。按此术语，卖方必须在规定的日期或期限内，将货物实际装载于买方提供的或为买方提供的轮船上，负担货物装载于船上为止的一切费用和承担任何灭失或损坏的责任，并提供清洁轮船收据及(或)已装船提单；在买方请求并由其负担费用的情况下，协助买方取得由原产地或装运地国家签发的、为货物出口或在目的地进口所需的各种证件。买方必须办理有关货物自装运港至目的港的运转事宜，包括办理保险并支付其费用，提供船舶并支付其费用；承担货物装上船后的一切费用和任何灭失或损坏的责任；领取由原产地及(或)装运地国家签发的、为货物出口或在目的地进口所需的各种证件(清洁轮船收据或提单除外)，并支付因此而发生的一切费用；支付出口税和因出口而征收的其他税捐费用。

在此规定下买卖双方的责任如下：

• 卖方责任：

——支付在规定日期或期限内，将货物实际装载于买方提供的或为买方提供的轮船上而发生的全部费用。

——提供清洁的轮船收据或已装船提单。

——承担货物一切灭失及/或损坏责任，直至在规定日期或期限内，已将货物装载于轮船上为止。

——在买方请求并由其负担费用的情况下，协助买方取得由原产地及/或装运地国家签发的、为货物出口或在目的地进口所需的各种证件。

• 买方责任：

——将船名、开航日期、装船泊位及交货时间明确地通知卖方。

——当卖方已将货物交由买方控制，但由于买方指定轮船未能在规定时间内到达或不能装货而发生的额外费用及全部风险，由买方承担。

——办理有关货物随后运至目的地的一切运转事宜；办理保险并支付其费用；提供船舶或其他运输工具并支付其费用。

——支付出口税及因出口而征收的其他税捐费用。

——承担货物装上船后的一切灭失及/或损坏责任。

——支付因领取由原产地及/或装运地国家签发的、为货物出口或在目的地进口所需的各种证件(但清洁的轮船收据或提单除外)而发生的一切费用。

⑥FOB(named inland point En country of importation) 在指定进口国内陆地点交货。按此术语,卖方必须安排运至指定进口国地点的全部运输事宜,并支付其费用;办理海洋运输保险,并支付其费用;承担货物的任何灭失或损坏的责任,直至装载于运输工具上的货物抵达指定进口国内陆地点为止;自负费用,取得产地证明书、领事发票,或者由原产地及(或)装运地国家签发的、为货物在目的地进口及必要时经由第三国过境运输所需的各种证件;支付出口和进口关税以及因出口和进口而征收的其他税捐和报关费用。买方必须在运载工具抵达目的地时,立即受领货物;负担货物到达目的地后的任何费用,并承担一切灭失或损坏的责任。

在此规定下买卖双方的责任如下:

• 卖方责任:

——将货物装在载运工具上,或交给内陆承运人装运。

——提供清洁的提单或其他运输收据,并支付由装运地点至指定出口地点的一切运输费用。

——承担货物的一切灭失及/或损坏责任,直至装于内陆载运工具上的货物抵达指定出口地点为止。

——在买方请求并由其负担费用的情况下,协助买方取得原产地及/或装运地国家签发的、为货物出口或在目的地进口所需的各种证件。

• 买方责任:

——承担货物在出口地点内陆载运工具上时起的全部运转责任。

——支付出口税及因出口而征收的其他税捐费用。

——承担从装于内陆载运工具上的货物抵达指定出口地点时起的一切灭失及/或损坏的责任。

——支付因领取由原产地及/或装运地国家签发的、为货物出口或在目的地进口所需各种证件所发生的一切费用。

(3) FAS(free alongside ship)

FAS Vessel(named port of shipment)指船边交货(指定装运港)。按此术语,卖方必须在规定的日期或期限内,将货物交至买方指定的海洋轮船边、船上装货吊钩可及之处,或者交至由买方或为买方所指定或提供的码头,负担货物交至上述地点为止的一切费用和承担任何灭失或损坏的责任。买方必须办理自货物放置于船边以后的一切运转事宜,包括办理海洋运输及其他运输,办理保险,并支付其费用;承担货物交至船边或码头以后的任何灭失或损失的责任,领取由原产地及(或)装运地国家签发的、为货物出口或在目的地进口所需的各种证件(清洁的码头收据或轮船收据除外),并支付因此而发生的一切费用,支付出口税及因出口而征收的其他税捐费用。

在此规定下买卖双方的责任如下:

• 卖方责任:

——在规定日期或期限之内,将货物交至船边或交至由买方或为买方指定或提供的码头。支付为搬运重件至上述船边或码头而引起的任何费用。

——提供清洁的码头收据或轮船收据。

——承担货物的一切灭失及/或损坏责任，直至将货物交到船边或码头为止。

——在买方请求并由其负担费用的情况下，协助买方取得原产地及/或装运地国家签发的为货物出口或在目的地进口所需的各种证件。

• 买方责任：

——将船名、开航日期、装船泊位及交货时间明确地通知卖方。

——办理从货物到达船边以后的一切运转事宜：

如有必要，将货物安放在仓库或码头并支付滞期费及/或仓储费用；

办理保险并支付其费用；

办理海洋运输及其他运输并支付其费用。

——支付出口税及因出口而征收的其他税捐费用。

——承担货物在以下情况时所发生的任何灭失及/或损坏的责任：装载于停靠船边、船上吊钩可及之处的驳船或其他载运工具上；或放置于码头等待装船；或实际已装船和装船以后。

——支付因领取由原产地及/或装运地国家签发的为货物出口或在目的地进口所需的各种证件（但清洁的码头收据或轮船收据除外）而发生的一切费用。

（4）CFR（cost and freight）

CFR（named point of destination）指成本加运费（指定目的地）。按此术语，卖方必须负责安排将货物运至指定目的地的运输事宜，并支付其费用；取得运往目的地的清洁已装船提单，并立即将它送交买方或其代理；承担货物交至船上为止的任何灭失或损坏的责任；在买方请求并由其负担费用的情况下，提供产地证明书、领事发票，或由原产地及(或)装运地国家签发的、为买方在目的地国家进口货物以及必要时经由第三国过境运输所需的各种证件；支付出口税或因出口而征收的其他税捐费用。买方必须接受所提交的单据；在载货船舶到达时受领货物，办理一切随后的货物运转事宜，并支付其费用，包括按提单条款从船上提货；支付起岸的一切费用，包括在指定目的地点的任何税捐和其他费用；办理保险并支付其费用；承担货物交至船上后的任何灭失或损坏的责任；支付产地证明书、领事发票，或由原产地及(或)装运地国家签发的、为货物在目的地国家进口以及必要时经由第三国过境运输所需的各种证件的费用。

在此规定下买卖双方的责任如下：

• 卖方责任：

——负责安排货物运至指定目的地的运输事宜，并支付其费用。

——支付出口税或因出口而征收的其他税捐费用。

——取得运往指定目的地的清洁提单，并迅速送交买方或其代理。

——在向买方提供"备运提单"的情况下，对于货物的灭失及/或损坏，须负责到货物已送交海运承运人保管时为止。

——在向买方提供"已装船提单"的情况下，对于货物的灭失及/或损坏，须负责到货物已装到船上为止。

——在买方请求并由其负担费用的情况下，提供产地证明书、领事发票或由原产国及/或装运国所签发的、为买方在目的地国家进口此项货物及必要时经由第三国过境运输所需要的各项证件。

• 买方责任：

——接受提交的各项单证。

——在船到达时受领货物并负责办理货物的随后一切运转，并支付其费用，其中包括按照提单条款的规定从船上提货，支付起岸的一切费用，包括一切税捐和在指定目的地点所需支付的其他费用。

——办理保险并支付其费用。

——承担根据上述第④或第⑤项所规定的卖方责任终止的时间和地点以后货物的灭失及/或损坏的责任。

——支付产地证明书、领事发票或其他由原产地及/或装运地国家签发的、为货物在目的地国家进口及必要时经由第三国过境运输所需要的任何其他证件的费用。

(5) CIF(cost, Insurance and freight)

CIF(named point of destination)指成本加保险费、运费(指定目的地)。按此术语，卖方除了必须承担 CFR 术语下所有的责任外，还须办理海运保险，支付其费用，并提供保险单或可转让的保险凭证。买方的责任，则在 CFR 术语的基础上，免除办理货物海运保险及其费用(卖方投保战争险所支出的费用需由买方负担)。

在此规定下买卖双方的责任如下：

• 卖方责任：

——负责安排货物运至指定目的地的运输事宜，并支付其费用。

——支付出口税，或因出口而征收的其他税捐费用。

——办理货物的海洋运输保险并支付其费用。

——投保在货物装船时卖方市场所能得到的战争保险其费用由买方负担；但经卖方同意，由买方投保战争保险的，不在此列。

——取得运往指定目的地的清洁提单及保险单或可转让的保险凭证，并立即送交给买方或其代理。

——在向买方提供"备运提单"的情况下，对于货物的灭失及/或损坏，须负责到货物已送交海运承运人保管时为止。

——在向买方提供"已装船提单"的情况下，对于货物的灭失及/或损坏，须负责到货物已装到船上为止。

——在买方请求并由其负担费用的情况下，提供产地证明书、领事发票或由原产国及/或装运国所签发的、为买方在目的地国家进口此项货物及必要时经由第三国过境运输所需要的各项证件。

• 买方责任：

——接受提交的各项单证。

——在船到达时受领货物并负责办理货物的随后一切运转，并支付其费用，其中包括按照提单条款的规定从船上提货，支付起岸的一切费用，包括一切税捐和在指定目的地点所需支付的其他费用。

——支付由卖方投保的战争险所需费用。

——承担根据上述第⑥或⑦项所规定的卖方责任终止的时间和地点以后货物的灭失及/或损坏的责任。

——支付产地证明书、领事发票或其他由原产地及/或装运地国家签发的、为货物在目的地国家进口及必要时经由第三国过境运输所需要的任何其他证件的费用。

(6) Ex Dock

Ex Dock(named port of importation)指进口港码头交货。按此，卖方必须安排货物运至指定进口港的运输事宜，办理海洋运输保险(包括战争险)，并支付其费用；承担货物的任何灭失或损失的责任，直至在指定的进口港码头允许货物停留的期限届满为止；支付产地证明书、领事发票、提单签证，或由原产地及(或)装运地国家签发的、为买方在目的地国家进口货物以及必要时经由第三国过境运输所需的各种证件的费用；支付出口税及因出口而征收的其他费用；支付一切起岸费用，包括码头费、卸货费及税捐等；支付在进口国的一切报关费用、进口税和一切适用于进口的税捐。买方必须在码头规定的期限内在指定进口港码头上受领货物；如不在码头规定的期限内受领货物，应负担货物的费用和风险。此术语还有其他不同名称，如 Ex Quay、Ex Pier 等。

在此规定下买卖双方的责任如下：

• 卖方责任：

——负责安排货物运至指定进口港的运输事宜并支付其费用。

——支付出口税及因出口而征收的其他税捐费用。

——办理海洋运输保险并支付其费用。

——除买卖双方另有约定外，投保战争险并支付其费用。

——承担货物的一切灭失及/或损坏责任，直至在指定的进口港码头允许货物停留的期限届满时为止。

——支付为取得产地证明书、领事发票、提单签证的费用，或由原产地及/或装运地国家所签发的、为货物在目的地进口及必要时经由第三国过境运输所需要的各种证件的费用。

——支付一切起岸费用，包括码头捐、卸货费及税捐等。

——支付在进口国的一切报关费用。

——除非另有约定，支付进口国的关税和一切适用于进口的税捐等。

• 买方责任：

——在码头规定的期限内，从指定进口港码头上受领货物。

——如不在码头的规定期限内受领货物，承担货物的费用与风险。

《1941年美国对外贸易定义修正本》在美洲国家有较大影响。由于它对贸易术语的解释，特别是对FOB术语的解释与其他国际惯例的解释有所不同。因此，我国外贸企业在与美洲国家进出口商进行交易时，应予特别注意。关于美国FOB术语的特殊解释，将在下一节里作进一步阐述。

3.2.3 《2020年国际贸易术语解释通则》

《国际贸易术语解释通则》(以下简称《通则》)的宗旨是为国际贸易中最普遍使用的贸易术语提供一套解释的国际规则,以避免因各国不同解释而出现的不确定性,或至少在相当程度上减少这种不确定性。

合同双方当事人之间互不了解对方国家的贸易习惯的情况时常出现。这就会引起误解、争议和诉讼,从而浪费时间和费用。为了解决这些问题,国际商会(ICC)于1936年首次公布了一套解释贸易术语的国际规则,名为《1936后国际贸易术语解释通则》,以后又于1953年、1967年、1976年、1980年、1990年、2000年、2010年和2020年做出补充和修订,以便使这些规则适应当前国际贸易实践的发展。目前使用的是2020版本。

《2020年通则》中,买卖双方义务均采用十个项目列出,见表3-1所列。

表3-1 《2020年通则》中买卖双方承担义务

A1	一般义务	B1	一般义务
A2	交付	B2	提货
A3	风险转移	B3	风险转移
A4	运输	B4	运输
A5	保险	B5	保险
A6	交货/运输单据	B6	交货/运输单据
A7	进/出口清关	B7	进/出口清关
A8	检查/包装/标记	B8	检查/包装/标记
A9	成本分配	B9	成本分配
A10	通知	B10	通知

3.3 两类贸易术语

贸易术语是进出口贸易实践的产物,每一种贸易术语都有其特定的含义,代表某种特定的交货条件,表明买卖双方各自承担不同的责任、费用和风险,而责任、费用和风险的大小又影响着成交商品的价格。现对国际商会《2020年通则》的贸易术语作简要介绍。在《2020年通则》中有两类贸易术语,其中 EXW、FCA、CPT、CIP、DAP、DPU、DDP 适用于任何运输方式,FAS、FOB、CIF、CFR 仅适用海运。

3.3.1 适用于任何运输方式的运输规则类

3.3.1.1 EXW

EXW(Ex Works)——工厂交货,是指由卖方在其工厂所在地或其他制定地点准备好货物并交付给买方,买方承担货物交付后起至买方工厂所在地期间的所有费用和风险。

按《2020年通则》，在 EXW 术语下，买卖双方的主要义务如下：

(1) 卖方的主要义务

A1　一般义务

卖方必须提供符合销售合同的货物和商业发票，以及合同可能要求的任何其他符合性证据。

卖方提供的任何文件可按约定采用纸质或电子形式，如无约定，则按惯例采用纸质或电子形式。

A2　交付

卖方必须在约定地点(如有)将货物交由买方处置，货物要交到指定的交货地点，而不是装在收货车辆上。指定的交货地点，如果有几个地点，卖方可以选择最适合其目的的地点。卖方必须在约定的日期或期限内交货。

A3　风险转移

卖方承担货物灭失或损坏的一切风险，直至货物按 A2 规定交付为止，但 B3 所述情况下的灭失或损坏除外。

A4　运输

卖方对买方没有订立运输合同的义务。

A5　保险

卖方没有义务向买方订立保险合同。但是，应买方的要求，卖方必须向买方提供买方为获得保险所需的卖方所掌握的风险和费用信息。

A6　交货/运输单据

卖方对买方没有义务。但是，卖方必须应买方的要求，自担风险和费用，向买方提供卖方所掌握的买方安排运输所需的任何资料，包括与运输有关的安全要求。

A7　进/出口清关

在适用的情况下，卖方必须应买方的要求，协助买方取得与出口/过境/进口国要求的所有出口/过境/进口清关手续有关的任何文件和/或资料，例如，出口/过境/进口许可证，出口/过境/进口的安全检查，装运前检查，以及任何其他官方授权。

A8　检查/包装/标记

卖方必须支付根据 A2 交付货物所需的检查操作(如检查质量、测量、称重、计数)所产生的费用。

卖方必须自担费用包装货物，除非特定行业通常不包装运输所售类型的货物。卖方必须以适合货物运输的方式对货物进行包装和标记，除非双方就具体的包装或标记要求达成一致。

A9　成本分配

卖方必须支付与货物有关的所有费用，直到货物按照 A2 规定交付为止，但 B9 项下买方应支付的费用除外。

A10　通知

卖方必须向买方发出使买方能够提货所需的任何通知。

(2) 买方的主要义务

B1　一般义务

买方必须按照销售合同的规定支付货款。

买方提供的任何文件可按约定采用纸质或电子形式，如无约定，可按惯例采用纸质或电子形式。

B2　提货

买方必须在货物已按 A2 规定交付并按 A10 规定发出通知时提货。

B3　风险转移

自货物按 A2 规定之日交货起，买方承担货物灭失或损坏的一切风险。

如果买方未能按照 B10 的规定发出通知，则买方应承担自约定日期或约定交货期结束之日起货物灭失或损坏的一切风险，前提是货物已被明确认定为合同货物。

B4　运输

卖方对买方没有订立运输合同的义务。

B5　保险

买方没有义务向卖方订立保险合同。

B6　交货证明

买方必须向卖方提供适当的证据。

货物从指定交货地点的运输由买方自行承担费用订立合同或安排。

B7　进/出口清关

在适用的情况下，由买方办理并支付出口/过境/进口国要求的所有出口/过境/进口清关手续，例如：出口/过境/进口许可证；出口/过境/进口的安全检查；装运前检查；以及任何其他官方授权。

B8　检查/包装/标记

买方对卖方没有义务。

B9　成本分配

买方必须：支付自货物按合同规定交货之日起与货物有关的一切费用；偿还卖方在提供 A4、A5 或 A7 项下的协助或信息时产生的所有成本和费用；在适用的情况下，支付出口时应支付的所有关税、税款和其他费用，以及办理海关手续的费用；支付因未在交货时提货而产生的任何额外费用。

B10　通知

只要双方同意买方有权确定约定期限内的时间和/或指定地点内的提货地点，买方必须及时通知卖方。

3.3.1.2　FCA

FCA(free carrier)——货交承运人(指定地)，是指卖方必须在合同规定的交货期内在指定地点将经出口清关的货物交给买方指定的承运人监管，并负担货物交由承运人监管为止的一切费用和货物灭失或损坏的风险。买方必须自负费用订立从指定地或地点发运货物的运输合同，并将有关承运人的名称、要求交货的时间和地点，充分地通知卖

方;负担货交承运人后的一切费用和风险;负责按合同规定收取货物和支付价款。采用此术语时应注意以下几点:

①FCA 项下的销售可仅在卖方场所或其他指定交货地点,而不指定地点内的确切交货地点。然而,各方也应尽可能明确地指明指定交货地点内的确切地点。指定的精确交货点向双方当事人表明货物何时交货以及风险何时转移给买方;这种精确性也表明费用由买方承担。但是,如果没有确定准确的点,这可能会给买方带来问题。在这种情况下,卖方有权选择最适合其目的的地点:该地点成为交货地点,风险和费用由此转移给买方。如果准确的交货地点没有在合同中标明,则认为双方当事人将交货地点留给卖方选择最适合其目的的地点。这意味着买方可能承担这样的风险:卖方可能在货物灭失或损坏的地点之前选择一个地点。因此,买方最好选择交货地点内的准确地点。

②FCA 的用途与所使用的运输方式无关。例如,如果货物由买方在拉斯维加斯的公路运输公司提货,承运人从拉斯维加斯签发带有装船批注的提单是相当罕见的,因为拉斯维加斯不是港口,船只无法到达该港口以便将货物装船。尽管如此,在拉斯维加斯出售的卖方有时确实会遇到这样的情况,即他们需要一份附有装船批注的提单。为了满足卖方需要带有装船批注的提单的这种可能性,FCA Incoterms® 2020 首次提供了以下可选机制。如果双方在合同中已达成一致,买方必须指示其承运人向卖方签发一份附有装船批注的提单。当然,承运人可以同意也可以不同意买方的要求,因为承运人只有在货物在洛杉矶装船后才有权签发此种提单。但是,如果承运人向卖方签发提单并由买方承担费用和风险,卖方必须向买方提供同样的单据,买方需要提单才能从承运人处卸货。

当然,如果当事各方同意卖方向买方提交一份提单,简单地说明货物已收妥待运,而不是已装船,这种机制就没有必要了。此外,应当强调的是,即使采用了这一可选机制,卖方也不对买方承担运输合同条款方面的义务。最后,当采用这种可选机制时,内陆交货和装船日期必然不同,这很可能给卖方在信用证项下造成困难。

3.3.1.3 CPT

CPT(carriage paid to)——成本加运费付至,是指由卖方将货物交付至买方所在的目的港,并支付工厂仓库至买方所在的目的地的运输费用。买方承担货物交付后起至买方工厂所在地期间的费用和风险。

买卖双方所需要的义务:

(1) 卖方的主要义务

A1 一般义务

卖方必须提供符合销售合同的货物和商业发票,以及合同可能要求的任何其他符合性证据。

卖方提供的任何文件可按约定采用纸质或电子形式,如无约定,则按惯例采用纸质或电子形式。

A2 交付

卖方必须通过将货物交给按照 A4 规定订立合同的承运人或通过采购如此交付的货

物来交付货物。无论哪种情况,卖方都必须在约定的日期或约定的期限内交货。

A3　风险转移

卖方承担货物灭失或损坏的一切风险,直至货物按 A2 规定交付为止,但 B3 所述情况下的灭失或损坏除外。

A4　运输

卖方必须从约定的交货地点(如果有的话)在交货地点到指定的目的地地点,或者(如果同意的话)在该地点的任何地点订立合同或订立运输合同。运输合同必须按照通常的条款,由卖方承担费用,并规定以通常用于所售货物类型的惯常方式通过常规路线运输。如果未约定或未通过实践确定特定的地点,则卖方可以选择最适合其目的的交货地点和指定目的地的地点。卖方必须遵守任何与运输有关的安全要求,才能运输到目的地。

A5　保险

卖方没有义务向买方订立保险合同。但是,应买方的要求,卖方必须向买方提供其所掌握的买方获得保险所需的资料,包括风险和费用。

A6　交货/运输单据

卖方必须订立或促成一项合同,将货物从约定交货地点(如有)运至指定的目的地,或经约定运至该地点的任何地点。运输合同必须按惯常条款订立,费用由卖方承担,并规定按惯常路线,以通常用于运输所售类型货物的惯常方式进行运输。如果对某一特定地点未达成协议或未按惯例确定,卖方可选择最适合其目的的交货地点和指定目的地的交货地点。卖方必须遵守运输至目的地的任何与运输有关的安全要求。

如果按照惯例或买方的要求,卖方必须向买方提供按照 A4 约定的运输所需的运输单据,费用由卖方承担。此运输单据必须包括合同货物,并注明日期,在约定的装运期内。如果同意或按照习惯的话,单据还必须使买方能够在指定的目的地向承运人索取货物,并使买方能够通过将单据转让给后来的买方或通知承运人的方式在运输途中出售货物。

此种运输单据以可转让形式签发并有多份正本时,必须向买方提交全套正本。

A7　进/出口清关

在适用的情况下,卖方必须办理并支付出口国要求的所有出口清关手续,如出口许可证、出口安全检查、装运前检查,以及任何其他官方授权。

协助进口清关在适用的情况下,卖方必须应买方的要求、风险和费用,协助买方取得任何过境国或进口国所需的与所有过境/进口清关手续有关的任何文件和/或信息,包括安全要求和装运前检验。

A8　检查/包装/标记

卖方必须自担费用包装货物,除非特定行业通常不包装运输所售类型的货物。卖方必须以适合货物运输的方式对货物进行包装和标记,除非双方就具体的包装或标记要求达成一致。

A9　成本分配

卖方必须支付:在货物按照 A2 规定交付之前与货物有关的所有费用,但买方根据

B9 规定应支付的费用除外；运输和 A4 规定引起的所有其他费用，包括装载货物的费用和与运输有关的安全费用；在约定目的地卸货的任何费用，但前提是：根据运输合同，费用由卖方承担；根据运输合同应由卖方负担的过境费用；根据 A6 向买方提供货物已交付的通常证明的费用；如适用，关税、税款和与之有关的任何其他费用买方应承担根据 B7 提供协助获取文件和信息的所有费用。

A10　通知

卖方必须通知买方货物已按 A2 规定交付。卖方必须向买方发出使买方能够收到货物所需的任何通知。

（2）买方的主要义务

B1　一般义务

买方必须按照销售合同的规定支付货款。

买方提供的任何文件可按约定采用纸质或电子形式，如无约定，可按惯例采用纸质或电子形式。

B2　提货

买方必须在货物已按 A2 规定交付时提取货物，并在指定的目的地或经同意的地点从承运人处接收货物。

B3　风险转移

自货物按 A2 规定交货之日起，买方承担货物灭失或损坏的一切风险。

如果买方未能按照 B10 的规定发出通知，则买方应承担自约定日期或约定交货期结束之日起货物灭失或损坏的一切风险，前提是货物已被明确认定为合同货物。

B4　运输

买方没有义务向卖方订立保险合同。

B5　保险

买方没有义务向卖方订立保险合同。

B6　交货证明

如果买方符合合同规定，则买方必须接受 A6 规定的运输单据。

B7　进/出口清关

（a）协助出口清关

在适用的情况下，买方必须根据卖方的要求，风险和成本协助卖方，以获取与出口国所需的所有出口清关手续有关的任何文件和/或信息，包括安全要求和装运前检查。

（b）进口清关

在适用的情况下，买方必须执行并支付任何过境国和进口国要求的所有手续，例如：进口许可证和过境所需的任何许可证；进口和任何过境的安全检查；装运前检验；任何其他社会授权。

B8　检查/包装/标记

买方对卖方没有义务。

B9　成本分配

买方必须支付：自货物按 A2 规定交付之日起与货物有关的一切费用，但卖方按 A9

规定应支付的费用除外；运输费用，除非此类费用根据运输合同由卖方承担；卸货费用，除非此类费用根据运输合同由卖方承担；卖方根据 A5 和 A7 提供协助获取文件和信息的所有相关成本和费用；在适用的情况下，与 B7 项下的过境或进口清关有关的关税、税款和任何其他费用；以及如果未及时发出通知而产生的任何额外费用按照 B10 的规定，从约定的装运日期或约定的装运期结束之日起，前提是货物已清楚地标明为合同货物。

B10　通知

只要双方同意买方有权在指定的目的地内确定发货时间和/或收货地点，买方必须及时通知卖方。

3.3.1.4　CIP(carriage and insurance paid to)

CIP(carriage and insurance paid to)——成本加运费加保险费付至，是指由销售方将货物交付至采购方所在的目的港，并支付工厂仓库至采购方所在的目的地的保险费和运输费用。采购方承担货物交付后起至采购方工厂所在地期间的费用和风险。采用此术语时应注意以下几点：

(1) 卖方的主要义务

A1　一般义务

卖方必须提供符合销售合同的货物和商业发票，以及合同可能要求的任何其他符合性证据。

卖方提供的任何文件可按约定采用纸质或电子形式，如无约定，则按惯例采用纸质或电子形式。

A2　交付

卖方必须通过将货物交给按照 A4 规定订立合同的承运人或通过采购如此交付的货物来交付货物。无论哪种情况，卖方都必须在约定的日期或约定的期限内交货。

A3　风险转移

卖方承担货物灭失或损坏的一切风险，直至货物按 A2 规定交付为止，但 B3 所述情况下的灭失或损坏除外。

A4　运输

卖方必须从约定的交货地点(如果有的话)在交货地点到指定的目的地地点，或者(如果同意的话)在该地点的任何地点订立合同或订立运输合同。运输合同必须按照通常的条款，由卖方承担费用，并规定以通常用于通常销售所售货物类型的惯常方式通过常规路线运输。如果未约定或未通过实践确定特定的地点，则卖方可以选择最适合其目的的交货地点和指定目的地的地点。卖方必须遵守任何与运输有关的安全要求，才能运输到目的地。

A5　保险

卖方必须按照合同规定，自付费用取得货物保险，并向买方提供保险单或其他保险证据，以使买方或任何其他对货物具有保险利益的人有权直接向保险人索赔。保险合同应与信誉良好的保险人或保险公司订立，在无相反明示协议时，应按照《协会货物保险条款》(伦敦保险人协会)或其他类似条款中的最佳限度保险险别投保。保险期限应按照 B5 和 B4 规定。应买方要求,并由买方负担费用,卖方应加投战争、罢工、暴乱和民变险,如果能投保的话。最低保险金额应包括合同规定价款另加 10%(即 110%),并应采用合同货币。

A6　交货/运输单据

如果按照惯例或买方的要求,卖方必须向买方提供按照 A4 约定的运输所需的通常运输单据,费用由卖方承担。

此运输单据必须包括合同货物,并注明日期,在约定的装运期内。如果同意或习惯的话,单据还必须使买方能够在指定的目的地向承运人索取货物,并使买方能够通过将单据转让给后来的买方或通知承运人的方式在运输途中出售货物。

此种运输单据以可转让形式签发并有多份正本时,必须向买方提交全套正本。

A7　进/出口清关

在适用的情况下,卖方必须办理并支付出口国要求的所有出口清关手续,如出口许可证;出口安全检查;装运前检查;以及任何其他官方授权。

协助进口清关在适用的情况下,卖方必须应买方的要求、风险和费用,协助买方取得任何过境国或进口国所需的与所有过境/进口清关手续有关的任何文件和/或信息,包括安全要求和装运前检验。

A8　检查/包装/标记

卖方必须支付这些费用:根据 A2 交付货物所需的检查操作(如检查质量、测量、称重、计数)。卖方必须自担费用包装货物,除非特定行业通常不包装运输所售类型的货物。卖方必须以适合货物运输的方式对货物进行包装和标记,除非双方就具体的包装或标记要求达成一致。

A9　成本分配

卖方必须支付:在货物按照 A2 规定交付之前,与货物有关的所有费用,但 B9 项下买方应支付的费用除外;运输和 A4 项下产生的所有其他费用,包括装载货物的费用和与运输有关的安全费用;在约定的目的地卸货的任何费用,但只有在这些费用根据运输合同由卖方承担的情况下;根据合同由卖方承担的运输费用。

A10　通知

卖方必须通知买方货物已按 A2 规定交付。

卖方必须向买方发出使买方能够收到货物所需的任何通知。

(2)买方的主要义务

B1　一般义务

买方必须按照销售合同的规定支付货款。

买方提供的任何文件可按约定采用纸质或电子形式,如无约定,可按惯例采用纸质或电子形式。

B2　提货

买方必须在货物已按 A2 规定交付时提取货物,并在指定的目的地或经同意的地点从承运人处接收货物。

B3　风险转移

自货物按 A2 规定交货之日起，买方承担货物灭失或损坏的一切风险。

如果买方未能按照 B10 的规定发出通知，则买方应承担自约定日期或约定交货期结束之日起货物灭失或损坏的一切风险，前提是货物已被明确认定为合同货物。

B4　运输

买方对卖方没有订立运输合同的义务。

B5　保险

买方没有义务向卖方订立保险合同。但是，买方必须根据要求向卖方提供卖方购买买方根据 A5 要求的任何附加保险所需的任何信息。

B6　交货证明

如果买方符合合同规定，则买方必须接受 A6 规定的运输单据。

B7　进/出口清关

（a）协助出口清关

在适用的情况下，买方必须根据卖方的要求，风险和成本协助卖方，以获取与出口国所需的所有出口清关手续有关的任何文件和/或信息，包括安全要求和装运前检查。

（b）进口清关

在适用的情况下，买方必须执行并支付任何过境国和进口国要求的所有手续，例如：进口许可证和过境所需的任何许可证；进口和任何过境的安全检查；装运前检验；任何其他社会授权。在适用情况下，买方必须办理并支付任何过境国和进口国要求的所有手续。

B8　检查/包装/标记

买方对卖方没有义务。

B9　成本分配

买方必须支付：自货物按照 A2 交货之日起与货物有关的所有费用，但卖方根据 A9 应付的费用除外；运输费用，除非这些费用是根据运输合同由卖方承担的费用；卸货费用，除非这些费用是根据运输合同由卖方承担的；根据买方的要求在 A5 和 B5 下购买的任何其他保险的费用；卖方承担与根据 A5 和 A7 协助获取文件和信息有关的所有费用和收费；在适用的情况下，与 B7 项下的过境或进口清关相关的关税，税金和任何其他费用；如果未能按照 B10 的规定从通知的约定日期或约定的装运期限结束发出通知，则产生的任何额外费用，但前提是已将这些货物明确标识为合同货物。

B10　通知

只要双方同意买方有权在指定的目的地内确定发货时间和/或收货地点，买方必须及时通知卖方。

3.3.1.5　DAP

DAP（delivered at place）——采购方所在地交货，是指由销售方将货物交付至采购方所在地。

注意事项：

①准确确定交付/目的地的位置或地点　当事人最好尽可能清楚地说明目的地，这有几个原因。第一，货物灭失或损坏的风险在交货地点/目的地转移给买方——卖方和买方最好清楚地知道关键转移发生的地点。第二，在该地点或交货点/目的地之前的费用由卖方承担，在该地点或交货点之后的费用由买方承担。第三，卖方必须订立合同或安排将货物运至约定的交货地点/目的地。如果卖方未能这样做，则卖方违反了其在 DAP 规则下的义务，并将对买方承担由此产生的任何损失。卖方将负责承担承运人就任何额外运输向买方征收的任何额外费用。

②卸货费用　卖方无需从到达的运输工具上卸货。但是，如果卖方根据其运输合同承担了在交货地点/目的地卸货的费用，除非双方另有约定，否则卖方无权向买方单独收回这些费用。

③进/出口清关　DAP 规则下要求卖方在适用的情况下清关出口货物。但是，卖方没有义务为进口货物或通过第三国的交货后过境办理清关手续、支付任何进口关税或办理任何进口海关手续。因此，如果买方未能组织进口清关，货物将滞留在目的地国的港口或内陆码头。货物在目的地国入境港滞留期间可能发生的任何损失由买方承担。

3.3.1.6　DPU

DPU（delivered at place unloaded）——采购方所在地卸货码头交货，是指由销售方将货物交付至采购方所在地的卸货码头，并承担卸货费。交付地点在买方所在地的卸货码头。

卖方承担工厂仓库至采购方所在地期间的一切费用，并承担卸货费以及工厂仓库至采购方所在地期间的一切风险。买方应承担进口国的关税。

DPU 为《2020 通则》中新增加的术语，在 2010 版通则中，DAT 由卖方在指定港口或目的地运输终端（如火车站、航站楼、码头）将货物卸下完成交货；《2020 年通则》中，DPU 则是由卖方将货物交付至买方所在地可以卸货的任何地方，而不必须是在运输终端，但要负责卸货，承担卸货费。

3.3.1.7　DDP

DDP（delivered duty paid）——完税后交货，是指由销售方将货物交付至采购方的工厂所在地，并支付进口国的关税。DDP 要求卖方在适用的情况下为出口和进口清关货物，并支付任何进口税或办理任何海关手续。因此，如果卖方无法获得进口清关，而宁愿把这一方面的东西留在进口国的买方手中，那么卖方应考虑选择 DAP 或 DPU，根据这一规则，交货仍在目的地进行，但进口清关由买方负责。可能会涉及税务问题，且该税款可能无法从买方处收回。

CPT、CIP 与 DAP、DPU、DDP 之间的区别在于 CPT、CIP 的交付地点仅限于采购方所在地的港口，空运或海运港口均可适用，而 DAP、DPU、DDP 的交付地点可以是采购方所在地的港口也可以是内陆城市。

3.3.2 仅适用于海运的运输规则类

3.3.2.1 FAS(free alongside ship)

FAS(free alongside ship)——装运港船边交货，是指由销售方将货物交付至采购方指定的船边。

买卖双方的主要义务：

(1)卖方的主要义务

A1 一般义务

卖方必须提供符合销售合同的货物和商业发票，以及合同可能要求的任何其他符合性证据。

卖方提供的任何文件可按约定采用纸质或电子形式，如无约定，则按惯例采用纸质或电子形式。

A2 交付

卖方必须通过将货物放置在买方指定的装运港或通过采购如此交付的货物而由买方指定的装载点(如有)指定的船只。

卖方必须交付货物在约定的日期或在买方根据 B10 通知的约定期限内，如果未通知该时间，则在约定期限结束时，或以港口惯例。

如果买方未指明具体的装载点，则卖方可以在指定的装运港内选择最适合其目的的装载点。

A3 风险转移

卖方承担货物灭失或损坏的一切风险，直至货物按 A2 规定交付为止，但 B3 所述情况下的灭失或损坏除外。

A4 运输

卖方对买方没有订立运输合同的义务。但是，卖方必须应买方的要求，自担风险和费用，向买方提供卖方所掌握的买方安排运输所需的任何资料，包括与运输有关的安全要求。如果双方同意，卖方必须按通常条款订立运输合同，风险和费用由买方承担。

A5 保险

卖方没有义务向买方订立保险合同。但是，卖方必须根据买方的要求，承担风险和费用，向买方提供卖方拥有的买方为获得保险所需的信息。

A6 交货/运输单据

卖方在交货前必须遵守任何与运输有关的安全要求。卖方必须向买方提供货物已按 A2 规定交付的通常证明，费用由卖方承担。除非此种证明是运输单据，否则卖方必须应买方的要求，在风险和费用方面协助买方取得运输单据。

A7 进/出口清关

在适用的情况下，卖方必须办理并支付出口国要求的所有出口清关手续，如出口许可证；出口安全检查；装运前检查；以及任何其他官方授权。

协助进口清关在适用的情况下，卖方必须应买方的要求、风险和费用，协助买方取得任何过境国或进口国所需的与所有过境/进口清关手续有关的任何文件和/或信息，包括安全要求和装运前检验。

A8 检查/包装/标记

卖方必须支付这些费用：根据 A2 交付货物所需的检查操作（如检查质量、测量、称重、计数）。

卖方必须自担费用包装货物，除非特定行业通常不包装运输所售类型的货物。卖方必须以适合货物运输的方式对货物进行包装和标记，除非双方就具体的包装或标记要求达成一致。

A9 成本分配

卖方必须支付：在货物按照 A2 规定交付之前，与货物有关的所有费用，但买方根据 B9 规定应支付的费用除外；根据 A6 规定向买方提供货物已交付的通常证明的费用；在适用的情况下，与货物有关的关税、税款和任何其他费用。

A10 通知

卖方必须及时通知买方货物已按 A2 规定交货或船只未能在约定时间内提货。

(2) 买方的主要义务

B1 一般义务

买方必须按照销售合同的规定支付货款。

买方提供的任何文件可按约定采用纸质或电子形式，如无约定，可按惯例采用纸质或电子形式。

B2 提货

买方必须在货物已按 A2 规定交付时提取货物。

B3 风险转移

自货物按 A2 规定交货之日起，买方承担货物灭失或损坏的一切风险。

如果买方未能按照 B10 的规定发出通知，则买方应承担自约定日期或约定交货期结束之日起货物灭失或损坏的一切风险。

B4 运输

买方必须自付费用订立合同，从指定的装运港运输货物，除非卖方按照 A4 的规定订立运输合同。

B5 保险

买方没有义务向卖方订立保险合同。

B6 交货证明

买方必须接受 A6 项下提供的交货证明。

B7 进/出口清关

在适用情况下，买方必须应卖方的要求协助卖方获取任何文件和/或与出口国所需的所有出口清关手续有关的信息，包括安全要求和装运前检查。

在适用情况下，买方必须办理并支付任何过境国和进口国要求的所有手续。

B8 检查/包装/标记

买方对卖方没有义务。

B9　成本分配

买方必须支付：自货物根据 A2 交付之日起与货物有关的一切费用，但卖方根据 A9 应支付的费用除外；卖方根据 A4、A5、A6 和 A7 项提供协助获取文件和信息的所有费用；如适用，关税、税款和任何其他相关费用 B7 项下的过境或进口清关；以及因以下原因而产生的任何额外费用：买方未能根据 B10 发出通知，或买方根据 B10 指定的船舶未能按时到达、未能提取货物或在 B10 规定的时间之前关闭货物，前提是货物已清楚地标明为合同货物。

B10　通知

买方必须在约定的期限内将任何与运输有关的安全要求、船名、装货地点和选定的交货日期（如有）及时通知卖方。

3.3.2.2　FOB

FOB（free on board）——装运港船上交货，是指卖方必须在合同规定的装运期内在指定装运港将货物交至买方指定的船上，并负担货物越过船舷为止的一切费用和货物灭失或损坏的风险。

买卖双方的主要义务：

(1) 卖方的主要义务

A1　一般义务

卖方必须提供符合销售合同的货物和商业发票，以及合同可能要求的任何其他符合性证据。

卖方提供的任何文件可按约定采用纸质或电子形式，如无约定，则按惯例采用纸质或电子形式。

A2　交付

卖方必须在买方指定的装运港指定的装货点（如有）将货物装上买方指定的船只，或购买所交付的货物，以交付货物。

卖方必须交货以港口习惯的方式在约定的日期或在买方根据 B10 通知的约定期限内，如果没有规定时间，则在约定期限结束时。如果买方没有指明具体的装货地点，卖方可以在指定的装运港内选择最适合其目的的地点。

A3　风险转移

卖方承担货物灭失或损坏的一切风险，直至货物按 A2 规定交付为止，但 B3 所述情况下的灭失或损坏除外。

A4　运输

卖方对买方没有订立运输合同的义务。但是，卖方必须应买方的要求，自担风险和费用，向买方提供卖方所掌握的买方安排运输所需的任何资料，包括与运输有关的安全要求。如果双方同意，卖方必须按通常条款订立运输合同，风险和费用由买方承担。

A5　保险

卖方没有义务向买方订立保险合同。但是，应买方的要求，卖方必须向买方提供其所掌握的买方获得保险所需的资料，包括风险和费用。

A6 交货/运输单据

卖方在交货前必须遵守任何与运输有关的安全要求。卖方必须向买方提供货物已按 A2 规定交付的通常证明，费用由卖方承担。除非此种证明是运输单据，否则卖方必须应买方的要求，在风险和费用方面协助买方取得运输单据。

A7 进/出口清关

在适用的情况下，卖方必须办理并支付出口国要求的所有出口清关手续，如出口许可证；出口安全检查；装运前检查；以及任何其他官方授权。

协助进口清关在适用的情况下，卖方必须应买方的要求，协助买方取得任何过境国或进口国所需的与所有过境/进口清关手续有关的任何文件和/或信息，包括安全要求和装运前检验。

A8 检查/包装/标记

卖方必须支付这些费用：根据 A2 交付货物所需的检查操作（如检查质量、测量、称重、计数）。

卖方必须自担费用包装货物，除非特定行业通常不包装运输所售类型的货物。卖方必须以适合货物运输的方式对货物进行包装和标记，除非双方就具体的包装或标记要求达成一致。

A9 成本分配

卖方必须支付：在货物按照 A2 规定交付之前，与货物有关的所有费用，但买方根据 B9 规定应支付的费用除外；根据 A6 规定向买方证明货物已交付的证明；在适用的情况下，与货物有关的关税、税款和任何其他费用。

A10 通知

卖方必须及时通知买方货物已按 A2 规定交货或船只未能在约定时间内提货。

（2）买方的主要义务

B1 一般义务

买方必须按照销售合同的规定支付货款。

买方提供的任何文件可按约定采用纸质或电子形式，如无约定，可按惯例采用纸质或电子形式。

B2 提货

买方必须在货物已按 A2 规定交付时提取货物。

B3 风险转移

自货物按 A2 规定交货之日起，买方承担货物灭失或损坏的一切风险。

B4 运输

买方必须自付费用订立合同，从指定的装运港运输货物，除非卖方按照 A4 的规定订立运输合同。

B5 保险

买方没有义务向卖方订立保险合同。

B6 交货证明

买方必须接受 A6 项下提供的交货证明。

B7 进/出口清关

在适用情况下，买方必须应卖方的要求协助卖方获取任何文件和/或与出口国所需的所有出口清关手续有关的信息，包括安全要求和装运前检查。

在适用情况下，买方必须办理并支付任何过境国和进口国要求的所有手续。

B8 检查/包装/标记

买方对卖方没有义务。

B9 成本分配

买方必须支付：自货物根据 A2 交付之日起与货物有关的一切费用，但卖方根据 A9 应支付的费用除外；卖方根据 A4、A5、A6 和 A7 项提供协助获取文件和信息的所有费用；如适用，关税、税款和任何其他相关费用 B7 项下的过境或进口清关；以及因以下原因而产生的任何额外费用：买方未能根据 B10 发出通知，或买方根据 B10 指定的船舶未能按时到达、未能提取货物或在 B10 规定的时间之前关闭货物，前提是货物已清楚地标明为合同货物。

B10 通知

买方必须在约定的期限内将任何与运输有关的安全要求、船名、装货地点和选定的交货日期(如有)及时通知卖方。

3.3.2.3 CIF

CIF(cost insurance and freight)——成本加保险费、运费。是指卖方必须在合同规定的装运期内在装运港将货物交至运往指定目的港的船上，负担货物越过船舷为止的一切费用和货物灭失或损坏的风险，并负责办理货运保险，支付保险费，以及负责租船或订舱，支付从装运港到目的港的运费。

买卖双方的主要义务：

(1) 卖方的主要义务

A1 一般义务

卖方必须提供符合销售合同的货物和商业发票，以及合同可能要求的任何其他符合性证据。

卖方提供的任何文件可按约定采用纸质或电子形式，如无约定，则按惯例采用纸质或电子形式。

A2 交付

卖方必须通过将货物装上船或购买所交付的货物的方式交付货物。在任何一种情况下，卖方都必须在商定的日期或在商定的期限内以港口习惯的方式交货。

A3 风险转移

卖方承担货物灭失或损坏的一切风险，直至货物按 A2 规定交付为止，但 B3 所述情况下的灭失或损坏除外。

A4 运输

卖方必须订立或促成一项合同，将货物从约定的交货地点(如有)运至指定的目的港，或如果约定运至该港口的任何地点。运输合同必须按通常条款订立，费用由卖方承担，并规定用通常用于运输所售货物的船只按通常路线运输。卖方必须遵守运输至目的地的任何与运输有关的安全要求。

A5 保险

除非在特定行业中另有约定或惯例，否则卖方必须自费购买符合协会货物条款（LMA／IUA）条款（C）或任何类似条款规定的承保范围的货物保险。保险应与承销商或信誉良好的保险公司签订合同，并赋予购买者或在货物中具有可保权益的任何其他人直接向保险人索赔的权利。当买方要求时，卖方必须在买方提供卖方要求的任何必要信息的前提下，提供任何额外的承保范围（如可购买的承保范围），例如符合《协会战争条款》和／或《英勇罢工条款》的范围。（LMA／IUA）或任何类似条款（除非前款所述的货物保险中已包含该保险）。该保险至少应涵盖合同中规定的价格加上10%（即110%）的价格并应以合同货币为准。保险应涵盖从A2中规定的交货地点到至少指定的目的地港口的货物。卖方必须向买方提供保险单或证书或其他任何保险凭证。此外，卖方必须根据买方的要求向买方提供风险和成本，以告知买方需要购买其他保险的信息，卖方没有义务向买方订立保险合同。但是，应买方的要求，卖方必须向买方提供其所掌握的买方获得保险所需的资料，包括风险和费用。

A6 交货/运输单据

卖方必须自费向买方提供约定目的港的通常运输单据。本运输单据必须包括合同货物，注明日期在约定的装运期内，使买方能够在目的港向承运人索赔，除非另有约定，通过将单据转让给下一个买方或通知承运人，使买方能够在运输途中出售货物。此种运输单据以可转让形式签发并有多份正本时，必须向买方提交全套正本。

A7 进/出口清关

在适用的情况下，卖方必须办理并支付出口国要求的所有出口清关手续，如出口许可证；出口安全检查；装运前检查；以及任何其他官方授权。

协助进口清关在适用的情况下，卖方必须应买方的要求、风险和费用，协助买方取得任何过境国或进口国所需的与所有过境/进口清关手续有关的任何文件和/或信息，包括安全要求和装运前检验。

A8 检查/包装/标记

卖方必须支付这些费用：根据A2交付货物所需的检查操作（如检查质量、测量、称重、计数）。

卖方必须自担费用包装货物，除非特定行业通常不包装运输所售类型的货物。卖方必须以适合货物运输的方式对货物进行包装和标记，除非双方就具体的包装或标记要求达成一致。

A9 成本分配

卖方必须支付：与货物有关的所有费用，直至按照A2交货为止，但买方根据B9支付的费用除外；由A4产生的运费和所有其他费用，包括在船上装载货物的费用和与运输有关的保安费用；根据运输合同由卖方承担的在约定卸货港卸货的任何费用；根据运输合同由卖方承担的过境费用；A5产生的保险费用；在适用的情况下，与A7项下的出口清关相关的关税，税金和任何其他费用；以及买方承担与根据B7获得文件和信息提供协助有关的所有费用。

A10　通知

卖方必须通知买方货物已按 A2 规定交付。卖方必须向买方发出使买方能够收到货物所需的任何通知。

(2) 买方的主要义务

B1　一般义务

买方必须按照销售合同的规定支付货款。

买方提供的任何文件可按约定采用纸质或电子形式，如无约定，可按惯例采用纸质或电子形式。

B2　提货

买方必须在货物已按 A2 规定交付时提取货物，并在指定的目的港从承运人处接收货物。

B3　风险转移

自货物按 A2 规定交货之日起，买方承担货物灭失或损坏的一切风险。

B4　运输

买方对卖方没有订立运输合同的义务。

B5　保险

买方无义务与卖方订立保险合同。但是，买方必须应要求向卖方提供卖方购买 A5 规定的买方要求的任何其他保险所需的任何信息。

B6　交货证明

买方必须接受 A6 项下提供的符合合同规定的运输单据。

B7　进/出口清关

在适用情况下，买方必须应卖方的要求协助卖方获取任何文件和/或与出口国所需的所有出口清关手续有关的信息，包括安全要求和装运前检查。

在适用情况下，买方必须办理并支付任何过境国和进口国要求的所有手续。

B8　检查/包装/标记

买方对卖方没有义务。

B9　成本分配

买方必须支付：自货物按照 A2 交货之日起与货物有关的所有费用，但卖方根据 A9 应付的费用除外；运输费用，除非这些费用是根据运输合同由卖方承担的费用；包括卸货和码头费在内的卸货费用，除非这些费用是根据运输合同由卖方承担的。

B10　通知

只要双方同意买方有权在指定的目的港内确定装运时间和/或收货地点，买方必须及时通知卖方。

3.3.2.4　CFR

CFR(cost insurance and freight)——成本加运费(指定目的港)，是指卖方必须在合同规定的装运期内，在装运港将货物交至运往指定目的港的船上，负担货物越过船舷为止的一切费用和货物灭失或损坏的风险，并负责租船或订舱，支付抵达目的港的正常运费。

买卖双方的主要义务：

(1) 卖方的主要义务

A1　一般义务

卖方必须提供符合销售合同的货物和商业发票，以及合同可能要求的任何其他符合性证据。

卖方提供的任何文件可按约定采用纸质或电子形式，如无约定，则按惯例采用纸质或电子形式。

A2　交付

卖方必须通过将货物放在船上或通过采购所交付的货物来交付货物。无论哪种情况，卖方都必须在约定的日期或约定的期限内，按照港口惯常的方式交付货物。

A3　风险转移

卖方承担货物灭失或损坏的一切风险，直至货物按 A2 规定交付为止，但 B3 所述情况下的灭失或损坏除外。

A4　运输

卖方必须在约定的交货地点(如果有的话)到指定的目的港或(如果同意的话)在该港口的任何地点订立合同或订立运输合同。运输合同必须按照通常的条款，由卖方承担费用，并规定使用通常用于运输所售货物类型的船舶通过常规路线运输。卖方必须遵守任何与运输有关的安全要求，才能运输到目的地。

A5　保险

卖方没有义务与买方订立保险合同。但是，卖方必须根据买方的要求，向买方提供风险和成本，并告知卖方其拥有购买保险所需的信息。

A6　交货/运输单据

卖方必须自付费用向买方提供商定的目的港的常规运输单据，该运输单据必须涵盖合同货物，并应在约定的装运期限内标明日期，以便买方能够向买方索要货物。承运人在目的港，并且除非另有约定，否则买方可以通过将单据转移给后续买方或通过通知承运人来出售在途货物。当这种运输单据以可谈判的形式和几份正本发行时，必须向买方出示全套正本。

A7　进/出口清关

在适用的情况下，卖方必须办理并支付出口国要求的所有出口清关手续，如：出口许可证；出口安全检查；装运前检查；以及任何其他官方授权。

在适用的情况下，卖方必须应买方的要求、风险和费用，协助买方取得任何过境国或进口国所需的与所有过境/进口清关手续有关的任何文件和/或信息，包括安全要求和装运前检验。

A8　检查/包装/标记

卖方必须支付这些费用：根据 A2 交付货物所需的检查操作(如检查质量、测量、称重、计数)。

卖方必须自担费用包装货物，除非特定行业通常不包装运输所售类型的货物。卖方必须以适合货物运输的方式对货物进行包装和标记，除非双方就具体的包装或标记要求达成一致。

A9　成本分配

卖方必须支付：与货物有关的所有费用，直至按照 A2 交货为止，但买方根据 B9 支付的费用除外；由 A4 产生的运费和所有其他费用，包括在船上装载货物的费用和与运输有关的保安费用；根据运输合同由卖方承担的在约定卸货港卸货的任何费用；根据运输合同由卖方承担的过境费用；根据 A6 向买方提供通常的证据以证明货物已经交付的费用；在适用的情况下，根据 A7 进行出口清关的关税，税金和任何其他费用。

A10　通知

卖方必须通知买方货物已按 A2 规定交付。卖方必须向买方发出使买方能够收到货物所需的任何通知。

（2）买方的主要义务

B1　一般义务

买方必须按照销售合同的规定支付货款。

买方提供的任何文件可按约定采用纸质或电子形式，如无约定，可按惯例采用纸质或电子形式。

B2　提货

买方必须按照 A2 规定交付货物，然后从指定目的地的承运人处接收货物。

B3　风险转移

自从按照 A2 交货之时起，买方承担所有丢失或损坏货物的风险。如果买方未按照 B10 的规定发出通知，则从约定的日期或约定的装运期限结束起，如果货物已被明确识别为合同商品，则买方承担所有损失或损坏的风险。

B4　运输

买方没有义务与卖方订立运输合同。

B5　保险

买方没有义务向卖方订立保险合同。

B6　交货证明

如果买方符合合同规定，则买方必须接受 A6 规定的运输单据。

B7　进/出口清关

协助出口清关在适用的情况下，买方必须根据卖方的要求，风险和成本向卖方提供帮助，以获取与该国所在国所需的所有出口清关手续有关的任何文件和/或信息，包括安全要求和装运前检查。进口清关在适用的情况下，买方必须执行并支付任何过境国和进口国要求的所有手续，例如：进口许可证和过境所需的任何许可证；进口和任何过境的安全检查；装运前检验；任何其他社会授权。

B8　检查/包装/标记

买方对卖方没有义务。

B9　成本分配

买方必须支付：自货物按照 A2 交货之日起与货物有关的所有费用，但卖方根据 A9 应付的费用除外；运输费用，除非这些费用是根据运输合同由卖方承担的费用；包括卸货和码头费在内的卸货费用，除非这些费用是根据运输合同由卖方承担的；卖方应承担与根据 A5 和 A7 协助获取文件和信息有关的所有费用；在适用的情况下，与 B7 项下的过境或进口清关有关的关税，税金和任何其他费用；自约定的日期或约定的装运期限结束起，如果未能按照 B10 的规定发出通知，则产生的任何额外费用，但前提是已将这些货物清楚地标识为合同货物。

B10　通知

只要双方同意买方有权决定在指定的目的港内运输货物的时间和/或收货地点，买方就必须给予卖方充分的通知。

为了便于学习、记忆、比较和掌握，区分各种贸易术语之间的异同，现将《2020 年通则》中 11 种贸易术语做归纳对比，详见表 3-2 所列。

表 3-2　《2020 年通则》11 种贸易术语的对比

国际贸易术语	交货点	风险转移界限	出口报关责任、费用承担方	进口报关责任、费用承担方	使用的运输方式
EXW	商品产地、所在地	货交买方处置时起	买方	买方	
FCA	出口国内地港口	货交承运人处置时起	卖方	买方	
CPT	买方所在目的地港口	货交买方处置时起	卖方	买方	
CIP	买方所在目的地港口	货交买方处置时起	卖方	买方	任何方式
DAP	买方所在地	货交买方处置起	卖方	买方	
DPU	买方所在地卸货码头	货交买方处置时起	卖方	买方	
DDP	买方所在地	货交买方处置时起	卖方	卖方	
FAS	出口国港口	货物运至装运港船边	卖方	买方	
FOB	装运港口	货物运过装运港船舷	买方	买方	海上运输
CIF	装运港口	货物运过装运港船舷	卖方	买方	
CFR	装运港口	货物运过装运港船舷	卖方	买方	

在国际贸易中，合理、恰当地选择各种贸易术语，对促进成交、提高效益和避免合同争议都具有重要意义。作为交易的当事人，在选择贸易术语时主要应考虑以下因素：

(1) 运输方式及货源情况

买卖双方用何种贸易术语，首先应考虑采用何种运输方式运送。在本身有足够运输能力或安排运输无困难而且经济上又合算的情况下，可争取由自身安排运输的条件成交（如按 FCA、FAS 或 FOB 术语进口，按 CIP、CIF 或 CFR 术语出口）；否则，则应酌情争取由对方安排运输的条件成交（如按 FCA、FAS 或 FOB 术语出口，按 CIP、CIF 或 CFR 术语进口）。

另外，在选择贸易术语时还要考虑货源情况。国际贸易中货物品种很多，不同类别的货物具有不同特点，它们在运输方面各有不同要求，故安排运输的难易不同，运费开支大小也有差异，这是选用贸易术语应考虑的因素。此外，成交量的大小，也直接涉及安排运输是否有困难和经济上是否合算的问题。当成交量太小,又无班轮通航的情况下,负责安排运输的一方势必会增加运输成本,故选用贸易术语时也应予以考虑。

(2) 运输途中的风险

在国际贸易中,交易的商品一般需要通过长途运输,货物在运输过程中可能遇到各种风险,特别是在遇到战争或正常的国际贸易易遭到人为障碍与破坏的时期和地区,运输途中的风险很大。因此,买卖双方洽商交易时,必须根据不同时期、不同地区、不同运输路线和运输方式的风险情况,结合购销意图选用适当的贸易术语。如果运输途中的风险性较大,应力争以风险转移界限在实际货运之前的贸易术语成交。

(3) 运费变动因素

一般而言,当运价看涨时,为避免承担运费上升的风险,可以选用由对方安排运输的贸易术语成交。如因某些原因不得不采用由自身安排运输的贸易术语成交,也应把运费上涨的风险预先考虑到货价中去,以免承担运价变动的风险损失。

(4) 办理进出口结关手续的难易

在国际贸易中,关于进出口货物的结关手续,有些国家规定只能由结关所在国的当事人安排或代为办理,有些国家则无此项限制。因此,当某出口国政府规定,买方不能直接或间接办理出口结关手续,则不宜采用 EXW 贸易术语成交,而应选用 FCA 贸易术语成交;若进口国当局规定,卖方不能直接或间接办理进口结关手续,则不宜采用 DDP 贸易术语出口,而应选用 D 组的其他贸易术语成交。

小　结

贸易术语,又称价格术语或价格条件,来源于国际贸易惯例,是在国际贸易长期的基础上逐渐形成与发展起来的。不仅用于表示买卖双方各自承担的责任、费用和风险的划分,而且还用来表示商品的价格构成。

在我国对外贸易中,使用最多的贸易术语为 FOB、CFR 和 CIF 3 种。近年来,随着集装箱运输和国际多式联运业务的发展,FCA、CPT 和 CIP 3 种贸易术语被认为是最有发展前景的贸易术语。

有关贸易术语的国际贸易惯例主要有《1932 年华沙—牛津规则》《1941 年美国对外贸易定义修正本》《2020 年通则》。其中,《2020 年通则》是包括内容最多、使用范围最广和影响最大的一种。

学习和掌握国际贸易中的有关贸易术语及其有关国际惯例,对于确定价格和明确买卖双方各自承担的风险、责任和费用有着非常重要的意义。

思 考 题

1. 什么叫贸易术语?它有哪些作用?
2. 有关贸易术语的国际惯例有哪些?有何不同?
3. 请比较 CFR 和 FOB 术语的异同点。
4. 按 CIF 术语成交时,买卖双方各应承担哪些责任和义务?
5. 当买方要求卖方将货物交到进口国的内陆地点时,应选用何种贸易术语成交?

参考文献

程铭,董勤,张华,等,2012. 国际贸易实务[M]. 2 版. 上海:上海大学出版社.

黎孝先，2000. 国际贸易实务[M]. 3 版. 北京：对外经济贸易大学出版社.

吴百福，1996. 进出口贸易实务教程[M]. 上海：上海人民出版社.

吴国新，郭凤艳，2012. 国际贸易实务[M]. 2 版. 北京：机械工业出版社.

喻淑兰，夏丽萍，王成林，2019. 国际贸易理论与实务[M]. 2 版. 北京：北京大学出版社.

张叔荣，2005. 国际贸易实务[M]. 天津：南开大学出版社.

4 花卉进出口程序

4.1 进出口合同洽商

4.1.1 进出口前准备

4.1.1.1 进口前的准备

(1) 拟进口花卉产品的调查

在进口花卉产品前,应广泛了解国际花卉产品的产销状况、动态和各国关于花卉产品出口的政策、法律法规和贸易习惯。对拟进口花卉产品的规格、技术要求、供应地区等方面进行分析比较,尽量选择品种对路、货源充足、价格较低的国家(地区)进行购买。花卉市场的调查研究主要包括以下几个方面:

进口花卉产品调研 根据我方的经济实力和现有的栽培技术水平,了解国外花卉产品的优良性、栽培技术及先进程度,以便货比三家,进口最需要的、品种优良的花卉产品。

国际市场价格调研 国际花卉市场价格经常因为经济周期、通货膨胀、垄断与竞争、投机活动等因素影响变幻不定,并且各个国家(地区)的同类花卉产品由于自然条件、技术水平、成本及贸易政策不同,其价格也不一致。因此必须对影响进口花卉产品价格的诸多因素进行详细分析,选择在价格最合适的国家(地区)进行采购。

供求关系调研 由于花卉产品的产地、生产周期、产品销售周期、消费习惯和水平等因素的影响,欲购商品的供给与需求状况也在不断变化。为保障我方进口适合的花卉产品,有必要对世界各地的花卉产品的出口情况进行调研,以便作出最有利的抉择。

出口国家的相关贸易政策和法律法规调研 如出口国鼓励、限制花卉产品出口政策,海关税收,数量配额等。

进口花卉产品在注重经济效益的同时贯彻国别政策 凡是能从发展中国家买到同等条件的商品,应优先从这些国家购买。如果有贸易顺差,则更应安排从该国家进口。有时商品进口市场的选择,也应从政治方面考虑,密切配合外交活动。

(2) 选择交易对象

选择交易对象直接关系着进口的得失与成败,是交易前准备工作中至关重要的环节。进口公司应通过各种途径从各个方面对客户进行全面了解,从而选择最合适、最有可能成交的客户。一般可通过中国驻外商务机构、领事馆以及中国银行或其他外商银行的介绍,通过国际友好组织(如中日、中美、中法友好协会等)、各国的商业或工业民间组织(如贸促会)以及国内外的国际咨询公司进行了解咨询,从国内外报刊、杂志上的广告或行业名录、厂商年鉴中了解和物色潜在客户,另外还可通过举办各种展销会、广交会、博览会以结识客户。为了对客户进行深入地了解,对客户的资信可从以下几个方面进行调查:

支付能力 主要考察客户的注册资本额、营业额、潜在资本、资本负债和借贷能力等,以了解其财力状况。

经营能力 分析了解客户的供销渠道、联系网络、贸易关系、经营做法等经营活动能力。

经营作风 主要指企业的商业信誉、商业道德、服务态度、公共关系水平等是否良好。

经营范围 包括企业经营的产品种类、业务范围以及是否与我国做过交易等。

(3) 制订进口方案

选择好贸易对象后,要对进口花卉产品的数量、时间、价格、贸易方式和交易条件等作出妥善合理的安排,以作为贸易洽谈和进口的重要依据。订购的数量和时间安排,要根据用货单位的需要,洞察国外市场波动,防止采购时间、数量过度集中以致外商提高价格或提出其他苛刻条件等,争取在保证满足国内需要的前提下,在最有利的时机成交适当的数量。价格往往是买卖双方争论的焦点。如我方出价过低,不利于成交,完不成采购任务;出价过高,又将浪费国家外汇,甚至影响经济效益或亏损。因此,应在对国际市场价格作出详细调查的基础上,参照近期进口成交价,拟定价格变化幅度。进口业务除采用单进的贸易方式外,还应针对不同的商品特点、交易地区、交易对象,灵活多样地采取招标、易货、补偿贸易、三来业务和技术贸易等多种方式;交易条件的制定,如品质、运输、保险、植检、佣金、折扣等内容,既要有利于进口成交,又要维护我方利益。

4.1.1.2 出口前的准备

(1) 行情调研

获得与贸易有关的各种信息,并通过对信息的分析,得出国际市场行情特点,判定贸易的可行性,进而据以制订贸易计划。行情调研范围和内容主要包括以下几个方面:

经济调研 其目的在于了解一个国家或地区的总体经济状况、生产力发展水平、产业结构特点、国家的宏观经济政策、货币制度、经济法律和条约、消费水平和基本特点等。总之,是对经济大环境进行总体的了解,预估可能发生的风险和效益情况。对外贸易要尽量与总体环境好的国家(地区)开展。

市场调研　市场调研主要针对某一具体选定的商品，调查其市场供需状况、国内生产能力、生产的技术水平和成本、产品性能、特点、消费阶层和高潮消费期、产品在生命周期中所处的阶段、该产品市场的竞争和垄断程度等内容。目的在于确定该商品贸易是否具有可行性、获益性。

　　客户调研　客户调研在于了解欲与之建立贸易关系的国外厂商的基本情况。包括它的历史、资金规模、经营范围、组织情况、信誉等级及其自身总体状况，还包括它与世界各地其他客户和与我国客户开展对外经济贸易关系的历史和现状。只有对国外厂商有了一定的了解，才可以与之建立外贸联系。中国对外贸易实际工作中，常有因对对方情况不清，匆忙与之进行外贸交易活动而造成重大损失的事件发生。因此在交易磋商之前，一定要对国外客户的资金和信誉状况有十足的把握，不可急于求成。

　　调研信息的主要来源有：一般性资料，如一国官方公布的国民经济总括性数据和资料，内容包括国民生产总值、国际收支状况、对外贸易总量、通货膨胀率和失业率等；国内外综合刊物；委托国外咨询公司进行行情调查；通过中国外贸公司驻外分支公司和商务参赞处，在国外进行资料收集；利用交易会、各种洽谈会和客户来华交易的机会了解有关信息；派遣专门的出口代表团、推销小组等进行直接的国际市场调研，获得第一手资料。

（2）制订方案

　　制订方案，是指有关进出口公司根据国家的政策、法令，对其所经营的出口商品作出一种业务计划安排。出口商品经营方案一般包括以下内容：

　　商品的国内货源情况　如生产地、主销地、主要消费地，商品的特点、品质、规格、包装、价格、产量、库存情况。

　　国外市场情况　如市场容量、生产、消费、贸易的基本情况，主要进出口国家的交易情况，今后可能发展变化的趋势，对商品品质、规格、包装、性能、价格等各方面的要求，国外市场经营该商品的基本做法和销售渠道。

　　确定出口地区和客户　在行情研究、信息分析的基础上，选择最有利的出口地区和合作伙伴。

　　经营历史情况　如中国出口商品目前在国际市场上所占地位、主要销售地区及销售情况、主要竞争对手、经营该种商品的主要经验和教训等。

　　经营计划安排和措施落实　如销售数量和金额、增长速度、采用的贸易方式、支付手段、结算办法、销售渠道、运输方式等。

4.1.2　询盘

　　询盘，也叫询价（inquiry 或 enquiry），是交易的起点，是准备购买或出售商品的人向潜在的供货人或买主探询该商品的成交条件或交易的可能性的业务行为，它不具有法律上的约束力。询盘包括普通询盘（general inquiry）和具体询盘（specific inquiry）。普通询盘指索取普通资料，如产品目录、价目表或报价单、图片等；具体询盘指具体询问商品名称、规格、数量、价格、装船期、付款方式等。询盘多为买方向卖方发出，买方通过询盘信，简明扼要地向卖方了解一般的商品信息。利用电子邮件写询盘信，无须过分客气，只需具体、简洁、措辞得体。有的询盘信开门见山，直截了当说明订购打算，可获得一定的优惠条件；有的询盘信则以征询信息的方式，不许下订货承诺，以避免未订购可能形成的日后交易中的障碍。

询盘不是每笔交易必经的程序，如交易双方彼此都了解情况，不需要向对方探询成交条件或交易的可能性，则不必询盘，可直接向对方发盘。

4.1.3 发盘

4.1.3.1 发盘的含义

在国际贸易实务中，发盘(offer)也称报盘、发价、报价，法律上称为要约。发盘可以是应对方询盘的要求发出，也可以是在没有询盘的情况下，直接向对方发出。发盘一般是由卖方发出的，但也可以由买方发出，业务上称为递盘。《联合国国际货物销售合同公约》(以下简称《公约》)第14条第一款对发盘的解释为："凡向一个或一个以上的特定人提出订立合同的建议，如果十分确定并且表明发盘人有在其发盘一旦得到接受就受其约束的意旨，即构成发盘"。

4.1.3.2 发盘的条件

(1) 向一个或一个以上的特定人提出
发盘必须指定可以表示接受的受盘人。受盘人可以是一个，也可以是多个。不指定受盘人的发盘，仅视为发盘的邀请，或称邀请发盘。

(2) 表明订立合同的意思
发盘必须表明严肃的订约意思，即发盘应该表明，在发盘被接受时，将按发盘条件承担与受盘人订立合同的法律责任。这种意思可以用发盘、递盘等术语加以表明，也可不使用上述或类似术语和语句，而按照当时谈判情形，或当事人之间以往的业务交往情况，或双方的习惯做法来确定。

(3) 发盘内容必须十分确定
发盘内容的确定性体现在发盘中所列的条件是否完整、明确和终局的。

(4) 送达受盘人
发盘于送达受盘人时生效。

4.1.3.3 发盘的撰写

发盘因撰写情况或背景不同，在内容、要求上也有所不同。其结构一般包括以下内容：

①感谢对方来函，明确答复对方来函询问事项。
②阐明交易的条件，如品名、规格、数量、包装、价格、装运、支付、保险等。
③声明发盘有效期或约束条件。
④鼓励对方订货。

4.1.3.4 发盘的注意事项

(1) 发盘约束力

发盘具有法律约束力。发盘人发盘后不能随意反悔,一旦受盘人接受发盘,发盘人就必须按发盘条件与对方达成交易并履行合同(发盘)义务。因此,同询盘相比,发盘更容易得到受发盘人的重视,有利于双方迅速达成交易,但也因此缺乏必要的灵活性。发盘时如果市场情况估计有误,发盘内容不当,发盘人就会陷入被动。发盘人在发盘前必须明确上述问题。如果发盘,必须对发盘价格、条件进行认真的核算、分析,确保发盘内容的准确,以免陷于被动。

(2) 发盘生效时间

《公约》规定发盘在到达受盘人时生效。这一规定对发盘人具有非常重要的意义,主要表现在发盘的撤回和撤销上。

发盘的撤回 指发盘人在发盘之后、到达受盘人之前,即在发盘尚未生效之前,将发盘收回,使其不发生效力。由于发盘没有生效,发盘原则上可以撤回。对此,《公约》规定:"只要撤回的通知在发盘到达受盘人之前或与其同时到达受盘人,即使是不可撤销的发盘也可以撤回"。如果发现发盘有误,即可按《公约》采取措施,以更快的通信联络方式将发盘撤回(发盘尚未到达受盘人)。如以信函方式发盘,在信函到达之前,即可用电报或传真方式将其撤回。

发盘的撤销 指发盘人在其发盘已经到达受盘人之后,即在发盘已经生效的情况下,将发盘取消,废除发盘的效力。关于发盘撤销,英美法国家和大陆法国家存在原则上的分歧。《公约》为协调解决两大法系在这一问题上的矛盾,一方面规定发盘可以撤销,另一方面对撤销发盘进行了限制。《公约》第16条第1款规定:"在合同成立之前,发盘可以撤销,但撤销通知必须于受盘人作出接受之前送达受盘人"。而《公约》第16条第2款则规定:"下列两种情况下,发盘一旦生效,即不得撤销:第一,发盘中已经载明了接受的期限,或以其他方式表示它是不可撤销的;第二,受盘人有理由信赖该发盘是不可撤销的,并已经本着对该项发盘的信赖行事"。

《公约》的这些规定主要是为了维护受盘人的利益,保障交易的安全。我国是《公约》的缔约国,我国企业与营业地在其他缔约国的企业进行交易,均适用该公约。因此,我们必须对《公约》的上述规定予以特别重视和了解。

(3) 发盘有效期

发盘有效期指发盘人受其发盘约束的期限。国际贸易中,发盘有效期有两种表现形式:明确规定有效期限、采用合理期限。前者不但很少发生争议,而且可促进成交,使用较多,但不能撤销;后者容易产生争议,但在对方没有接受前可以撤销。采用何种形式,应视情况而定,不能一概而论。明确规定有效期时,有效期的长短是重要问题,有效期太短,对方无暇考虑,有效期长,发盘人承受风险就大。适度把握有效期长短对交易双方都很重要。当事人必须根据货物、市场情况、双方距离以及通信方式合理确定。一般来说,发盘有效期以 3~5d 和明确有效期的起止日期、到期地点最为适宜。

(4) 发盘终止

发盘终止指发盘失去效力。发盘终止有 4 种情况：因受盘人拒绝而失效；因发盘人撤销自己的发盘而失效；因规定的接受期限已满而失效；因合理期限已过而失效。

交易中，不论哪种原因导致发盘终止，此后发盘人均不再受其发盘的约束。

4.1.4 还盘

还盘（counter offer）也称还价，在法律上称为反要约。受盘人在接到发盘后，不能完全同意发盘的内容，为了进一步磋商交易，对发盘提出修改意见，用口头或书面形式表示出来，就构成还盘。即受盘人对所接发盘表示接受，但对其内容提出更改的行为。还盘实质上构成对原发盘的某种程度的拒绝，也是受盘人以发盘人地位所提出的新发盘。因此，一经还盘，原发盘即失效，新发盘取代它成为交易谈判的基础。如果另一方对还盘内容不同意，还可以进行反还盘（或称再还盘）。还盘可以在双方之间反复进行，还盘的内容通常仅陈述需变更或增添的条件，对双方同意的交易条件无重复。在国际贸易中，往往经过多次的还盘、反还盘，才最终达成协议。

4.1.5 接受

(1) 接受的含义

接受（acceptance）是受盘人在发盘的有效期内，无条件地同意发盘中提出的各项交易条件，愿意按这些条件和对方达成交易的一种表示。接受在法律上称为承诺，接受一经送达发盘人，合同即告成立。双方均应履行合同所规定的义务并拥有相应的权利。它是交易磋商的过程之一。如交易条件简单，接受中无需复述全部条件。如双方多次互相还盘，条件变化较大，还盘中仅涉及需变更的交易条件，则在接受时宜复述全部条件，以免疏漏和误解。

(2) 构成有效接受的条件

按《公约》规定，一项有效接受应符合下列条件：

①须由受盘人作出　由第三者作出接受，只能视作一项新的发盘。

②必须是无条件的　有条件接受只能视作还盘。

③必须在发盘规定的时效内作出。

④接受必须表示出来　缄默或不行动不构成接受。

(3) 接受生效的时间

在接受生效的时间上，英美法采用投邮生效的原则，即接受通知书一经投邮或发出，立即生效；而大陆法采用到达生效的原则，即接受通知书必须到达发盘人时才生效。《公约》明确规定，接受于送达发盘人时生效。

(4) 有条件接受

接受应该是无条件的，任何对发盘表示接受但对交易条件进行变更或添加，均为无效接受。

《公约》将发盘的交易条件的变更或添加，分为实质性变更和非实质性变更。受盘人对货物的价格、品质、数量、支付方式、交货时间和地点、一方当事人对另一方当事人的赔偿责任范围或解决争端的办法等条件提出的添加或变更,均为实质性变更。此种接受,只能视作还盘。如果所作的添加或变更的条件属于非实质性的交易条件,则除非当事人及时对这些变更或添加提出异议,否则该接受有效。合同按添加或变更后的条件于该接受到达时生效。

(5)逾期接受

超过发盘的有效期才到达的接受,为逾期接受,一般情况下无效。但《公约》规定,如果发盘人毫不迟延地用口头或书面通知受盘人,确认该接受有效,则该逾期接受仍有接受的效力,合同于接受通知书到达时生效,而不是受盘人收到确认通知后才生效。

如果接受的逾期是由于传递不正常而造成的,载有接受的信件和其他书面文件表明,若传递正常,本应在有效期内送达。对于这种逾期接受,除非发盘人毫不迟延地通知受盘人,发盘因逾期而失效,否则该接受有效,合同于该接受到达时成立。

(6)接受的撤回和修改

在接受送达发盘人之前,受盘人将撤回或修改接受的通知送达发盘人,或两者同时送达,则接受可以撤回或修改。

接受一旦送达,即告生效,合同成立,受盘人无权单方面撤销或修改其内容。

4.2 进出口合同签订

在国际贸易中当买卖双方就交易条件经过磋商达成协议后,合同即告订立。

4.2.1 合同成立时间

在国际贸易中,买卖双方合同于何时订立是一个十分重要的问题。《公约》规定,接受送达发盘人时生效,接受生效的时间,实际上就是合同成立的时间,合同一经订立,买卖双方即存在合同关系,彼此受合同的约束。

在实际业务中,有时双方当事人在洽商交易时约定,合同成立的时间,以签约时合同上所写明的日期为准,或以收到对方确认合同的日期为准,在这两种情况下,双方的合同关系即在签订正式书面合同时成立。

此外,根据我国法律和行政法规规定,应由国家批准的合同,在获得批准时,方可成立。

4.2.2 合同成立的有效条件

买卖双方就各项交易条件达成协议后,并不意味着此项合同一定有效。根据各国合同法规定,一项合同,除买卖双方就交易条件通过发盘和接受达成协议外,还需具备下列有效条件,才是一项有法律约束力的合同。

(1)当事人必须具有签订合同的行为能力

签订买卖合同的当事人主要是自然人或法人。按各国法律的一般规定,自然人签订合同的行为能力,是指精神正常的成年人才能订立合同,未成年人或精神病人订立合同必须受到限制。关于法人签订合同的行为能力,各国法律一般认为,法人必须通过其代理人，在法人的经营范围内签订合同，也就是说，越权的合同不能发挥法律效力。我国法律规定，除对未成年人、精神病人签订合同加以限制外，对某些合同的签约主体还作了一定的限定，例如，规定只有取得对外贸易经营权的企业或其他经济组织，才能签订对外贸易合同，没有取得对外贸易经营权的企业或组织，如签订对外贸易合同，必须委托有对外贸易经营权的企业代理进行。

（2）合同必须有对价或约因

所谓对价，是指当事人为了取得合同利益所付出的代价，这是英美法的概念；所谓约因，是指当事人签订合同所追求的直接目的，这是法国法的概念。按照英美法和法国法的规定，合同只有在有对价或约因时，才是法律上有效的合同，无对价或无约因的合同是得不到法律保护的。

（3）合同内容必须合法

许多国家对合同内容必须合法，往往从广义上解释，其中包括不得违反法律、不得违反公共秩序或公共政策以及不得违反善良风俗或道德 3 个方面。我国《涉外经济合同法》规定，违反中华人民共和国法律或社会公共利益的合同无效。但是，合同中违反我国的法律或社会公共利益的条款，如经当事人协商同意予以取消或改正后，则不影响合同的效力。

（4）合同必须符合法律规定的形式

大多数国家只对少数合同才要求必须按法律规定的特定形式订立，而对大多数合同，一般不从法律上规定应当采取的形式。我国则不同，我国签订的涉外经济合同必须以书面方式订立，否则无效。

（5）合同当事人的意思表示必须真实

各国法律都认为，合同当事人的意思必须真实，才能成为一项有约束力的合同，否则这种合同无效或可以撤销。我国《涉外经济合同法》也明确规定："采取欺诈或者胁迫手段订立合同无效"。

4.2.3 合同的形式和内容

4.2.3.1 合同的形式

在国际贸易中，订立合同的形式有下列 3 种：①书面形式，②口头形式，③以行为方式表示。根据我国法律规定和国际贸易的习惯做法，交易双方通过口头或来往函电磋商达成协议后还必须签订一定格式的正式书面合同。签订书面合同主要有以下 3 个方面的意义：

（1）作为合同成立的证据

合同是否成立，必须有证明，尤其在通过口头谈判达成交易的情况下，签订正式的书面合同就成为不可缺少的程序，因为无文字依据，空口无凭，一旦发生争议，往往造成举证困难，不易分清责任。我国只承认书面合同有效。

（2）作为合同生效的条件

交易双方在发盘或接受时，如声明合同生效以签订一定格式的正式书面合同为准，则于正式签订书面合同时合同生效。

(3) 作为合同履行的依据

通过口头谈判或函电磋商达成交易后,把彼此磋商一致的内容,集中订入一定格式的书面合同,双方当事人以书面合同为准,有利于合同的履行。书面合同的名称,并无统一的规定,其格式繁简也不一致。在我国对外贸易中,书面合同的形式包括合同、确认书和协议书等。其中采用合同和确认书两种形式的居多。从法律效力来看,这两种形式的书面合同没有区别,只是格式内容的繁简有所差异。合同又可分为销售合同和购买合同。前者是指卖方草拟提出的合同;后者是指买方草拟提出的合同。确认书是合同的简化形式,可分为销售确认书和购买确认书。前者是卖方出具的确认书;后者是买方出具的确认书。

在我国对外贸易业务中,合同或确认书,通常一式两份,由双方合法代表分别签字后各执一份,作为合同订立的证据和履行合同的依据。

4.2.3.2 合同的内容

我国对外贸易企业与外商签订的买卖合同,不论采取哪种形式,都是调整交易双方经济关系和规定彼此权利与义务的法律文件,其内容通常都包括约首、基本条款和约尾3个部分。

(1) 约首

一般包括合同的名称、合同编号、签订双方名称和地址、电报挂号等内容。

(2) 基本条款

这是合同的主体,它包括品名、品质、规格、数量(或重量)、包装价格、交货条件、运输、保险、支付、检验、索赔、不可抗力仲裁等内容。商订合同,主要是磋商如何规定这些基本条款。

(3) 约尾

一般包括订立日期、订立地点和双方公司及当事人签字等内容。

为了提高履约率,在规定合同内容时,应考虑周全,力求使合同的条款明确、具体、严密。

附合同格式如下:

合 同

Contract

编　　号 No.：

签约地点 Signed at：

日　　期 Date：

卖　　方 Seller：

地　　址 Address：

电　　话 Tel：

传　　真 Fax：

电子邮箱 E-mail：

买　　　方 Buyer：
地　　　址 Address：
电　　　话 Tel：
传　　　真 Fax：
电子邮箱 E-mail：
买卖双方经协商同意按下列条款成交：

The undersigned Seller and Buyer have agreed to close the following transactions according to the terms and conditions set forth as below：

1. 货物名称、规格和质量 Name(Variety), Specifications and Quality of Commodity：

2. 数量 Quantity：

3. 单价及价格条款 Unit Price and Terms of Delivery：

［除非另有规定，FOB，CFR 和 CIF 均应依照国际商会制定的《2000 年国际贸易术语解释通则》(《2000 年通则》) 办理。］

［The terms FOB, CFR or CIF shall be subject to(*the International Rules for the Interpretation of Trade Terms*)(*INCOTERMS 2000*) provided by International Chamber of Commerce (ICC)unless otherwise stipulated herein.］

4. 总价 Total Amount：

5. 允许溢短装 More or Less：_____%。

6. 装运期限 Time of Shipment：

收到可以转船及分批装运之信用证_____天内装运。

Within _____ days after receipt of L/C allowing transhipment and partial shipment.

7. 付款条件 Terms of Payment：

买方须于_____前将保兑的、不可撤销的、可转让的、可分割的即期付款信用证开到卖方，该信用证的有效期延至装运期后_____天在中国到期，并必须注明允许分批装运和转船。

By Confirmed, Irrevocable, Transferable and Divisible L/C to be available by sight draft to reach the Seller before _____ and to remain valid for negotiation in China until _____ after the Time of Shipment. The L/C must specify that transhipment and partial shipments are allowed.

买方未在规定的时间内开出信用证，卖方有权发出通知取消本合同，或接受买方对本合同未执行的全部或部分，或对因此遭受的损失提出索赔。

The Buyer shall establish a Letter of Credit before the above-stipulated time, failing which, the Seller shall have the right to rescind this Contract upon the arrival of the notice at Buyer or to accept whole or part of this Contract non fulfilled by the Buyer, or to lodge a claim for the direct losses sustained, if any.

8. 包装 Packing：

9. 保险 Insurance：

按发票金额的_____%投保_____险，由_____负责投保。

Covering _____ Risks for _____ % of Invoice Value to be effected by the _____ .

10. 品质/数量异议 Quality/Quantity discrepancy：

如买方提出索赔，凡属品质异议须于货到目的口岸之日起30天内提出，凡属数量异议须于货到目的口岸之日起15天内提出，对所装货物所提任何异议于保险公司、轮船公司、其他有关运输机构或邮递机构所负责者，卖方不负任何责任。

In case of quality discrepancy, claim should be filed by the Buyer within 30 days after the arrival of the goods at port of destination, while for quantity discrepancy, claim should be filed by the Buyer within 15 days after the arrival of the goods at port of destination. It is understood that the Seller shall not be liable for any discrepancy of the goods shipped due to causes for which the Insurance Company, Shipping Company, other Transportation Organization or Post Office are liable.

11. 单据 Documents：

12. 由于发生人力不可抗拒的原因，致使本合约不能履行，部分或全部商品延误交货，卖方概不负责。本合同所指的不可抗力系指不可干预、不能避免且不能克服的客观情况。

The Seller shall not be held responsible for failure or delay in delivery of the entire lot or a portion of the goods under this Sales Contract in consequence of any Force Majeure incidents which might occur. Force Majeure as referred to in this contract means unforeseeable, unavoidable and insurmountable objective conditions.

13. 仲裁 Arbitration：

在履行协议过程中，如产生争议，双方应友好协商解决。若通过友好协商未能达成协议，则提交中国国际贸易促进委员会对外贸易仲裁委员会，根据该会仲裁程序暂行规定进行仲裁。该委员会决定是终局的，对双方均有约束力。仲裁费用，除另有规定外，由败诉一方负担。

All disputes arising from the execution of this agreement shall be settled through friendly consultations. In case no settlement can be reached, the case in dispute shall then be submitted to the Foreign Trade Arbitration Commission of the China Council for the Promotion of International Trade for Arbitration in accordance with its Provisional Rules of Procedure. The decision made by this commission shall be regarded as final and binding upon both parties. Arbitration fees shall be borne by the losing party, unless otherwise awarded.

14. 通知 Notices：

所有通知用_____文写成，并按照如下地址用传真/电子邮件/快件送达给各方。如果地址有变更，一方应在变更后_____日内书面通知另一方。

All notice shall be written in _____ and served to both parties by fax/e-mail/courier according to the following addresses. If any changes of the addresses occur, one party shall inform the other party of the change of address within _____ days after the change.

15. 本合同为中英文两种文本，两种文本具有同等效力。本合同一式_____份。自双方签字(盖章)之日起生效。

This Contract is executed in two counterparts each in Chinese and English, each of which shall be deemed equally authentic. This Contract is in _____ copies effective since being signed/sealed by both parties.

卖方签字 The Seller： 　　　　　　　　　买方签字 The Buyer：

4.3 进出口合同履行

在国际贸易中，买卖双方通过洽商达成协议，签订合同后，则双方都应按合同的要求进行交易。

4.3.1 出口合同的履行

履行出口合同的程序，一般包括备货、催证、审证、改证、租船、订舱、报关、报验、投保、装船、制单结汇等工作环节。在这些工作环节中，以货（备货）、证（催证、审证和改证）、船（租船、订舱）、款（制单结汇）4个环节的工作最为重要。只有做好这些工作，才能防止出现有货无证、有证无货、有货无船、有船无货、单证不符或违反装运期等情况。根据我国对外贸易长期实践的经验，在履行出口合同时，应做好下列各环节的工作。

4.3.1.1 备货与报验

为了保证按时、按质、按量交付约定的货物，在订立合同之后，卖方必须及时落实货源，备妥应交的货物，并做好出口货物的报验工作。

(1) 备货

备货工作的内容，主要包括按合同和信用证的要求委托生产加工或仓储部门组织货源和催交货物，核实货物的加工、整理、包装和刷唛情况，对应交的货物进行验收和清点。在备货工作中，应注意下列事项。

发运货物的时间　为了保证按时交货，应根据合同和信用证对装运期的规定，并结合船期安排，做好供货工作，使船货衔接好，防止出现船等货的情况。

货物的品质、规格　交付货物的品质、规格，必须符合约定的要求。如鲜切花的长度、种球的围径应达到合同的要求。如果不符，应进行筛选和加工、整理直至达到要求。

货物的数量　必须按约定数量备货，而且应留有余地，以备必要时作为掉换之用。如约定可以溢短装一定比例，则应考虑满足溢装部分的需要。

货物的包装　按约定的条件包装，核实包装是否满足长途运输和保护商品的要求。如发现包装不良或有破损，应及时修整或掉换。

在包装的明显部位，应按约不定期的唛头式样刷制唛头，对包装上的其他各种标志是否符合要求，也应注意。

(2) 报验

凡按约定条件和国家规定必须法定检验的出口货物，在备妥货物后，应向国家出入境检验检疫局申请检验。只有经检验出具出入境检验检疫局签发的检验合格证书，海关才放行，凡检验不合格的货物，一律不得出口。

申请报验时，应填制出口报验申请单，向出入境检验检疫局办理申请报验手续。该申请单的内容，一般包括品名、规格、数量或重量、包装、产地等。在提交申请单时，应随附合同和信用证副本等有关文件，供出入境检验检疫局检验和发证时参考。

货物经检验合格，出入境检验检疫局发放检验合格证书，外贸公司应在检验证规定的有效期内将货物装运出口。如在规定的有效期内不能装运出口，应向出入境检验检疫局申请延期，并由出入境检验检疫局进行复验，复验合格后，才准予出口。

4.3.1.2 催证、审证和改证

在履行凭信用证付款的出口合同时，应注意做好下列工作。

(1) 催证

在按信用证付款条件成交时，买方按约定时间开证是卖方履行合同的前提条件，尤其是大宗交易或按买方要求而特制的商品交易，买方及时开证更加必要；否则，卖方无法安排生产和组织货源。在实际业务中，由于种种原因买方不能按时开证的情况时有发生，因此，我们应结合备货情况做好催证工作，及时提醒对方按约定时间办理开证手续，以利合同的履行。

(2) 审证

在实际业务中，由于种种原因，买方开来的信用证常有与合同条款不符的情况，为了维护我方的利益，确保收汇安全和合同的顺利履行，我们应对国外来证，按合同进行认真的核对和审查。在审证时，应注意下列事项。

政治性、政策性审查 在我国对外政策的指导下，应对不同国家（地区）的来证从政治上、政策上进行审查。如来证国家同我国有无经济贸易往来关系，来证内容是否符合政府间的支付协定，证中有无歧视性内容等。

开证行与保兑行的资信情况 为了确保安全收汇，对开证行和保兑行所在国的政治、经济状况，开证行和保兑行的资信及其经营作风等，都应注意审查。如发现问题，则应酌情采取适当的措施。

信用证的性质和开证行对付款的责任 要注意审查信用证是否为不可撤销的信用证，信用证是否有效，在证内对开证行的付款责任是否加列了限制性条款或其他保留条件。

信用证金额及其采用的货币 信用证金额应与合同金额一致，如合同订有溢短装条款，则信用证金额还应包括溢短装部分的金额。来证采用的货币应与合同规定的货币一致。

有关货物的记载 来证中对有关品名、数量或重量、规格、包装和单价等内容的记载，是否与合同的规定相符，有无附加特殊条款。如发现信用证与合同规定不符，应酌情作出是否接受或修改的决定。

有关装运期、信用证有效期和到期地点的规定　按惯例，一切信用证都必须规定一个交单付款、承兑或议付的到期日，未规定到期日的信用证不能使用。通常信用证中规定的到期日是指受益人最迟向出口地银行交单议付的日期。如信用证规定了国外交单到期日，由于寄单费时，且有延误的风险，一般应提请修改，否则，就必须提前交单，以防逾期。装运期必须与合同规定一致，如来证太晚，无法按期装运，应及时申请国外买方延展装运期限。信用证有效期与装运期应有一定的合理间隔，以便在装运货物后有足够的时间办理制单结汇工作。信用证有效期与装运期规定在同一天的，称为双到期。应当指出，双到期是不合理的，受益人是否就此提出修改，应视具体情况而定。

装运单据　对来证要求提供的单据种类、份数及填制方法等，要仔细审查，如发现有不适当的规定和要求，应酌情作出适当处理。

其他特殊条款　审查来证中有无与合同规定不符的其他特殊条款。如发现有对我方不利的附加特殊条款，一般不宜接受；如对我无不利之处，而且能办到，也可酌情灵活掌握。

(3) 改证

在审证过程中如发现信用证内容与合同规定不符，应区别问题的性质，分别同有关部门研究，作出妥善处理。一般地说，如发现我方不能接受的条款，应及时提请开证人修改，在同一信用证上如有多处需要修改，应当一次提出。对信用证中可改可不改的，或经过适当努力可以办到而并不造成损失的，则可酌缓处理。对通知行转来的修改内容，如经审核不能接受，应及时表示拒绝。如一份修改通知书中包括多项内容，只能全部接受或全部拒绝，不能只接受其中一部分，而拒绝另一部分。

4.3.1.4　租船订舱、报关和投保

租船订舱　按 CIF 或 CFR 条件成交时，卖方应及时办理租船订舱工作。如系大宗货物，需要办理租船手续；如系一般杂货则需洽订舱位。各外贸公司洽订舱位需要填写托运单。托运单是托运人根据合同和信用证条款内容填写的向船运公司或其代理人办理货物托运的单证。船方根据托运单内容，并结合航线、船期和舱位情况，如认为可以承运，即在托运单上签章，留存一份，退回托运人一份。至此，订舱手续即告完成，运输合同即告成立。

船运公司或其代理人在接受托运人的托运申请之后，即发给托运人装货单，凭以办理装船手续。装货单的作用有：①通知托运人已配妥××船舶、航次、装货日期，让其备货装船；②便于托运人向海关办理出口申报手续；③作为命令船长接受该批货物装船的通知。

货物装船后，船长或大副则应该签发收货单，作为货物已装妥的临时收据，托运人凭此收据即可向船运公司或其代理人交付运费并换取正式提单。如收货单上有大副批注，换取提单时应将大副批注写在提单上。

报关　出口货物在装船运出之前，需向海关办理报关手续。出口货物办理报关时必须填写出口货物报关单，必要时还需要提供出口合同副本、发票、装箱单、重量单、商品检验证书及其他有关证件。海关查验有关单据后，即在装货单上盖章放行，凭以装船出口。

投保　凡按 CIF 条件成交的出口合同，在货物装船前，卖方应及时向中国人民保险公司办理投保手续。出口货物投保都是逐笔办理，投保人应填制投保单，将货物名称、保险金额、运输路线、运输工具、开航日期、投保险别等——列明。为了简化投保手续，也可利用出口货物明细单或货物出运分析单来代替投保单。保险公司接受投保后，即签发保险单或保险凭证。

4.3.1.5　制单结汇

按信用证付款方式成交时，在出口货物装船发运之后，外贸公司应按照信用证规定，及时备妥缮制的各种单证，并在信用证规定的交单有效期内交银行办理议付和结汇手续。在制单工作中，必须高度认真、十分细致、勤勤恳恳，做到单证相符和单单一致，以利及时、安全收汇。为了保证准时结汇，应做到以下几点：

正确　单据内容必须正确，既要符合信用证的要求，又要能真实反映货物的实际情况，且各单据的内容不能相互矛盾。

完整　单据份数应符合信用证的规定，不能短少，单据本身的内容，应当完备，不能出现项目短缺情况。

及时　制单应及时，以免错过交单日期或信用证有效期。

简明　单据内容应按信用证要求和国际惯例填写，力求简明，切勿加列不必要的内容。

整洁　单据的布局要美观大方，缮写或打印的字迹要清楚醒目，不宜轻易列改，尤其对金额、件数和重量等，更不宜改动。

此外，在履行出口合同过程中，如因国外买方未按时开证或未按合同规定履行义务，致使我方遭受损失，我方应根据不同对象、不同情况及损失程度，有理有据地及时向对方提出索赔，以维护我方的正当权益。

当外商认为我方交货的品质、数量、包装不符合约定的条件，或我方未按时装运，致使对方蒙受损失而向我方提出索赔时，我方应在调查研究的基础上，查明事实，分清责任，酌情作出适当的处理。如确属我方责任，我方应实事求是地予以赔偿；如属外商的不合理要求，我方必须以理拒赔。

4.3.2　进口合同的履行

进口花卉产品一般是按照 FOB 条款同时以开立信用证的付款方式成交，按照此条款签订的进口合同的一般程序包括开立信用证、备运、运输货物、办理货物保险、审单、付汇、通关提货、验收、索赔等。

(1) 开立信用证

买方开立信用证是履行合同的前提，因此，在签订进口合同后，应按照合同的规定办理开立信用证的手续。如果合同规定在收到卖方货物备妥通知或者卖方确定装运期后开证，那么我方就应该在接到上述通知后即时开立信用证；又如合同规定在卖方领到出口许可证或支付履约保证金后开立信用证，我方就要在收到卖方已经领到许可证通知，或者银行告之履约保证金已经到位后即时开立信用证。买方在向银行办理开证手续时，必须按照合同内容填写开证申请书。信用证以合同为依据开立，内容与合同内容一致。

开立信用证时应向银行提交正副本合同各一份、开证申请书、购汇申请书，开保证金账户，并存入保证金。

卖方收到信用证后，如果提出修证的要求，经买方同意，可及时向开证行提出修改信用证。一般修改内容为展延装运期、信用证有效期、变更装运港等。

（2）备运

按照 FOB 条款签订的进口合同，应该由买方安排运输，买方可以自行解决运输工具，租船或自行运输均可。买方办妥运输手续后应及时将船名、船期通知卖方，以便卖方备货装运，一定要注意避免出现船等货的现象。

买方备妥运输工具后，应及时催促装运，并及时了解卖方的备货情况，如果是数量大或者重要的货物，在必要的时候可请求我国驻外机构就地协助了解和督促卖方履约。国外装运后，卖方应及时向买方发装船通知，以便买方及时办理保险、接货等准备工作。

（3）办理货物保险

在 FOB 或 CFR 交货条件下的进口合同，保险由买方办理。当买方收到卖方的装运通知后，按照保险公司的要求办理投保手续，保险公司根据保险合同的规定对货物自动承担承保责任。

（4）审单和付汇

银行在收到国外银行的汇票和单据后，根据信用证的规定，核对单据无误，即由银行对外付款。同时可以按照人民币当日汇率或提前购汇赎单。买方凭银行出具的付款通知书做账。如果审单时发现国外的单据不符，应及时作出相应的处理。如全额拒付、相符部分付款、货到后验收合格后付款，凭卖方或议付行出具担保付款，要求卖方修改单证，在付款的同时提出保留索赔权。

（5）通关提货、验收

货物到达后，买方可以自理报关或委托报关行办理报关手续，并附发票、装箱单、提单、保单等有效文件办理交税手续。如果属于法检商品，必须随附商品检验证书。必须做到单、证、货相符，经海关查验无误方可放行。

进口的货物到达港口卸货时，港务局要进行卸货核查。如果发现短缺应该及时填写短缺报告，交由船方确认，并根据短缺的情况向船方提出保留索赔的书面声明。卸货时如发现有残损品，货物应该存放于海关指定的仓库，待保险公司会同商检部门作出处理意见后再进行处理。办理完上述手续后，买方方可提货。

（6）索赔

经常因进口商品品质、数量、包装等不符合同规定，买方向有关方面提出索赔。根据造成原因和损失的不同，分别向卖方、船运公司、保险公司索赔。

在办理索赔时应该注意以下事项：

索赔的证据 对外提出索赔时必须提供有效文件，包括索赔清单、产品质量技术鉴定证书、发票、装箱单、提单副本。对不同的索赔对象还要另附有关文件。

索赔金额　索赔金额，除受损商品价值外，有关的费用也可以提出。如商品检验费、装卸费、银行手续费、仓租费、利息等，都可以包括在索赔金额内。有时应根据具体情况确定。

　　索赔期限　索赔必须是在合同有效期限内提出。如果做检验需要延长时间，可以及时向对方提出延长索赔期限。

　　卖方理赔责任　当进口的货物发生了损失，除属于船运公司及保险公司的赔偿责任外，有时由卖方造成的损失应直接向卖方要求赔偿，防止卖方找借口推卸理赔责任。

　　进口合同在实际操作中只是一个单独的文件，在具体执行中应与其他文件配套使用，一旦发生纠纷，要将全套文件合并使用，进行补发、换货、返修等索赔。

　　在实际操作中，经常遇到产品质量问题。一旦遇到产品质量问题，应按照产品质量法的要求，经过有关部门的鉴定，要求对方采取不同方式索赔。

　　如果遇到产品溢短装，可以根据双方约定或按照双方的习惯做法折价付款。

　　(7) 其他方式成交的进口合同，其履行程序和应注意的问题

　　技术贸易进口的程序　先进的技术或国家政策鼓励进口的技术支持项目，需提供合同、发票、报告以及相关的税表到国税局审批交税。

　　进料加工的程序　持合同、发票和填写完整的进料加工备案申请表，向海关备案，办理进料加工手续。

　　技术贸易进口境外劳务费的支付　根据国家的税收政策和与有关国家政府签订的贸易协定，应先到所管辖的国税局进行申请。根据知识产权和劳务输出输入的税种不同交税或免税，得到批准后持合同、发票、交税证明、核销单、汇款申请书到银行办理。

　　技术贸易进口外汇的核销　提交汇款证明、外汇核销单，填写核销表，到外汇管理局办理。

　　实际操作中的风险防范　在业务操作中要注意合同条款、成交条款、交货期以及汇率的变化，做到仔细认真检查每一业务环节。

小　结

　　在花卉国际贸易中，进出口花卉产品前均应对国内外的市场进行调研，然后按照进出口的程序进行洽商，达成协议后，买卖双方签订进出口合同。进出口合同应确定形式和内容等，合同一经签订，买卖双方必须按照合约进行履行。

思考题

1. 进出口花卉产品前应做哪些准备工作？
2. 进出口合同应包括哪些主要条款？
3. 进出口合同应如何履行？

参考文献

洪昌盛, 2006. 国际贸易实务[M]. 北京: 清华大学出版社.

5 花卉进出口贸易单证及其办理

花卉产品的进出口贸易是通过对单证的办理、制作、传递完成的。单证可以表明进出口商是否履约及履约的程度。单证还是进出口商品进行货款支付或提取货物的凭证。若单证出现差错、遗漏,将影响花卉产品进出口贸易的顺利进行。因此,了解及熟悉单证的样式、种类、办理程序和内容,将提高制单水平和办证能力,达到节约时间、提高效率的目的。

5.1 进出口单证概述

5.1.1 单证的由来与形式

国际贸易单证是随着国际贸易的发展,从技术、贸易、法律、管理等方面不断完善、不断改进而形成的。单证的主要形式有统一印制、自制、电子单据等。从实际业务角度讲,官方单据多为统一印制,如一正三副的普惠制产地证(GSPFORMA)的格式和内容在世界范围内都是统一的,一式三联的核销单在我国由外汇管理局统一印制,进出口报关单证由海关统一印制等。自制单据主要为进出口公司、保险公司和银行等出具的单据,格式、内容多自定,但相差不大;电子单据可从官方网站上下载并向官方申请许可证和配额申领等。

5.1.2 单证的类别

(1) 政府单证

资格证书年审申请表 根据国家有关规定,具有进出口经营权的企业每年应向外经贸主管部门办理资格证书年审手续。申请表就是办理年审手续的必要单证。

进口配额申请表(application for import quota) 进口商申请取得进口商品配额时需要填制的单据。依据进口商的基本情况及该项进口业务的具体内容填写,并提交给当地机电产品进出口办公室用以申请进口配额。

进口配额证明(import quota) 机电产品进出口办公室批准进口商的进口配额申请后,发放给进口商用于领取进口许可证及办理其他进口业务的许可文件。

进口许可证申请表(application for import license)　进口商为取得进口货物许可证，向发放进口许可证的有关机构提交的申请文件。依据进口商取得的进口配额证明的内容或该项进口业务的具体内容填写。

进口许可证(import license)　对外贸易经济合作部或其授权机构在批准进口商的进口许可证申请后，发放给进口商用于办理进口报关手续及其他进口业务的许可文件。

(2) 通关单证

进口货物报关单　由进口商或其代理人(专业报关行)按照海关规定的格式和要求，根据进口货物的实际情况填写，用于向进口地海关进行申报的文件。只有进口报关单经过海关签章放行后，进口商才能够提取货物。同时，进口报关单还是进口商向国外支付货款时需要使用的重要凭证。

征收滞报金收据　进口商或其代理人在申报进口货物时，如果超过了海关规定的报关期限，应缴纳滞报金。海关收取滞报金后应开具收据。

解除监管申请书　进口商拥有的进口货物达到监管期限后，依法向主管海关提出申请，解除货物的监管状态。

解除监管证明　海关接受进口商的解除监管申请书后，经查核，认定货物符合解除监管的有关规定，向进口商签发的批准货物解除监管状态的证明文件。

货物征免税证明：进出口的货物为免税商品，应提前向有关部门申请，经批准同意后办理《进出口货物征免税证明》，在海关申报时提交此单证。

查验货物、物品损坏报告书　海关工作人员查验货物期间，对货物造成的损坏进行记录，并于事后依法予以赔偿。损坏报告书由查验人员及申报人共同签章。

(3) 保险单证

保险单(insurance policy)　由保险公司签发的、承保一定航程内的某一批货物的风险和损失的一种保险单据。其中载明被保险货物的基本情况、保险险别、理赔地点及赔偿办法。

预约保险单(open policy)　保险公司承保被保险人一定时期内所有进出口货物的保险单。凡属于其承保范围内的货物，一开始运输即自动按照预约保险单的内容条件承保。一般被保险人要将货物的名称、数量、保险金额及运输工具的名称、种类、航程起点和终点、起航日期等信息以书面形式通知保险公司。

(4) 运输单证

海运提单(ocean bill of landing)　提单是承运人或其代理人收到货物后，签发给托运人的一种单证，是货物所有权的凭证，是运输契约或其证明。

海运单(sea waybill)　海运单的形式与作用同海运提单相似，其主要特点在于收货人已明确指定。收货人并不需要提交正本单据，而仅需证明自己是海运单载明的收货人即可提取货物。因此，海运单实质上是不可以转让的，它的应用范围比较窄，主要用于跨国公司成员之间的货物运输。

铁路运单(railway bill)　由铁路运输承运人签发的货运单据。它是收、发货人与铁路之间的运输契约。其正本在签发后与货物同行，副本签发给托运人用于贸易双方结算货款。在货物发生损失时，还可以用于向铁路进行索赔。铁路运单不是物权凭证。

空运单(air waybill) 由空运承运人或其代理人签发的货运单据。它是承运人收到货物的收据，也是托运人同承运人之间的运输契约，但不具有物权凭证的性质。航空运单正本一式三份，分别交发货人、航空公司和随物交收货人；副本若干份，由航空公司按规定分发，空运单也是不可以转让的。

装船通知(shipping advice) 货物离开起运地后，由出口商发送给进口商，通知后者一定数量的货物已经起运的通知文件。在 FOB 或 CFR 条件下，进口商需要根据装船通知为进口货物办理保险，因此一般要求出口商在货物离开起运地后两个工作日内向进口商发出装船通知。

提货单(delivery order) 进口商(收货人)在货物到达目的地后，凭海运提单等运输单据向承运人的代理人换取的提货凭证，用于办理进口报关、提货等手续。

(5) 检验单证

进口商品报检单(application for inspection) 报检单是由进口商按照商品检验机构要求的格式，根据货物的实际情况填写，申请检验机构据以安排检验业务操作的文件。

进口商品检验证书(inspection certificate) 商品检验机构在接受进口商的检验申请后，通过检验取得结果并向进口商签发的证明文件，其中载明该批货物的检验结果及其是否符合国家的有关管理规定。检验证书是证明货物品质的重要文件，同时也是进口商向出口商进行索赔的重要依据。

(6) 贸易单证

购货合同(purchase contract) 贸易双方按照买方提供的标准格式签订的贸易合同。

售货合同(sales contract) 贸易双方按照卖方提供的标准格式签订的贸易合同。

商业发票(commercial invoice) 是由出口商(卖方)签发给进口商(买方)，证明将一定数量的货物销售给进口商的文件，其内容包括编号、签发日期、买卖双方的名称和地址、商品名称、规格型号、单价、数量、金额等。

装箱单(packing list) 装箱单是由出口商签发，载明所售货物数量及包装情况的说明文件。装箱单一般与商业发票一一对应，其编号亦参照相关的商业发票。

海关发票(customs invoice) 海关发票是出口商应进口国海关要求出具的一种单据，基本内容同普通的商业发票类似。其格式一般由进口国海关统一制定并提供，主要是用于进口国海关统计、核实原产地、查核进口商品价格的构成等。

领事发票(consular invoice) 由进口国驻出口国的领事出具的一种特别印制的发票。这种发票证明出口货物的详细情况，用于防止外国商品低价倾销，同时可用作进口税计算的依据，有助于货物顺利通过进口国海关。出具领事发票时，领事馆一般要根据进口货物价值收取一定费用。这种发票主要为拉美国家所采用。

形式发票(proforma invoice) 由出口商向进口商提供的，供进口商申请进口许可证或进行进口货物申报使用的单据，一般规定有"出口商最后确认为准"的保留条件，不具有法律效力。一些发展中国家为管制进口，控制外汇支出及掌握进口来源地，要求进口商凭出口商提供的形式发票申请进口许可证。我国政府无此类规定。

产地证 是证明商品原产地或制造地的证明文件，是商品进入国际贸易领域的"经济国籍"，是进口国对货物确定税率待遇、进行贸易统计、实行数量限制(如配额、许可证等)和控制从特定国家进口(如反倾销、反补贴)的主要依据之一。原产地证明书一般有四大类：第一类是普惠制原产地证明书；第二类是一般原产地证明书；第三类是区域性经济集团互惠原产地证书；第四类是某些专业性原产地证明书。

(7) 结算单证

开证申请书(application for issuing L/C)　进口商为使银行向出口商开立信用证而向开证银行提交的申请文件，由进口商按照开证银行提供的标准格式填写。开证申请书的内容是开证行对外开立信用证的依据，因此它的内容必须与进口合同的内容严格一致，这样才能保证信用证的内容与进口合同的内容一致，保证进口业务能够顺利进行。

信用证(letter of credit)　进口商的开证银行根据有关国际惯例及进口商提交的开证申请书，以自身名义，通过出口商的银行向出口商开立的，承诺如果出口商在一定期间内提交符合要求的有关单据，即向出口商支付该项出口货物货款的文件。

付款保函(letter of guarantee for payment)　应开证行的要求，由信用证开证申请人的担保人按照开证行要求的格式填写的，保证如果开证申请人不能够履行信用证付款义务，其担保人将承担付款责任的文件。

贸易进口付汇核销单(import verification sheet)　根据国家外汇管理局的规定，进口商在对国外客户支付外汇货款时需要填写的单据。上部由进口商根据付汇实际情况填写，下部由有关外汇指定银行填写并签章。经过签章的核销单由进口商定期汇总，向当地外汇管理局申报核销。

(8) 其他单证

销售代理协议(sales agency agreement)　销售商(或生产商)将一定时期、一定地域内特定商品的销售完全委托一家经销商代理，由此签订的协议。

独家代理协议(exclusive agency agreement)　销售商(或生产商)将一定时期、一定地域内特定商品的销售完全委托一家经销商代理，由此签订的协议。

商品寄售协议(agreement of consignment)　销售商(或生产商)将商品提供给购买商进行销售，在销售期间保留对货物的所有权，在购买商实现销售后再回收货款，由此签订的协议。

5.2　花卉进出口主要单证及其办理

完成一笔花卉产品的进出口贸易，需要办理或制作的单证很多，在这些单证中，有的可以通过进口或出口商制作完成，如发票、合同、装箱单等，有的单证必须向政府有关部门申请才能获得，如进口许可证、植检证、濒危证等。后者是进口或出口过程中必需的，缺少则不能顺利完成某一花卉产品的进口或出口。因此了解这些单证的种类和办理程序是从事花卉进出口的关键。

5.2.1　进口单证及其办理

5.2.1.1　引进林木种子、苗木及其他繁殖材料检疫审批单

凡进口植物种子、苗木及其他繁殖材料必须办理检疫审批单。其单证上列有所进口

的植物繁殖材料的中文名称、拉丁学名、所属类别、进口数量、进口单位信息及进口须检疫的病虫害项目(表5-1)。这是进口植物必备的单证之一。

(1)办理部门及程序

中央企业由国家林业和草原局直接审批；各地方单位由各省级林业主管部门审批，如数量较大，需上报国家林业和草原局审批。从新的产地进口植物品种或引进品种为新种的，须作引种风险评估。

(2)随附单据

填写申请表、加盖申请单位公章后，到相关部门办理。

表5-1 引进林木种子、苗木及其他繁殖材料检疫审批申请表

申请编号：_____　　　　　　　　　　　　申请日期：____年__月__日

申请单位(个人)名称(姓名)				
法人代表			本表所填内容真实，严格遵守林木引种检疫有关规定。特此声明。 (盖章) 　年　月　日	
单位地址(邮编)				
联系人				
电话(手机)				
植物中文名	科名：		引种数量	
	属名：		引进地	
	种名：		输出国	
植物拉丁名			供货商	
引进类型				
引进用途				
种植地点			是否认证	
建议有效期	年　月　日至　年　月　日			
入境口岸				
风险评估情况				
引种地有害生物发生情况				
引种核销情况				
以下内容由负责审批的林业植物检疫机构填写：				
监管单位			联系人	
联系方式	电话：		传真：	
审核意见	经办人(签字) 负责人(签字)		(盖章) 　年　月　日	
备注				

注：同一批次且原产地、供货商一致者，可将其他品种列附表上报审批。

5.2.1.2 中华人民共和国野生动植物及其产品《允许进出口证明书》

若进口的植物为《国际濒危植物保护公约》目录中Ⅰ/Ⅱ级保护的品种时需要办理该项单证(表5-2)。

表5-2 中华人民共和国野生动植物及其产品《允许进出口证明书》申请表

1a. 发货人及地址（中英文）：			2a. 收货人及地址（中英文）：		
1b. 发货口岸（中英文）	1c. 发货国家（中英文）	5. 海关商品编码	2b. 到达口岸（中英文）	2c. 到达国家（中英文）	
3. 物种名称（中文名及拉丁学名）	4. 货物类型（中英文）		6. 公约级别	7. 我国保护级别	8. 目的	9. 来源	10. 数量及单位	11. 规格及含量	12. 单价（USD）
13. 原产地：				15. 联系人姓名、电话及传真	16. 装运期：	17. 货物总金额：
14. 申请单位地址及邮政编码						
18. 附件：	19. 每证进口物种和数量：			20. 填表日期及申请单位签字或盖章：		21. 备注

填表说明：

(1) 收、发货人名称和地址、发货和到达口岸、国家(中英文)：申请单位须分别用中英文详细填写收(发)货人的名称和地址、发货和到达的口岸和国家(允许外方收、发货人所在地与收、发货国家或地区不一致)；无进出口经营权的单位在填写此表中收发货人名称和地址时，应填写所委托的有进出口经营权的代理单位的名称及地址；国内单位或个人须在表格所示位置签字或盖章；个人邮寄或携带出入境的，须在此栏内填写携带人护照号码或身份证号码。

(2) 物种名称(中文名及拉丁学名)：系指物种或货物所含物种成分的中文科名及拉丁学名。属《国际濒危植物保护公约》或国家保护的物种名录列至亚种的物种需填写亚种名(中文名及拉丁学名)。

(3) 货物类型：含野生动植物成分的制品(如保健品、中成药等)需同时填写货物名称；其他制品应将所属动植物部位填写准确，不得使用行业名称，以免混淆。

(4) 海关商品编码：填写所申请进出口的野生动植物或其产品对应的海关商品编码。

(5) 《公约》级别：填写Ⅰ、Ⅱ、Ⅲ或NON(非)，必要时可向国家濒危物种进出口管理办公室或其各办事处查询。

(6) 我国保护级别：填写Ⅰ、Ⅱ、Ⅲ或NON(非)，必要时可向当地野生动植物行政主管部门查询。

(7) 目的：系指所进出口货物的最终用途，包括以下各项及解释(可直接填写代码)：

T. 贸易——包括牧场、水产养殖、圈养、培植在内的各种以盈利为目的的商业贸易；

Z. 动物园——包括动物展览和引种繁育；

G. 植物园——包括植物展览和栽培育种；

Q. 马戏团——包括一切形式的商业演出和商业展览；

S. 科研——包括科研材料及博物馆等的标本*交换；

H. 狩猎纪念物——包括当事人从野外获得的猎物；

P. 私人财产——包括个人和家庭已拥有的财产；

M. 生物学研究——包括生物医学研究、试验；

E. 教育——包括教学和以教学为目的的示范教学；

N. 野外放生或再放生；

B. 人工繁殖或人工培植。

(8) 来源：系指以下各种类别(可直接填写代码)：

W——取自野外的标本；

R——圈养的标本，包括野外收集的卵或动物幼体，在人工控制环境中喂养(非子一代)其个体发育到可利用程度，并最终用于出售或制成产品的动物标本；

D——为商业目的的人工养殖的《公约》附录Ⅰ(或非附录国家一级保护)仔二代动物标本，经《公约》秘书处注册的和为商业目的人工培植的附录Ⅰ(或非附录国家一级保护)植物标本，经出口国公约管理机构注册的；

A——商业或非商业目的人工培植所获附录Ⅱ、附录Ⅲ植物标本和非商业目的人工培植的附录Ⅰ植物标本；

C——商业或非商业目的人工繁殖所获附录Ⅱ、附录Ⅲ物种仔二代动物标本和非商业目的的人工繁殖的附录Ⅰ物种仔二代动物标本；

F——人工饲养条件下繁殖的仔一代动物标本；

U——未知来源、但必须证明是正当的；

I——没收或扣押的标本，不得返回或处理给当事人；指《公约》前获得的标本**。

(9) 数量及单位：尽量用数量计量单位，并且当使用非动植物个体计数单位(如箱、盒、瓶等)时，需在规格及含量一栏中详细注明，使用重量单位时，需在规格及含量一栏中注明平均换算值。

(10) 规格及含量：由多种成分制成的货品需注明各组份的含量(重量或体积百分比)及详细的包装规格，有多种规格时需分别注明，并填写每种包装的进出口数量。

(11) 单价：系指正式合同或协议中所注明的进出口商品的单位(个、只、千克等)价格。

(12) 原产地：系指所申请的野生动植物或其产品的最初产地；对于进口商品应注明原产国家，对于出口商品

---

* 本文中所指"标本"依据《濒危野生动植物种国际贸易公约》中所定义，即指任何活的或死的动物，或植物，或任何动植物种、或其任何可辨认的部分、或其衍生物。

** "公约前获得"系指：A.《濒危野生动植物种国际贸易公约》对进口国和出口国的生效日期均在标本的获得日期之后；或 B. 标本所含每一物种列入《濒危野生动植物种国际贸易公约》附录的日期均在标本的获得日期之后。

应注明原产省份。

(13) 申请单位地址及邮政编码。

(14) 联系人姓名、电话及传真。

(15) 装运期：系指合同或协议中所注明的货物装运日期。

(16) 货物总金额：指所申请进出口的货物总金额。

(17) 附件：指进出口申请单位向审批机关提供的有关材料。

(18) 每证进出口的物种及数量：装野生动植物进出口证明书实行一批一证制，申请单位需注明所申请的证明书的数量及每个证明书中物种的种类及数量。

(19) 申请单位签字或盖章。

(1) 办理部门及程序

各省级林业濒危物种管理办公室初审，上报国家林业和草原局濒危物种管理办公室，批准后返回省级林草主管部门濒危物种管理办公室出证。

(2) 随附单据

年度首次办理的单位应填写野生植物进出口行政许可申请人基本情况备案表（表5-3），并同时提交贸易相关的野生植物进出口管理行政许可事项申请表（表5-4）、合同及由出口商提供的出境濒危物种证明书。

表5-3　野生植物进出口行政许可申请人基本情况备案表

申请人全称	
申请人地址	
法定代表人	
主管部门	
联系人	
联系电话	
传　真	
邮政编码	
电子信箱	
营业执照编号	
从业人数	
固定资产(万元)	
年总产值(万元)	
主导产品	
主要利用物种	
加工能力	[ ]有　　[ ]无
有培植基地(场)的申请人还须填写以下内容	
培植基地地址	
培植基地建立时间	
培植面积(hm^2)	
主要培植物种	
备注	

申请人签章　　　　　　年　月　日

表 5-4 野生植物进出口管理行政许可事项申请表

[ ]进口 [ ]出口

申请单位(个人):							
法人代表(个人):		地址:				邮编:	
联系人:		联系电话:		传真:		E-mail:	
代理单位名称:							
法人代表:		地址:				邮编:	
联系人:		联系电话:		传真:		E-mail:	
物种	中文名	拉丁学名	国家保护级别	CITES附录级别	国家禁止限制出口珍贵树木名录	货物类型	来源	货物数量及单位	规格及含量	单价
发货国家(地区)	中文: 英文:					收货国家(地区)	中文: 英文:			
进出口目的										
货物总金额										
发货(到货)日期	年 月 日									
申请单位负责人签字及盖章										
附件: □证明申请人身份的有效文件或材料,以及申请人基本情况备案表(当年首次申请时提供); □商业性进出口的,提交进出口合同或协议;科学研究等非商业性进出口的,提交合作研究等相关协议及工作方案;委托代理进出口的,还须提交申请人与代理人双方签订的有效文件或代理协议; □证明进出口的野生植物或者其产品来源的有效证明材料; □进出口野生植物或者其产品的说明材料										

注:本表各项目填写内容及需具附具的有关申请材料见填表说明。

填表说明：

①"申请单位(个人)"要求填写申请单位的法定名称或申请人姓名；"申请单位地址"要求详细到县区、街道、门牌；"联系人姓名"要求填写此次申请行为的直接责任人。

②物种(或亚种)的中文名称要求一律填写该种(亚种)植物在植物分类学中的中文学名。

③国家"保护级别"要求分别填写国家保护Ⅰ级、Ⅱ级、CITES附录Ⅰ、附录Ⅱ或附录Ⅲ；如属于国家禁止限制出口珍贵树木名录物种，则将对应栏中的"□"改成"☑"。

④申请者应在"来源"一栏注明该种货物所含植物或其成分是人工培植、野外获得或其他方式。

⑤"货物类型"分为"活体"——活的植物全株或其新鲜的根、茎、叶、花、果、种子等各个部分；"原料"——物理形态发生改变，化学成分未发生变化的植物全株或其根、茎、叶、花、果、种子等各个部分；"加工品"——利用或含有该种野生植物成分的加工产品。

⑥货物类型为加工品，则要求在"植物原料含量"一栏注明货物中该种野生植物的含量百分比及其所含重量。

⑦"进出口目的"一栏要求按照"科学研究""文化交流""进出口贸易"等目的填写。

⑧"附件"一栏应把所需附件名称前的"□"改成"☑"并附具体文件于申请表后，如有其他附件也在此栏注明。

⑨"申请单位负责人签字及盖章"一栏要求由申请单位法定代表人签字并盖章。本表中"联系人"可与单位法定代表人为不同自然人。

5.2.1.3 国家林业和草原局种子苗木(种用)进口许可表

若进口的种类为种子或苗木，一般作为种用，不直接用于销售的植物产品，应办理此证。这是办理种子、苗木等进口货物免税证明的前提条件。

(1)办理部门及程序

各省级林业主管部门种苗站初审后上报国家林业和草原局种苗站。

(2)随附单证

林木种子苗木(种用)进口申请表、外贸合同。

5.2.1.4 进口货物免税证明

可以办理免税的商品应办理(进口目的为种用、不直接用于销售)此证。

(1)办理部门及程序

申请单位在当地海关办理。

(2)随附单证

包括免税证明申请表、国家林木种子苗木(种用)进口许可表(表5-5)、外贸合同、发票、申请单位营业执照。

表5-5 国家林木种子苗木(种用)进口许可表

有效期： 年 月 日至 年 月 日　　　　　　　　　　　　编号：

申请单位					
地　　址					
邮政编码		电话		进口口岸	
代理单位				出口国家	
进口物种	拉丁学名	类别	单位	数量	最终用途

(续)

总外汇额 (美元)		人民币 (元)	
国家林业和草原局意见			
			年　月　日(盖章)
备注：			

5.2.1.5　中华人民共和国进境动植物许可证

进口植物时为保证植物在运输过程中不过多地丧失水分，保证成活率，通常要加一些保护措施。如果要携带草炭、苔藓、树皮等介质，就需办理中华人民共和国进境动植物许可证。

(1) 办理部门及程序

申请单位在其所在地出入境检验检疫局初审，合格后由地方出入境检验检疫局上报国家质检总局，同时申请单位将供货方提供的介质样品(必须为原包装，不得拆封)送国家质检总局实验室进行检测。合格后由国家质检总局批准出证，在所在地检验检疫局领取。许可证上数量用完或超过有效期后，申请人可以办理续证，手续如第一次申办，不需要重复实验室检测的步骤。

(2) 随附单证

生产加工存放单位考核报告申请表，续证时需将原正本证书退回检验检疫局。

5.2.1.6　繁殖材料隔离场、库登记证书

这是进口植物产品所必需的单证之一，此单证证明进口单位具有进口植物所需的相对隔离的场所种植或存放进口的货物，以防止在检疫隔离期内发生大的病虫灾害，从而影响到本地生物。

(1) 办理部门及程序

在申请单位所在地出入境检验检疫局申报，并经审查具备种植及存放进口植物资格后，每批货物需申请一份繁殖材料隔离场、库登记证书。

(2) 随附单证

领取场库登记证书的申请，该批货物引进的林木种子、苗木及其他繁殖材料检疫审批单和运单。

5.2.2　出口单证及其办理

植物出口要办理的单证主要有出境植物检疫证书、外贸核销单、外贸合同、商业发票、货物装箱单，若出口的植物为濒危物种还需办理中华人民共和国野生动植物及其产

品《允许进出口证明书》,有的进口方还要求出口方提供产地证明、质量检验证明等单证。外贸合同、商业发票、货物装箱单由出口方办理,其他的单证则由出口方持有关单证到相关行政部门办理。

(1) 出境植物检疫证书(phytosanitary certificate)

出境植物检疫证书是根据国际通用的检疫条款和不同到货国家的特殊要求,对出口植物产品进行检疫,证明出口商品不携带病、虫、杂草等有害生物。

办理部门及程序　出口企业在所在地出入境检验检疫局登记注册后,对准备出口的产品在网上填写相关单据,到当地出入境检验检疫局申报检验检疫,取得报检单号后,携单据与植物检验检疫部门联系具体检验事宜,待货物查验合格后,核发出境植物检验检疫证书及通关单。

随附单证　出境报检单,外贸合同,发票,装箱单。

(2) 中华人民共和国野生动植物及其产品《允许进出口证明书》

该证书与进口所需的单证相同,若出口的植物是属于国际公约目录中规定的公约Ⅰ/Ⅱ级及国家保护的种类,应办理中华人民共和国野生动植物及其产品《允许进出口证明书》。

办理部门及程序　与进口相同。

随附单证　年度首次办理的单位应填写野生植物进出口行政许可申请人基本情况备案表(表5-3),并同时提交贸易相关的野生植物进出口管理行政许可事项申请表(表5-4)、合同、产地证明。

(3) 原产地证明书

出口货物原产地的证明单据,根据买方需要办理,分为一般原产地证和普惠制原产地证。

普惠制原产地证明书(FORM A)　是具有法律效力的我国出口产品在给惠国享受在最惠国税率基础上进一步减免进口关税的官方凭证。

目前给予中国普惠制待遇的国家共39个:欧盟27国(比利时、丹麦、英国、德国、法国、爱尔兰、意大利、卢森堡、荷兰、希腊、葡萄牙、西班牙、奥地利、芬兰、瑞典、波兰、捷克、斯洛伐克、拉脱维亚、爱沙尼亚、立陶宛、匈牙利、马耳他、塞浦路斯、斯洛文尼亚、保加利亚、罗马尼亚)、挪威、瑞士、土耳其、俄罗斯、白俄罗斯、乌克兰、哈萨克斯坦、日本、加拿大、澳大利亚和新西兰[*]。

一般原产地证明书(CO)　是证明货物原产于某一特定国家或地区,享受进口国正常关税(最惠国)待遇的证明文件。它的适用范围包括征收关税、贸易统计、保障措施、歧视性数量限制、反倾销和反补贴、原产地标记、政府采购等方面。

办理部门及程序　普惠制产地证和一般原产地证均可在申请单位所在地的出入境检验检疫局办理,在贸促会也可以办理一般原产地证。申请单位应先在出入境检验检疫局

---

[*] 2007年8月22日开始,列支敦士登被列为普惠制给惠国,除美国以外,有39个国家给予我国普惠制待遇。

产地证部门注册，每票货物根据实际情况申报。

随附单证　产地证申请书，正本发票及装箱单。

(4) 质量检验证明

质量检验证明是外方要求的证明出口产品质量的单据，依据买方不同要求，可由专业检验部门出具或由卖方自行检验后出具。

小　　结

单证是进出口贸易过程的凭证，本章介绍了单证的形成、发展和类别，以及花卉产品进口和出口时应办理的单据种类，对进口和出口时必须提交的主要单据，介绍了办理部门和办理方法。

思考题

1. 进出口濒危花卉手续应如何办理？
2. 原产地证有哪些种类？应如何办理？
3. 进口种子、苗木类花卉产品的免税手续应如何办理？

参考文献

崔玮，2006. 国际贸易实务操作教程[M]. 北京：清华大学出版社.

刘伟，2015. 中小企业国际市场营销策略研究[J]. 企业改革与管理(3)：61，68.

6 国际贸易货款收付

国际贸易货款的收付，较少使用现金结算货款，大多使用非现金结算，即使用代替现金作为流通手段和支付手段的信贷工具进行国际间的债权债务的结算。票据是国际通行的结算和信贷工具，是可以流通转让的债权凭证。在国际贸易中，作为货款的支付工具有货币和票据，以票据为主。

对外贸易货款的收付，可以采用卖方国家的货币或者买方国家的货币，也可以采用双方同意的第三国货币。在当前各国普遍实行浮动汇率的情况下，货币经常出现上浮或下浮的情况，上浮的货币叫作硬币，下浮的货币叫作软币，因此，买卖双方商订付款条件时，还存在选择硬币或软币的问题。为了选择有利的货币进行计价和结算，出口时应当采用硬币，进口时应当采用软币。如因某种原因，不得不采取对我不利的货币成交，应采取有效方法避免汇率变动产生的风险。此外，还可采用保值的方法。

6.1 金融票据

6.1.1 汇票

(1) 汇票的含义及基本内容

汇票(bill of exchange, draft)是出票人签发的，要求在见票时、将来的固定时间、可以确定的时间，对某人、其指定人或持票人支付一定金额的无条件的书面支付命令。基本内容如下：

出票人(drawer) 即是开立票据并将其交付给他人的法人、其他组织或者个人。在进出口业务中，通常是出口人或银行。

受票人(drawee) 又称付款人(payer)，即接受支付命令是受出票人委托支付票据全额的人。在进出口业务中，通常是进口人或其指定的银行。

收款人(payee) 即是凭汇票向付款人请求支付票据全额的人。在进出口业务中，通常是出口人或其指定的银行。

付款的金额

付款的期限

出票日期和地点

付款地点

出票人签字

上述只是汇票的基本内容，是汇票的要项，但并不是全部要项。按照各国票据法的规定，汇票的要项必须齐全，否则受票人有权拒付。汇票不仅是一种支付命令，而且是一种可转让的流通证券。

汇票格式如下：

No(汇票号码)_____

Exchange for(小写金额)_____Beijing, China,. At(汇票期限)_____Sight of this first of exchange(second of the same tenor and date being unpaid), pay to the order of(收款人)

the sum of(大写金额)_____

Drawn under(开证行名称)_____   L/C No(信用证号码)_____

Date(信用证开证日期)_____

Value received and charge to account.

To(受票人)_____

(出票人名称与签字)_____

(2) 汇票的种类

①按照汇票开出者不同，汇票分为银行汇票和商业汇票。

银行汇票(banker's draft) 指出票人和受票人都是银行的汇票。

商业汇票(commercial draft) 指出票人是商号或个人，付款人可以是商号、个人，也可以是银行的汇票。

②按照有无随附商业单据，汇票可以分为光票和跟单汇票。

光票(clean bill) 指不附带商业单据的汇票。银行汇票多是光票。

跟单汇票(documentary bill) 指附带商业单据的汇票。商业汇票一般为跟单汇票。

③按照付款的时间不同，汇票分为即期汇票和远期汇票。

即期汇票(sight draft) 指在提示或者见票时立即付款的汇票。

远期汇票(time bill or usance bill) 指在一定期限或特定日期付款的汇票。包括见票后若干天付款(at ×× days after sight)，出票后若干天付款(at ×× days after date)，提单签发日后若干天付款(at ×× days after date of bill of landing)，指定日期付款(fixed date)。

一张汇票往往同时具备几种性质。例如，一张商业汇票，可以同时是即期的跟单汇票；一张远期的商业跟单汇票，可以同时是银行承兑汇票。

(3) 汇票的使用

出票(issue) 是指出票人在汇票上填写付款人、付款金额、付款日期和地点以及受款人等项目，经签字交给持票人的行为。

提示(presentation) 是持票人将汇票提交付款人要求承兑或付款的行为。提示包括付款提示和承兑提示两种。

承兑(acceptance)　是指付款人对远期汇票表示承担到期付款责任的行为。付款人在汇票上写明"承兑"字样，注明承兑日期，并由付款人签字，交还持票人。

付款(payment)　对即期汇票，在持票人提示汇票时，付款人即应付款；对远期汇票，付款人经过承兑后，在汇票到期日付款。

背书(endorsement)　在国际市场上，汇票可以在票据市场上流通转让，背书是转让汇票权利的一种手续，就是由汇票抬头人在汇票背面签上自己的名字，或再加上受让人(被背书人，endorsee)的名字，并把汇票交给受让人的行为。经背书后，汇票的收款权利便转移给受让人，汇票可以经过背书不断转让下去。对于受让人来说，所有在他以前的背书人以及原出票人都是他的前手；而对于出让人来说，本次汇票的受让人和之后的接受该汇票的受让人均可称为他的后手。前手对后手负有担保汇票必然会被承兑或付款的责任。在国际市场上，一张远期汇票的持有人如想在付款人付款前取得票款，可以经过背书将汇票转让给贴现的银行或金融公司，由它们将扣除一定贴现利息后的票款付给持有人，这就叫作贴现(discount)。

拒付(dishonour)　持票人出示汇票要求承兑时，遭到拒绝承兑(dishonour by non-acceptance)，或持票人出示汇票要求付款时，遭到拒绝付款(disyonour by non-payment)，均称拒付，也称退票。除了拒绝承兑和拒绝付款外，付款人拒不见票、死亡或宣告破产，以致付款事实上已不可能时，也称拒付。当汇票被拒付时，最后的持票人有权向所有的前手直至出票人追索。为此，持票人应及时作成拒付证书(protest)，以作为向其前手进行追索的法律依据。

6.1.2　本票

本票(promissory note)是一个人向另一个人签发的，保证在见票时、定期或在可以确定的将来某时间，对某人、其指定人或持票人支付一定金额的无条件的书面承诺，简言之，本票是出票人对受款人承诺无条件支付一定金额的票据。本票可分为商业本票和银行本票。由工商企业或个人签发的称为商业本票或一般本票；由银行签发的称为银行本票。商业本票有即期和远期之分；银行本票则都是即期的。在国际贸易结算中使用的本票，大多是银行本票。

6.1.3　支票

支票(cheque, check)是以银行为付款人的即期汇票，即存款人签发给银行的无条件支付一定金额的委托或命令，出票人在支票上签发一定的金额，要求受票的银行在见票时，立即支付一定金额给特定人或持票人。出票人在签发支票后，应负票据上的责任和法律上的责任。前者是指出票人对收款人担保支票的付款；后者是指出票人签发支票时，应在付款银行存有不低于票面金额的存款。如存款不足，支票持有人在向付款银行出示支票要求付款时，就会遭到拒付。这种支票叫空头支票。开出空头支票的出票人要负法律责任。

6.2 汇付与托收

国际贸易中，主要有汇付、托收和信用证等支付方式。货款收付方式对安全收汇和资金周转的速度有很大影响。国际货款的收付方式涉及当事人信用、付款的时间和地点、支付工具的传送和资金的流动等问题。根据资金的流动方向和支付工具的传递方向，可将其分为顺汇和逆汇。顺汇是指资金的流动方向与支付工具的传递方向相同，如汇付。逆汇是指资金的流动方向与支付工具的传递方向相反，如托收和信用证方式。汇付和托收是国际货款收付中属于商业信用的支付方式。

6.2.1 汇付

汇付(remittance)是指汇款人通过当地银行将款项汇入收款人所在地银行，由该银行将款项解付给收款人的支付方式。

(1) 汇付方式的基本当事人

汇款人　即汇出款项的人，在国际贸易中，通常是进口人。

收款人　即收取款项的人，在国际贸易中，通常是出口人。

汇出行　受汇款人的委托，汇出款项的银行，在国际贸易中，通常是进口人所在地银行。

汇入行　受汇出行委托解付汇款的银行，在国际贸易中，通常是出口人所在地银行。

汇款人与收款人通过汇付的方式结算他们之间的债权债务；汇款人委托汇出行汇交应付款项，汇出行通过与其有业务关系的汇入行将有关款项付给收款人。

(2) 汇付的种类

根据汇出行向汇入行传达付款通知的方式不同，可将汇付分为以下几种：

信汇(M/T)　指汇出行应汇款人的申请，将信汇委托书通过邮局寄给汇入行，授权汇入行解付一定金额给收款人的汇款方式。汇入行应核对汇出行在信汇委托书上的签章无误后才能解付。信汇的费用比较低。

电汇(T/T)　指汇出行应汇款人的申请，拍发加押电报或电传通知汇入行，委托汇入行解付一定金额给收款人的方式。汇出行在发给汇入行的电报或电传中须加注密押，以便汇入行核对金额，确保委托付款的真实性。电汇的费用较信汇高，但可以迅速收到汇款。

票汇(D/D)　指汇款人向汇出行购买银行即期汇票，自行寄给收款人，收款人凭以向汇票上指定的银行取款的汇款方式。收款人持汇票向汇入行提示付款时，汇入行应适当地审核该银行汇票。

信汇和电汇的汇入行通常需向收款人发出通知，由收款人到汇入行取款，或委托其往来银行代收，但是收款人不能将收款权转让。票汇的汇入行无须通知收款人，由收款人持票登门取款，收款人可背书转让汇票。

(3) 汇付的性质及在国际贸易中的应用

汇付属商业信用，常用于预付货款、随订单付现、交货付现和赊销（O/A）以及预交订金、汇付佣金、代垫费用、支付索赔款等业务。汇付方式的采用完全凭借买卖双方的商业信用，在合同中，汇付条款可作如下规定：

①买方应于××××年××月××日前，将全部货款（或部分货款）用电汇（或信汇、票汇）方式预付给卖方。

②买方必须在货物到达后 ×d 内，将发票金额用电汇（或信汇、票汇）汇付卖方。

6.2.2 托收

托收（collection）是指出口方在货物装运后，根据发票金额开出以进口商为付款人的汇票（随附或不随附货运单据），委托出口地银行（托收行），并通过其在进口地的分行或代理行（代收行）向进口商收取货款的行为。

6.2.2.1 托收方式遵循的国际惯例

1978 年，国际商会总结了国际贸易实践中的变化，对 1958 年《商业单据托收统一规则》进行修订，定名为《托收统一规则》。目前使用的是 1995 年修订的版本，即国际商会第 522 号出版物（URC522）。该规则具有国际惯例的效力，在当事人自愿采用或没有明示排除时对当事人有法律的拘束力。我国银行在进出口业务中使用托收方式时，也参照该规则，主要内容如下：

①委托人应受国外法律和惯例规定的义务和责任约束，并对银行承担该项义务和责任，承担赔偿责任。

②银行必须核实收到的单据在表面上与托收指示书所列一致，发现不一致应立即通知其委托人。除此之外，银行对单据的形式、完整性、准确性、真实性或法律效力及单据上规定的条件概不负责。

③除非事先征得银行同意，货物不能直接发给银行或以银行为收货人。银行无义务提取货物，货物的风险和责任仍由发货人承担。

④跟单托收使用远期汇票时，在托收委托书中必须指明单据是凭承兑还是凭付款交付。如未指明，按付款交单处理。

⑤当汇票遭到拒付时，代收行应及时通知托收行转告委托人，而托收行应在合理的时间内作出进一步处理单据的指示。如代理行发出拒付通知 90d 内未接到任何指示，可将单据退回托收行。

⑥托收委托书应明确完整地注明，在付款人拒付时，委托人在进口地的代理权限；没有注明的，银行将不接受该代理人的任何指示。

6.2.2.2 托收方式的基本当事人及其关系

URC522 规定，托收的当事人主要包括：

委托人　指委托银行办理托收业务的一方，在国际贸易中通常是出口商。

托收行　指接受委托人的委托办理托收业务的银行。

代收行　指除托收行之外，是接受托收银行的委托向付款人收取货款的进口地银行。代收银行通常是付款人即所在地银行，一般是托收银行的分行或者代理行。

付款人　指根据托收指示被提示单据的人，在国际贸易中，一般为进口商。

委托人与托收行之间、托收行与代收行之间是委托代理关系，代收行与付款人之间不存在任何法律关系。委托人能否收到货款，完全取决于付款人信用的好坏，托收行与代收行均不承担保证付款人一定付款的责任，对于汇票及随附单据的遗失、延误等也不负责任。托收行和代收行有义务按委托人的指示办事。如果代收行违反托收指示书行事致使委托人遭受损失，委托人不能直接起诉代收行。委托人在向托收行办理委托时，要填写托收委托书，具体规定托收的指示内容及双方的责任，构成双方的代理合同。托收行与代收行之间的代理合同由托收行向代收行发出的托收指示书以及双方事先签订的业务协议等构成。托收指示书中的指示应与委托人办理的托收申请书中的指示一致。

URC522规定："银行只能按照托收指示书中的规定和本规则行事。如由于某种原因，某一银行不能执行它所收到的托收指示书的指示，必须立即通知发出托收指示书的一方。"如果代理人违反了上述原则，则应赔偿由此给委托人造成的损失。

URC522还规定托收行对委托人、代收行对托收行承担下列义务：

①及时提示。对即期汇票应毫无延误地作付款提示；对远期汇票必须不迟于规定的到期日作付款提示。汇票需承兑时应毫无延误地作承兑提示。

②保证单据与托收指示书的表面一致。如发现任何单据有遗漏，应即通知发出指示书的一方。

③收到的款项在扣除必要的手续费和其他费用后必须按照指示书的规定毫无迟延地解交委托人。

④无延误地通知托收结果。

在托收业务中，有时会有另外两个当事人。一是提示行，指在跟单托收方式下向付款人提示汇票和单据的银行。一般由代收行兼任提示行，有时代收行也可以委托与付款人有往来账户关系的银行作为提示行。二是需要时的代理，指委托人指定的在付款地代为照料货物存仓、转售等事宜的代理人。委托人必须在托收委托书上写明此代理人的权限。

6.2.2.3　跟单托收的种类及程序

跟单托收是指委托人开具汇票（或不开具汇票），连同货运单据一起交银行委托代收。根据交单条件不同，分为付款交单和承兑交单。

(1) 付款交单（D/P）

付款交单是指出口人的交单是以进口人的付款为条件，即被委托的代收银行必须在进口人付清票款之后，才将货运单据交给进口人。按支付时间不同，分为即期付款交单和远期付款交单。

即期付款交单　指由出口人开具即期汇票（或不开汇票），连同货运单据通过托收银行寄到进口地代收银行，由代收银行向进口人提示，进口人见票后立即付款。进口人在付清款项后，向代收银行领取有关的货运单据。程序如图6-1所示。

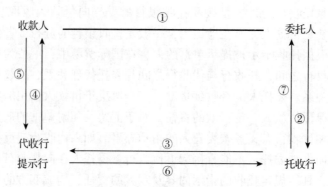

图 6-1　即期付款交单程序

注：①表示进出口人在合同中，规定采用即期付款交单方式支付。

②表示出口人按合同规定装货后，填写托收委托书，开出即期汇票，连同全套货运单据送交银行代收货款。

③表示托收行将汇票连同货运单据，并说明托收委托书上的各项指示，寄交进口地代理银行。

④表示提示行收到汇票及货运单据，即向进口人做出付款提示。

⑤表示进口人付清货款，赎取全套单据。

⑥表示代收行电告（或邮告）托收行，款已收妥转账。

⑦表示托收行将货款交给出口人。

远期付款交单　指出口商发货后开具远期汇票，连同货运单据，通过托收行寄到进口地代收行，由代收行向进口商作承兑提示，在进口商审核单据无误后即在汇票上承兑，于汇票到期日付清货款后再领取货运单据。在远期付款交单条件下，买方在承兑汇票之后，付清货款之前，不能取得商业单据。如果付款日期和实际到货日期基本一致，进口人不必在到货之前付款，这对买方资金周转有利。如果付款日期晚于到货日期，买方为了早日提取货物进行转售或使用，可以采取两种办法：①在付款到期日之前提前付款赎单，银行应将提前付款日至原付款到期日之间的利息支付给买方；②凭信托收据（T/R）向代收行借取单据先行提货，等汇票到期日再付清货款。信托收据，是进口人向代收行借取单据时提供的书面保证文件，表示愿意以代收行受托人的身份代为提货、报关、存仓、保险、出售，承认货物的所有权属代收行，货物售出后所得款项应于汇票到期日交付银行。凭信托收据借单通常是代收行自行决定给予进口商的资金融通，并非委托人授权。如果汇票到期收不回货款，则代收行应对委托人承担到期付款的责任。如是委托人指示代收行可凭付款人出具的信托收据借单，称为付款交单凭信托收据借单提货（D/P·T/R）。这样进口商在凭信托收据借单后，如在汇票到期日买方拒付则与代收行无关，应由委托人自行承担收汇的风险。程序如图 6-2 所示。

（2）承兑交单（D/A）

承兑交单指出口商的交单是以进口商在远期汇票上的承兑为条件，即进口商在汇票上履行承兑手续后，代收行就将货运单据交给进口商，进口商于汇票到期时再履行付款义务。进口商在兑汇票后能够取得货运单据并凭此提货。对出口人，由于在进口人承诺后交出了单据，其收款只能依赖进口商的信用。一旦进口人到期不付款，出口人便会遭受货款两空的损失。程序如图 6-3 所示。

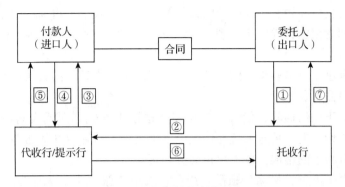

图 6-2 远期付款交单程序

注：①出口人发货后填写托收申请书，开立远期汇票，连同货运单据交托收行委托收货款。
②托收行根据托收申请书缮制托收委托书，连同汇票、货运单据交进口地代收行。
③代收行按照委托书的指示向进口人作承兑提示（或由提示行进行提示），进口人经审单无误在汇票上承兑后，代收行收回汇票与单据。
④进口人到期付款。
⑤代收行交单。
⑥代收行办理转账并通知托收行款已收妥。
⑦托收行向出口人交款。

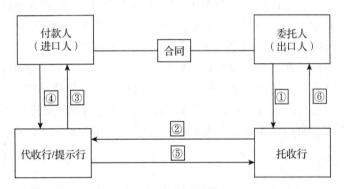

图 6-3 承兑交单程序

注：①出口人发货后填写托收申请书，开立远期汇票，连同货运单据交托收行委托收货款。
②托收行根据托收申请书缮制托收委托书，连同汇票、货运单据交进口地代收行。
③代收行按照委托书的指示向进口人作承兑提示（或由提示行进行提示），进口人在汇票上承兑，代收行在收回汇票的同时，将货运单据交给进口人。
④进口人到期付款。
⑤代收行办理转账并通知托收行款已收妥。
⑥托收行向出口人交款。

6.2.2.4 托收的性质及其在国际贸易中的应用

根据 URC522 规定，托收行和代收行的职责只是按照委托人的指示办事，及时向付款人提示汇票，将收到的货款及时转交给委托人；或在汇票遭拒付时，及时通知委托人，由委托人自己出面向付款人追偿。托收属于商业信用，银行只提供服务，不提供信用。既不保证付款人必然付款的责任，也无检查审核货运单据是否符合买卖合同的义务。当进口商拒绝付款赎单时，除非事先接受托收行的委托，代收行无义务代为提货、保管。出口商发货后能否安全及时地收回货款，完全取决于进口商的信用。

为了加强和突出银行仅限于代理人的地位，URC522 规定了许多银行不承担责任的情况，包括：

①银行没有进一步检验单据的义务，代收行对承兑人签名的真实性或签名人是否有签署承兑的权限概不负责。

②银行对由于任何通知、信件或单据在寄送途中发生延误或失落所造成的一切后果，或电报、电传、电子传送系统在传送中发生延误、残缺或其他错误，或对专门性术语在翻译上和解释上的错误，概不承担义务和责任。

③银行对由于天灾、暴动、骚乱、叛乱、战争或银行本身无法控制的任何其他原因，或对由于罢工、停工致使银行营业间断所造成的一切后果，概不承担义务和责任。

④货物不应直接运交银行或以银行为收货人，银行无义务提取货物。银行对于跟单托收的货物无义务采取任何措施。如银行对货物采取了保护措施，其不对货物的状况负责，也不对任何受委托看管和保护货物的第三者的行为负责，但代收行应立即采取的措施发出通知。

⑤在汇票被拒绝承兑或拒绝付款时，银行没有作拒绝证书的义务。

使用托收方式时，出口商先发货后收款，一定程度上失去了对货物和货款的主动权，风险较大。其中承兑交单对卖方造成的风险最大，表现在：买方可能不讲信用拒不付款赎单；买方可能于到期日或之前被宣告破产或开始破产程序；买方可能出售货物后携款潜逃，不知下落。而付款交单方式，如果买方不付款，卖方手中还掌握着提单等单据，除可与买方交涉外，还可以把货物另行处理或运回，但需要承担由此产生的费用和风险。跟单托收对进口人来说，可以减少费用支出，有利于资金融通和周转，有利于调动进口商的积极性，所以许多出口商都把采用托收方式作为加强对外竞销的手段。

6.2.2.5 注意事项

托收方式下，进口商在见单前不用垫付任何资金，比较有利；而出口商能否安全收汇则有一定的风险。在采用托收方式时，应注意以下几点：

①要事先调查和考察国外进口商的资信情况和经营作风，了解有关商品的市场动态，成交金额不要超过进口商的信用额度，成交数量不要超过进口地市场的容纳量。

②要了解进口国家的贸易和外汇管制制度。对于贸易管制和外汇管制比较严格的国家，使用托收方式要慎重，以免货到目的地后，由于不准进口或收不到外汇而蒙受损失。

③要了解一些国家的银行对托收业务的习惯和特殊做法，以避免由于这些习惯做法与国际惯例有差异而给出口商带来损失。

④出口合同尽量争取按 CIF 或 CIP 条件成交，由出口商办理投保手续。货物如果在运输途中遭遇保险责任范围内的损失，进口方因此而不付款赎单，出口方可凭保险单向保险公司索赔。如果按 CFR、CPT 或 FOB、FCA 条件成交，出口方应投保"卖方利益险"，一旦货物在运输途中遭遇保险范围内的损失，进口方因此而拒付时，出口方可向保险公司索赔。

⑤要等进口商签回销货合同或销货确认书后,再办理装运货物的手续,一旦发生争议,有双方签字的合同为依据。要严格按照合同发货和提供货运单据,以免成为进口商拒绝付款或拖延付款的借口。

⑥预先在进口地找到可靠的需要时代理,一旦发生拒付,可由该代理出面照料货物。

⑦对采用托收方式收款的合同,要定期检查,及时催收清理,以避免或减少可能发生的损失。

6.2.2.6 合同中的托收条款

(1) 即期付款交单

买方应凭卖方开具的即期跟单汇票,于第一次见票时立即付款,付款后交单。

(2) 远期付款交单

买方对卖方开具的见票后 ×d 付款的跟单汇票,于第一次提示时予以承兑,并应于汇票到期日予以付款,付款后交单。

(3) 承兑交单

买方对卖方开具的见票后 ×d 付款的跟单汇票,于第一次提示时即予以承兑,并应于汇票到期日予以付款,承兑后交单。

6.3 信用证付款

信用证付款的方式是随着国际贸易的发展、银行参与国际贸易结算的过程中逐步形成的。由于货款的支付以取得符合信用证规定的、货运单据为条件,避免了预付货款的风险,因此信用证支付方式在很大程度上解决了进出口双方在付款和交货问题上的矛盾。它已成为国际贸易中的一种主要付款方式。

6.3.1 信用证概述

6.3.1.1 信用证含义

信用证(letter of credit,L/C)是进口方所在地银行,根据进口方的申请和担保,对出口方开出的一种信函式的凭证。它通过出口方所在地银行,通知出口方,由开证行负责在出口方交付信用证规定的各种装运单据时,支付所有货款。

6.3.1.2 信用证的特点

信用证的特点可概括为"一个原则,两个凭证"。"一个原则"是严格相符的原则,"两个凭证"是指银行只凭信用证,不问合同;只凭单据,不管货物。

(1) 开证行负第一性的付款责任(primary liabilities for payment)

开证行支付方式是以银行自己的信用作出付款保证,所以是一种银行保证文件开证行对之负第一性的付款责任。

(2) 信用证是一项自主的文件(self-sufficient instrument)

开证申请书是依据买卖合同的内容提出的，因此，信用证与合同有一定的逻辑关系。但信用证一经开出，就成为独立于买卖合同以外的另一中契约，开证银行和参与信用证业务的其他银行只按信用证的规定办事，不受买卖合同的约束。基于信用证与合同的相对独立性，信用证条款的改变并不代表合同条款有类似的修改。

(3) 信用证是一项纯单据文件(pure documentary transaction)

在信用证业务中，银行只审查收益人所提交的单据是否与信用证条款相符，以决定其是否履行付款责任。收益人提交符合信用证条款规定的单据，开证行就应承担付款责任。进口人也应接受单据并向开证行付款赎单。而具体货物的完好与否，则与银行无关。进口方可凭有关的单据和合同向责任方提出赔偿的要求。

6.3.1.3 信用证的作用

(1) 对出口商的作用

保证出口商凭单取得货款

使出口商得到外汇保证

可以取得资金融通　出口商可凭进口商开来的信用证作为抵押，向出口银行借取打包贷款，用以收购、加工、生产出口货物和打包装船；或出口商在收到信用证后，按规定办理货物出运，并提交汇票和信用证规定的各种单据，作押汇取得货款。

(2) 对进口商的作用

保证取得代表货物的单据　在信用证方式下，开证行、付款行、保兑行的付款以及议付行的议付货款都要求做到单证相符，都要对单据表面的真伪进行审核。

按时、按质、按量收到货物　通过控制信用证条款来约束出口商交货的时间、交货的品质和数量。如在信用证中规定最迟的装运期以及要求出口商提交由信誉良好的公证机构出具的品质、数量或重量证书，以保证进口商按时、按质、按量收到货物。

提供资金融通　进口商在申请开证时，通常要缴纳一定的押金，如开证行认为进口商资信较好，进口商就有可能在少交或者免交部分押金的情况下履行开证义务。

(3) 对银行的作用

承担开立信用证和付款的责任，以银行的信用作出保证；进口商交付一定的押金，为银行的使用提供便利；银行可收取开证费、通知费、议付费、保兑费、修改费等各种费用。

6.3.1.4 信用证的种类

(1) 跟单信用证和光票信用证

跟单信用证(documentary credit)　是开证行凭跟单汇票或单纯凭单据付款的信用证。单据是指代表货物或证明货物已交运的运输单据，如提单、铁路运单、航空运单等。通常还包括发票、保险单等商业单和国际贸易中一般使用跟单信用证。

光票信用证(clean credit)　是开证行仅凭不附单据的汇票付款的信用证，汇票如附有不包括运输单据的发票、货物清单等，仍属光票。

(2) 不可撤销信用证和可撤销信用证

不可撤销信用证(irrevocable letter of credit) 指信用证一经开出，在有效期内，未经受益人及有关当事人的同意，开证行不得片面修改和撤销，只要受益人提供的单据符合信用证规定，开证行必须履行付款义务。信用证上未注明可否撤销，即为不可撤销信用证。国际贸易中使用的信用证，基本上是不可撤销信用证。

可撤销信用证(revocable letter of credit) 指开证行对所开信用证不必征得受益人或有关当事人的同意，有权随时撤销的信用证。但若受益人已按信用证规定得到议付、承兑或延期付款保证，则银行的撤销或修改无效。

(3) 保兑信用证和不保兑信用证

保兑信用证(confirmed letter of credit) 指开证行开出的信用证，由另一家银行保证对符合信用证条款规定的单据履行付款义务。对信用证加保兑的银行，称为保兑行(confirming bank)，对出口商最有利。我国银行不开具要求另一家银行保兑的信用证，故我国进口企业通常不接受开立保兑信用证的要求。

不保兑信用证(unconfirmed letter of credit) 指开证行开出的信用证没有经另一家银行保兑。当开证行资信好和成交金额不大时，一般都使用这种不保兑信用证。

(4) 即期付款信用证和远期付款信用证

即期付款信用证 注明"即期付款兑现"(available by payment at sight)的信用证称为即期付款信用证(sight payment credit)。指开证行或付款行收到符合信用证条款的跟单汇票或装运单据后，立即履行付款义务的信用证。即期付款信用证的付款行通常由指定通知行兼任。

远期付款信用证 注明"远期付款兑现"(available payment after sight)的信用证称为远期付款信用证(deferred payment credit)。指开证行或付款行收到信用证的单据时，在规定期限内履行付款义务的信用证。此证要明确付款时间，如"装运日后××d 付款"或"交单日后××d 付款"。

假远期信用证(usance credit payable at sight)。信用证规定受益人开立远期汇票，由付款行负责贴现，并规定一切利息和费用由开证人承担。这种信用证对受益人来讲，实际上仍属即期收款，在信用证中有"假远期"(usance L/C payable at sight)条款。

(5) 承兑信用证

承兑信用证(acceptance credit)指开证行对于受益人开立以开证行或其他银行为付款人的远期汇票，在审单无误后，应承兑汇票并于到期日付款的信用证。

(6) 议付信用证

议付信用证(negotiation L/C)指开证行承诺延伸至第三当事人，即议付行，其拥有议付或购买受益人提交的信用证规定的汇票(或单据)的权利行为的信用证。

公开议付信用证(open negotiation credit) 指开证行不限制某银行，可由受益人(出口商)选择任何愿意议付的银行，提交汇票、单据给所选银行进行议付的信用证。

限制议付信用证(restricted negotiation credit) 指开证行指定某一银行或开证行本身进行议付的信用证，通常标有"本证限××银行议付"。

(7) 可转让信用证和不可转让信用证

可转让信用证(transferable L/C) 指信用证的受益人(第一受益人)可以要求授权付款、承担延期付款责任，承兑或议付的银行(统称"转让行")，或当信用证是自由议付时，可以要求信用证中特别授权的转让银行，将信用证全部或部分转让给一个或数个受益人(第二受益人)使用的信用证。开证行在信用证中要明确注明"可转让"(transferable)，且只能转让一次。

不可转让信用证(non-transferable credit) 指信用证的受益人不能将信用证的权利转让给他人的信用证。凡信用证中未标明"可转让"，即是不可转让信用证。

(8) 循环信用证(revolving credit)

信用证被全部或部分使用后，其金额可恢复使用直至达到规定次数或累积总金额为止的信用证。这种信用证适用于分批供应、分批结汇的长期合同，使出口方既得到收取全部交易货款的保障，又减少了逐笔通知和审批的手续和费用。

按时间循环信用证 指受益人在一定时间内可多次支取信用证规定的金额。

按金额循环信用证 指在信用证金额议付后，仍恢复到原金额可再使用，直至用完规定的总额为止。具体做法有如下3种：

①自动式循环 每期用完一定金额，不需等待开证行的通知，即可自动恢复到原金额。

②非自动循环 每期用完一定金额后，必须等待开证行通知到达，信用证才能恢复到原金额使用。

③半自动循环 即每次用完一定金额后若干天内，开证行未提出停止循环使用的通知，自第×天起即可自动恢复至原金额。

(9) 对开信用证(reciprocal credit)

对开信用证指两张互相制约的信用证，进出口双方互为开证申请人和受益人，双方的银行互为开证行和通知行。这种信用证一般用于补偿贸易、易货贸易和对外加工装配业务。通常在先行开出的信用证中注明，该证需待回头信用证开出后才生效。

(10) 背对背信用证(back to back credit)

背对背信用证又称转开信用证，指受益人要求原证的通知行或其他银行以原证为基础，另开一张内容相似的新信用证，对背信用证的开证行只能根据不可撤销信用证来开立。对背信用证的开立通常是中间商转售他人货物，或两国不能直接办理进出口贸易时，通过第三者以此种办法来沟通贸易。原信用证的金额(单价)应高于对背信用证的金额(单价)，对背信用证的装运期应早于原信用证的规定。

(11) 预支信用证(anticipatory)

预支信用证指开证行授权代付行(通知行)向受益人预付信用证金额的全部或一部分，由开证行保证偿还并负担利息，即开证行付款在前，受益人交单在后，与远期信用证相反。预支信用证凭出口人的光票付款，也有要求受益人附一份负责补交信用证规定单据的说明书，当货运单据交到后，付款行在付给剩余货款时，将扣除预支货款的利息。

(12) 备用信用证(standby letter of credit)

备用信用证又称商业票据信用证、担保信用证。指开证行根据开证申请人的请求对受益人开立的承诺承担某项义务的凭证。即开证行保证在开证申请人未能履行其义务时，受益人只要凭备用信用证的规定并提交开证人违约证明，即可取得开证行的偿付。它是银行信用，对受益人来说是备用于开证人违约时，取得补偿的一种方式。

6.3.2 信用证的基本当事人

(1) 开证申请人(applicant)

开证申请人指向银行申请开立信用证的人，即进口人或实际买主，在信用证中又称开证人(opener)。

(2) 开证行(opening bank, issuing bank)

开证行指接受开证申请人的委托，开立信用证的银行，它承担保证付款的责任。一般为进口人所在地银行。

(3) 通知行(advising bank, notifying bank)

通知行指受开证行的委托，将信用证转交出口人的银行。它只鉴别信用证表面的真实性，不承担其他义务，是出口地所在银行。

(4) 受益人(beneficiary)

受益人指信用证上所指定的有权使用改证的人，即出口人或实际供货人。

(5) 议付行(negotiating bank)

指愿意买入受益人交来跟单汇票的银行。

根据信用证开证银行的付款保证和受益人的请求，按信用证规定对受益人交付的跟单汇票垫款或贴现，并向信用证规定的付款行索偿的银行(又称购票银行、押汇银行和贴现银行；一般就是通知银行；有限定议付和自由议付)。

(6) 付款行(paying bank, drawee bank)

指信用证上指定付款的银行，在多数情况下，付款银行就是开证银行。对符合信用证的单据向受益人付款的银行(可以是开证行也可受其委托的另家银行)。有权付款或不付款；一经付款，无权向受益人或汇票持有人追索。

(7) 保兑行(confirming bank)

保兑行指根据开证行的请求在信用证上加具保兑的银行。保兑行在信用证上加具保兑后，即对信用证独立负责，承担必须付款或议付的责任。保兑行具有与开证行相同的责任和地位。保兑行可以由通知行兼任，也可由其他银行加具保兑。

(8) 偿付行(reimbursement bank)

偿付行又称清算银行(clearing bank)，是指接受开证行的指示或授权，代开证银行偿还垫款的第三国银行，即开证银行指定的对议付行或代付行进行偿付的代理人(reimbursing agent)。

(9) 受让人(transferee)

受让人又称第二受益人(second beneficiary)，是指接受第一受益人转让，有权使用信用证的人，大多是出口人。

6.3.3　信用证的主要内容及其开立形式

6.3.3.1　信用证的主要内容

(1) 信用证开证行的资信(letter of credit of the L/C issuing bank)

信用证的开证行,是应开证申请人(进口商)的要求开立信用证的银行。信用证是开证行有条件的付款保证。信用证开立后,开证行负有第一性的付款责任。开证行的资信和付款能力等成为关键性的问题,所以,要了解开证行的资信。

(2) 信用证开证日期(issuing date)

开证日期是开证行开立信用证的日期,信用证中必须明确表明开证日期。如果信用证中没有开证日期字样,则视开证行的发电日期(电开信用证)或抬头日期(信开信用证)为开证日期。信用证的开证日期应当明确、清楚、完整。确定信用证的开证日期非常重要,特别是需要使用开证日期计算其他时间或根据开证日期判断所提示单日期是否在开证日期之后等情况时更为重要。同时,开证日期还表明进口商是否是根据贸易合同规定的开证期限开立信用证。

(3) 信用证有效期限(expiry date)**和有效地点**(expiry place)

信用证的有效期限是受益人向银行提交单据的最后日期。受益人应在有效期限之前或当天向银行提交信用证单据。有效地点是受益人在有效期限内向银行提交单据的地点。国外开来的信用证一般规定有效地点在我国国内;如果有效地点在国外,受益人(出口商)要特别注意,一定要在有效期限之前提前交单(中国香港、中国澳门、新加坡、马来西亚等近洋国家或地区提前7d左右;远洋国家或地区提前10~15d),以便银行在有效期限内将单据寄到有效地点的银行。如果有效地点在国外,建议最好将其修改在国内。如果信用证未列明有效地点,则应立即要求开证行进行确认。如果开证行始终不予答复,则应视同有效地点在我国国内。

(4) 信用证申请人(applicant for letter of credit)

信用证的申请人,是根据商务合同的规定向银行(开证行)申请开立信用证的人,即进口商。信用证的申请人包括名称和地址等,内容必须完整、清楚。

(5) 信用证受益人(credit beneficiary)

信用证受益人,是信用证上指定的有权使用信用证的人,即出口商。信用证的受益人包括名称和地址等,内容应完整、清楚,如果有错误或遗漏,应立即电洽开证行确认或要求开证申请人修改。

(6) 信用证号码(documentary credit number)

信用证号码是开证行的银行编号,在与开证行的业务联系中必须引用该编号。信用证号码必须清楚,没有变字等错误。如果信用证号码在信用证中前后出现多次,应特别注意是否一致,否则应电洽其修改。

(7) 信用证币别和金额(currency code amount)

信用证币别应是国际间可自由兑换的币种。如果信用证币别是国际间非自由兑换货币,受益人可考虑是否可接受。货币符号应是国际间普遍使用的世界各国货币标准代码。

信用证的金额一般采用国际间常用的写法，例如，100万美元写成 USD 1 000 000.00。如果信用证中有大写和小写两种金额的写法，大写和小写应保持一致。如果信用证中多处出现信用证金额，则其相互之间应保持一致。

(8) 信用证货物描述（description of goods and/or services）

信用证货物描述是信用证对货物的名称、数量、型号或规格等的叙述。根据国际惯例，信用证中对货物的描述不宜烦琐，如果货物描述过于烦琐，应建议受益人与开证申请人商洽修改信用证的该部分内容。因为，烦琐的货物描述给受益人制单带来麻烦，货物的描述准确、明确和完整即可。一般情况下，信用证货物描述的基本内容包括货物的名称、数量、型号或规格等。

(9) 信用证单据条款（documents requied clause）

信用证单据条款是开证行在信用证中列明的受益人必须提交的交易所的种类、份数、签发条件等内容。信用证的单据条款之间应保持一致，不应有相互矛盾之处。

(10) 信用证价格条款（price terms）

信用证价格条款是申请人（进口商）和受益人（出口商）在商务合同中规定的货物成交价格，一般按国际标价方法，常用的价格条款有离岸价（FOB.）和到岸价（CIF. 或 CNF.）。应当特别注意的是，价格条款的后面应注有"地点"。

(11) 信用证装运期限（shipment date）

信用证装运期限是受益人（出口商）装船发货的最后期限。受益人应在最后装运日期之前或当天（装船）发货。信用证的装运期限应在有效期限内。信用证装运日期和有效期限之间应有一定的时间间隔，该间隔不宜太长，也不宜太短。间隔太长，容易造成受益人迟迟不交单，而货已到港，进口商拿不到货运单据，无法提货，以致压港压仓等；间隔太短，受益人从（装船）发货取得单据到向银行提交单据的时间就短，有可能造成交单时间紧张，或在有效期限内无法交单。因此，应根据具体情况审核信用证装运期限和有效期限，必要时应建议或要求受益人洽开证申请人修改。除非信用证有特别规定，一般情况下，信用证的装运日期和有效日期之间的间隔为 10～15d。

(12) 信用证交单期限（period for presentation of documents）

信用证交单期限是除了有效期限以外，每个要求出具运输单据的信用证还应规定的在装运日期后的一定时间内向银行交单的期限。如果没有规定该期限，根据国际惯例，银行将拒绝受理迟于装运日期后 21d 提交的单据。但无论如何，单据必须不迟于信用证的有效日期提交。一般情况下，开证行和开证申请人经常规定装运日期后 10d，15d，20d 为交单的最后期限，但如果信用证有特殊规定，交单期限也可以超过 21d。

(13) 信用证偿付行（reimbursing bank）

偿付行是开证行在信用证中指定的向付款行、保兑行或议付行进行偿付款的银行。它可以是开证行的一家分支行，也可以是第三国的另一家银行（一般为账户行）。偿付行受开证行的委托代开证行付款，不负责审单，只凭开证行的授权（authorization）和议付行或付款行的索汇指示（reimbursement claim）或明白证明书（certificate of compliance）而付款（明白证明书一般不需要了）。偿付行的付款不是终局性的付款，即如果开证行收到单据并在审单后发现单据存在不符之处，开证行或偿付行有权利向议付行索回货款。

（14）信用证偿付条款（reimbursement clause）

信用证偿付条款是开证行在信用证中规定的如何向付款行、承兑行、保兑行或议付行偿付信用证款项的条款。信用证偿付条款直接涉及收汇问题，因此必须保证偿付条款的正确与合理。对于偿付条款复杂、偿付路线迂回曲折的情况，应尽量要求开证行修改。

（15）信用证银行费用条款（banking charges clause）

信用证中一般规定开证行或通知行、议付行等的银行费用由受益人来承担。如果信用证规定所有银行费用均由受益人承担，受益人应注意费用条款是否合理，以便及时修改，减少受益人不合理的费用支出。

（16）信用证生效性条款（valid conditions clause）

有些信用证在一定条件下才正式生效，对于此种有条件生效的信用证，应审核该条件是否苛刻。受益人要注意，审证时应在信用证正本上加注"暂不生效"字样，建议受益人接到银行的正式生效通知后再办理货物的发运。

（17）信用证特别条款（special conditions）

信用证中有时附有对受益人、通知行、付款行、承兑行、保兑行或议付行的特别条款，对于不能接受的条款应立即洽开证行或开证申请人修改。

6.3.3.2 信用证的开立形式

（1）信开本（to open by airmail）

开证行根据开证申请人的要求，将信用证的全部内容用信函方式开出，邮寄到通知行，再通知受益人。开证行与通知行之间应事先建立代理行关系，互换签字样本和密押，以便通知行可凭签字样本核对信开信用证上开证行的签字。这种开证方式时间长，但费用较低。对于装运日期较长或金额较小的信用证通常以信开方式开出。

（2）电开本（to open by cable）

电开本指开证行使用电报、电传、传真、SWIFT 等各种电讯方法将信用证条款传达给通知行。

简电本（brief cable）　即开证行只是通知已经开证，将信用证主要内容，如信用证号码、受益人名称和地址、开证人名称、金额、货物名称、数量、价格、装运期及信用证有效期等预先通告通知行，详细条款将另航寄通知行。由于简电本内容简单，在法律上是无效的，不足以作为交单议付的依据。

全电本（full cable）　即开证行以电讯方式开证，将信用证全部条款传达给通知行。全电本是一个内容完整的信用证，是交单议付的依据。

SWIFT 信用证

SWIFT 的含义　SWIFT 是全球银行金融电讯协会（Society for Worldwide Interbank Financial Telecommunication）的简称，是国际银行同业间的国际合作组织，成立于 1973 年，目前全球大多数国家的大多数银行已使用 SWIFT 系统。通过 SWIFT 开立或通知的信用证称为 SWIFT 信用证，亦称为"全银电协信用证"。SWIFT 为银行的结算提供了安全、可靠、快捷、标准化、自动化的通信业务，从而大幅提高了银行的结算速度。由于SWIFT的格式已标准化，目前信用证的格式主要都是用SWIFT电文。

SWIFT的特点　SWIFT需要会员资格，我国的大多数专业银行都是其成员；SWIFT的费用较低，同样多的内容，SWIFT的费用只有TELEX(电传)的18%左右，只有CABLE(电报)的2.5%左右；SWIFT的安全性较高，SWIFT的密押比电传的密押可靠性强、保密性高，且具有较高的自动化；SWIFT的格式具有标准化，对于SWIFT电文，SWIFT组织有着统一的要求和格式。

SWIFT电文表示方式　项目表示方式上，SWIFT由项目(FIELD)组成，如59 BENEFICIARY(受益人)就是一个项目，59是项目的代号。项目的代号可以两位数字表示，也可以两位数字加上字母表示，如51a APPLICANT(申请人)。不同的代号，表示不同的含义。项目还规定了一定的格式，各种SWIFT电文都必须按照这种格式表示。在SWIFT电文中，一些项目是必选项目(mandatory field)，一些项目是可选项目(optional field)。必选项目是必须要具备的，如31D DATE AND PLACE OF EXPIRY(信用证有效期)；可选项目是另外增加的项目，并不一定每个信用证都有，如39B MAXIMUM CREDIT AMOUNT(信用证最大限制金额)。日期表示方式上，SWIFT电文的日期表示方法为：YYMMDD(年月日)。如1999年5月12日，表示为990512；2000年3月15日，表示为000315。数字表示方式上，在SWIFT电文中，数字不使用分格号，小数点用逗号","表示。如5,152,286.36表示为5152286,36；4/5表示为0,8；5%表示为5 PERCENT。货币表示方式上，澳大利亚元——AUD；奥地利元——ATS；比利时法郎——BEF；加拿大元——CAD；人民币元——CNY；丹麦克朗——DKK；德国马克——DEM；荷兰盾——NLG；芬兰马克——FIM；法国法郎——FRF；美元——USD；港元——HKD；意大利里拉——ITL；日元——JPY；挪威克朗——NOK；英镑——GBP；瑞典克朗——SEK。

6.4　银行保函

国际贸易中，跟单信用证为买方向卖方提供银行信用作为付款保证，但不适用于需要为卖方向买方作担保的场合，也不适用于国际经济合作中货物买卖以外的其他各种交易方式。然而在国际经济交易中，合同当事人为了维护自己的经济利益，往往需要对可能发生的风险采取相应的保障措施，银行保函和备用信用证，就是以银行信用的形式提供的保障措施。

6.4.1　银行保函概述

银行保函(banker's letter of guarantee, L/G)是银行应委托人的请求，向受益人开立的一种书面担保凭证，银行作为担保人，对委托人的债务或义务，承担赔偿责任。委托人和受益人的权利和义务，由双方订立的合同规定，当委托人未能履行其合同义务时，受益人可按银行保函的规定向担保人索偿。

国际商会于1992年出版了《见索即付保函统一规则》，其中规定，受益人索偿时只需提示书面请求和保函中所规定的单据,担保人付款的唯一依据是单据,而不是某一事实。担保人与保函所依据的合约无关,也不受其约束。以上规定表明,担保人所承担的责任是第一性的、直接的付款责任。保函与跟单信用证相比,当事人的权利和义务基本相同,所不同的是跟单信用证要求受益人提交的单据是包括运输单据在内的商业单据,而保函要求的单据实际上是受益人出具的关于委托人违约的声明或证明。这一区别,使两者的适用范围有了很大不同:保函可适用于各种经济交易,为契约的一方向另一方提供担保,如果委托人没有违约,保函的担保人就不必为承担赔偿责任而付款;而信用证的开证行则必须先行付款。

银行保函作为第三方的信用凭证,是为了使受益者得到一种保证,以消除申请人是否具有履行某种合同义务的能力或决心的怀疑,从而促使交易顺利进行,保证货款和货物的正常交换,这是保函的基本功能之一。除此之外,保函还常用来保证合约的正常履行、预付款项的归还、贷款及利息的偿还、合同标的物的质量完好、被扣财务的保释等。总之,保函从其本质上来说具有两大基本作用:①保证合同价款的支付;②发生合同违约时,对受害方进行补偿并对违约责任人进行惩罚。

银行保函是由银行开立的承担付款责任的一种担保凭证,银行根据保函的规定承担绝对付款责任。银行保函大多属于"见索即付"(无条件保函),是不可撤销的文件。银行保函的当事人有委托人(要求银行开立保证书的一方)、受益人(收到保证书并凭以向银行索偿的一方)、担保人(保函的开立人)。

根据国际商会第458号出版物《UGD458》规定其主要内容包括:有关当事人(名称与地址),开立保函的依据,担保金额和金额递减条款,要求付款的条件。

6.4.2 银行保函的种类

根据保函在基础合同的作用和担保人承担担保职责的不同,保函可以具体分为以下几种:

借款保函　指银行应借款人要求,向贷款行所作出的一种旨在保证借款人按照借款合约的规定按期向贷款方归还所借款项本息的付款保证承诺。

融资租赁保函　指承租人根据租赁协议的规定,请求银行向出租人出具的一种旨在保证承租人按期向出租人支付租金的付款保证承诺。

补偿贸易保函　指在补偿贸易合同项下,银行应设备或技术的引进方申请,向设备或技术的提供方作出的一种旨在保证引进方在引进后的一定时期内,以其所生产的产成品或以产成品外销所得款项,抵偿引进设备和技术的价款及利息的保证承诺。

投标保函　指银行应投标人申请向招标人作出的保证承诺,保证在报价的有效期内,投标人将遵守其诺言,不撤标、不改标、不更改原报价条件,并且在其中标后,将按照招标文件的规定在一定时间内与招标人签订合同。

履约保函　指银行应供货方或劳务承包方的请求,向买方或业主方作出的一种履约保证承诺。在一般货物进出口交易中,履约保函又可分为进口履约保函和出口履约保函。进口履约保函指担保人应申请人(进口人)的申请开给受益人(出口人)的保证承诺。保函规定,如出口人按期交货后,进口人未按合同规定付款,则由担保人负责偿还。这种履约保函对出口人来说，是一种简便、及时和确定的保障。出口履约保函是指担保人应申请人(出口人)的申请开给受益人(进口人)的保证承诺。保函规定，如出口人未能按合同规定交货，担保人负责赔偿进口人的损失。这种履约保函对进口人有一定的保障。

预付款保函　又称还款保函或定金保函，指银行应供货方或劳务承包方申请，向买方或业主方保证，如申请人未能履约或未能全部按合同规定使用预付款，则银行负责返还保函规定金额的预付款。

付款保函　指银行应买方或业主申请，向卖方或承包方出具的一种旨在保证贷款支付或承包工程进度款支付的付款保证承诺。

其他保函种类还有来料或来件加工保函、质量保函、预留金保函、延期付款保函、票据或费用保付保函、提货担保、保释金保函及海关免税保函等。

6.4.3　银行保函的特点

①以银行信用作为保证，易于为客户接受。

②保函是依据商务合同开出的，但又不依附于商务合同，是具有独立法律效力的法律文件。当受益人在保函项下合理索赔时，担保行就必须承担付款责任，而不论申请人是否同意付款，也不论合同履行的实际情况。即保函是独立的承诺，并且基本上是单证化的交易业务。

6.4.4　银行保函的办理手续

①申请人需填写开立保函申请书并签章；

②提交保函的背景资料，包括合同、有关部门的批准文件等；

③提供相关的保函格式并加盖公章；

④提供企业近期财务报表和其他有关证明文件；

⑤落实银行接受的担保，包括缴纳保证金、质押、抵押、第三方信用担保或以物业抵押等其他方式，授信开立；

⑥由银行审核申请人资信情况、履约能力、项目可行性、保函条款及担保、质押或抵押情况后，对外开出保函。

6.5　支付方式选用

在国际贸易支付中，为了安全收汇，减少风险损失，出口方面，首先选用信用证支付方式，其次是汇付方式，最后是托收方式；进口方面，多数采用信用证方式，小额交易可采用汇付或托收方式，大宗成套设备争取采用分期付款或延期付款方式。

6.5.1　信用证与汇付相结合

(1) 部分采用信用证方式，余额采用汇付方式结算

进口商首先开信用证支付部分发票金额，余数部分待货物到达目的地后，根据检验结果计算确切金额,另以汇付方式支付。采用这种方法时,应明确规定使用何种信用证和何种汇付方式,以及采用信用证付款的比例,以防出现争议和纠纷。

(2)部分采用汇付方式,余额用信用证方式结算

主要用于须先付预订金的交易(如成套设备的交易),进口商成交时须缴纳的订金以汇付方式支付,余额部分在出口商发货时由进口商开立信用证支付。

6.5.2 信用证与托收相结合

部分货款以信用证支付,余额部分以托收方式支付。采用这种做法时,发票和其他单据并不分开,仍按全部货款金额填制,只是出口人须签发两张汇票,分别用于信用证项下和托收项下。为减少风险,一般信用证项下部分的货款为光票支付,托收采用跟单托收方式。此外,还可在信用证中规定,只有在进口商付讫了托收项下的汇票后,开证行方可交单。这种做法既减少了进口商的开证费用,又使出口商的收汇有一定的安全保障。

小 结

国际贸易中,货款的收付直接关系到买卖双方资金的周转和融通、风险和费用、利益和得失等。选择对自己有利的收付方式,将避免不必要的风险。本章节介绍了国际贸易中货款收的方式、种类和特点等,供买卖双方在磋商交易时选用。

思考题

1. 什么叫汇票?汇票有哪些种类?如何使用?
2. 什么叫汇付?付汇有哪些种类?
3. 什么叫托收?使用时有哪些注意事项?
4. 什么叫信用证?信用证有哪些特点和作用?
5. 信用证有哪些种类?使用情况如何?
6. 什么是银行保函?银行保函有哪些种类?
7. 在国际贸易支付中,通常选用哪种支付方式?

参考文献

郭燕,2005. 国际贸易案例精选[M]. 北京:中国纺织出版社.
黎孝先,2020. 国际贸易实录[M]. 7版. 北京:对外经济贸易大学出版社.

7 花卉产品包装与贮藏

花卉产品鲜活易腐、运输要求高、时效性强。但自身相对价值低,无法支付高额的运输成本。花卉产品要进入市场流通实现销售,其包装与储运尤为关键。前期的精心管理只是成功的一半,只有进行妥善包装储运及保鲜处理,尽可能地保持其完整性和鲜活度,通过实用有效的技术手段减少运输损耗,降低流通成本,才能保持其应有的商品价值。

7.1 花卉产品包装

7.1.1 包装的意义

本书所涉及的花卉包装指花卉从生产地到消费地运输所需包装。花卉产品经分级、预处理、预冷后,即可进行包装。包装的作用是保护花卉产品免受机械损伤,减轻干耗防止热冻霉害影响等,以便在贮运和销售过程中,保持花卉产品的质量和延长贮藏期限。

(1) 避免机械损伤

花卉产品在采后过程中受到最多的损伤是机械损伤,如挤压、碰撞、摩擦等。不同的花卉对各种机械损伤的敏感程度不同,在包装容器与包装方法的选择上应该考虑这种差异。当外力挤压包装容器时,由于包装容器承受不了外界的压力,可能使产品受到挤压,可以在包装箱内使用填充物避免花卉受损。对于包装好的产品而言,应该轻拿轻放,以减少不必要的机械损伤。

(2) 减少干耗发生

鲜切花离开母株后,表面水分在内外因素的综合作用下通过多种途径散发到大气中,当水分损失达到一定程度(通常3%~5%)时,因细胞膨压降低,造成萎蔫皱缩、失鲜、失重。并引发某些生理性病害的发生从而使花卉产品丧失商品价值。抑制水分的过度损失是花卉物流的关键因素。

(3) 防止热冻霉害

呼吸作用是花卉采切后最主要的代谢过程,它制约与影响着其他生理生化过程,与花卉的抗病性与耐贮性关联性强。呼吸强度是衡量花卉呼吸作用强弱的一个重要指标。花卉采切后都有呼吸作用，但不同种类的切花呼吸作用的进程是不同的。如月季切花呼吸热排放比郁金香切花呼吸热排放更明显。

花卉产品运输防冻害至关重要，一旦冻伤花卉失去美感将血本无存。当户外温度低于4℃时，就应考虑花卉包装防冻。

花卉产品的霉腐现象直接影响其品质，重则丧失价值。形成一般经过四个环节：
①受潮　花卉受潮是霉菌生长繁衍的关键因素。
②发热　花卉受潮后霉菌开始生长繁殖，其产生热量加快霉变。
③霉变　霉菌繁殖出现霉丝，肉眼可见霉毛。继续繁殖形成小菌落，即霉点。菌落扩大形成霉斑。
④腐烂　花卉霉变后，霉菌摄取营养分泌酶，破坏内部结构，发生霉烂变质，失去商品价值。

(4) 包装成本不宜过高

随着社会经济的发展，人们生活水平提高。对花卉的需求日益增长，但作为非必需生活资料的花卉产品，降低成本是其增加销量的有效保障。

花卉包装除考虑上述三点的功能性需求外，成本因素是一个关键的重要核心因素。运输花卉产品包装和贮运要综合考虑到以上4个因素，来选择包装材料、包装技术、贮运方式。

7.1.2　包装的材料

包装是随着社会经济技术发展而不断延伸的动态概念。在不同的生产、流通过程中，包装所起的作用不同，按照包装在流通领域中的作用可分为物流包装和销售包装。本章节所涉及的包装为流通包装。包装材料是指制作包装容器和为满足商品包装要求所使用的材料。目前常用的包装材料有木竹包装、纸质包装、塑料包装、金属包装、纤维物包装、玻璃陶瓷包装、复合材料包装等。花卉产品包装材料主要涉及塑料包装、纸质包装两类，包装功能性应考虑物流、市场、环境三个方面的要求。即物流方面要方便配送、保护商品和环境、便于信息和通信；市场方面要有符合市场流通的装潢设计、满足政策法规和市场需求、方便使用及配送；环境方面要符合绿色环保要求。

花卉生产中常用的包装材料有纤维板箱、木箱、加固胶合板箱、板条箱、纸箱、塑料薄膜、塑料编织袋、塑料盘、泡沫箱、瓦楞纸等。下面介绍几种主要的包装材料。

7.1.2.1　塑料包装

(1) 塑料的主要性能指标(表7-1)

表7-1　塑料主要性能指标

性能指标	代号	单位	说明
透光度	T	%	材料抵抗光线穿透通过的性能指标，T值越小，材料的透光性越好
透气性	Qg	$cm^3/(m^2 \cdot d)$	指一定厚度的材料在一个大气压差下$1m^2$面积$1d$内所透过的气体量

（续）

性能指标	代号	单位	说明
透气系数	Pg	$m^3/(m^2 \cdot s \cdot Pa)$	材料本身的性能指标，即在单位时间内，单位气压差下透过单位厚度和面积材料的气体量
透湿度	Qv	$g/(m^2 \cdot d)$	P_g、Q_g 值越小，表示其阻气性越好
透湿系数	Pv	$g \cdot m/(m^2 \cdot s \cdot Pa)$	一定厚度的材料在一个大气压下 $1m^2$ 面积 1d 内所透过的水蒸气系数克数
透水度	Qw	$g/(m^2 \cdot d)$	材料透湿性指标，P_g、Q_g 值越小，表示其阻湿性越好
透水系数	Pw	$m^3/(m^2 \cdot s \cdot Pa)$	透水性是因水分子向材料溶入、迁移扩散最后溢出所致。也因材料内部结构形成的微孔道而直接渗透
刚性			材料抵抗外力作用而不发生弹性变形的性能
抗拉、压、弯强度			材料在拉、压、弯力缓慢作用下不破坏时，单位受力截面上所能承受的最大力
爆破强度			使塑料薄膜带破裂所施加的最小内压应力，表示受内压作用的容器材料抵抗内压的能力，常用来测定塑料包装的封口强度。也可用材料的抗张强调来表示
冲击强度			材料抵抗冲击力作用而不破坏的性能指标，单位受力截面上所承受的最大冲击能量
撕裂强度			是指材料抵抗外力作用使用材料沿缺口连续撕裂破坏的性能，具体是指一定厚度的材料在外力作用下沿缺口撕裂单位长度所需的力
刺强度			材料被尖锐物刺破所需要的最小力

（2）花卉包装常用塑料材料的使用

花卉包装常见的塑料材料有：定向拉伸聚乙烯（OPP）、聚丙烯（PP）、聚乙烯（PE）等及其合成制品。还有经常被误认为是塑料材料的玻璃纸，又称赛璐玢。为了便于理解及表达，本教材统称塑料。主要用于花卉产品的外套袋、切花吸水套管、花盆、托盘、周转箱等。

7.1.2.2 纸质包装

纸质包装是花卉包装中常用的材料。其中瓦楞纸使用最为普遍，由于其运输方便、重量轻、原料广泛、易于标准化生产、方便作业、减震性强，可与其他材料结合使用等特点被广泛应用。花卉纸质包装主要用于：花卉产品的外包装、切花的护头包装、包装箱、托盘等。

7.1.2.3 运输包装的日常应用

绝大多数花卉在运输过程中为了避免水分的大量蒸腾，采用塑料薄膜加以包装。实践表明，使用塑料薄膜进行包装的花卉采后品质均可保持较高的水平。其主要原因是，由于塑料薄膜保证了贮藏小环境中有较高的相对湿度。但是在包装过程中，应注意尽快去除田间热，否则由于包装材料内部空气湿度较高，外界温度较低，水滴会凝结在塑料薄膜内壁，即出现所谓的结露现象。结露会使花卉产品的某些部分处于水浸状态，经过一段时间，花卉产品会产生腐烂的现象。为了防止结露，经营者通常在塑料薄膜内侧或花卉产品表面衬上吸水性好的包装纸,从而大幅减轻结露造成的损失。

在花卉生产中,很多切花是被装在瓦楞纸箱或瓦楞塑料箱中运输的,制造包装箱的材料通常为合成板、瓦楞纸板。合成板一般表面敷有聚丙烯、聚乙烯等物质,瓦楞纸板按瓦楞形态分为 U 形、V 形和 UV 形 3 种。所采用的包装尺寸要依花卉的尺寸不同而进行设计。花卉产品的包装箱基本都是由花卉生产者自行设计的,这种状况不利于国内外花卉贸易的正常进行。一些出口国外的花卉公司,通常采用进口国的有关标准制作包装材料。

在鲜切花产品装箱后,应该立刻放进冷库,在运输时应该轻拿轻放,避免重物挤压。很多国家装载花卉的包装箱上均印有专门的标识,以使其在运输过程中能够更好地识别,保证畅通无阻,用最快的速度运抵目的地。

球根花卉产品主要装在塑料编织袋中进行运输。由于塑料编织袋透气性较好,不易破损,对于绝大多数必须处于干燥环境中的花卉球根而言,不失为一种优良的包装材料。但是用塑料编织袋包装的花卉球根在运输过程中或到达目的地后,一定要放在温度较低的环境中贮藏,而且应做好袋与袋之间的通风工作。因为在贮藏过程中,花卉球根的呼吸代谢并未停止。如果环境温度较高,透气措施不佳,花卉球根因呼吸作用所释放的热量不断积累,导致局部升温,最终会对其自身的品质造成严重影响。

7.1.3　包装的形式

花卉产品的包装要求应该达到以下 3 个方面:不损失,包括重量、质量都不能损失;不萎蔫,不因失水萎蔫,造成质量损失;不变形,外观无损伤、无变形。

7.1.3.1　鲜切花包装的形式

(1) 脱水包装

根据切花品种或消费习惯的要求,切花按规定枝数或规定重量捆扎成束,如月季切花、香石竹、满天星、勿忘我等。花头对齐为齐头包装;花头上下错层包装为错头包装。月季切花等娇嫩的花蕾和易折的花头,可用软纸或塑料网包裹保护,花头部分有护头纸包裹或外套塑料套袋。

根据切花形态,单枝包装。单枝包装切花,如鹤望兰等热带切花品种和单枝花头较大、价值高的牡丹切花等,包装盒内要放入保湿填充物(碎湿纸等),避免花头间由于运输相互摩擦造成损伤。单枝包装按规格装盒的安祖切花,茎端放入装满花卉保鲜液的吸水套管中,花头用塑料套袋包裹后固定在包装纤维板上,达到保护花头、支撑花茎使之保持垂直的作用,盒内放入保湿填充物。也有用聚乙烯膜封闭包装,以保持箱内高湿度。

(2) 带水包装

月季可采用湿包装,即在箱底固定放保鲜液的容器,将切花垂直插入。可采用湿包装的切花还有非洲菊、飞燕草、百合、微型月季等。湿包装切花主要局限于公路运输,空运因限制冰和水的使用,不能采用湿包装。

（3）蓄冷材料

蓄冷材料和隔热容器并用可起到简易保冷效果，保证切花切叶在流通中处于低温状态，提高保鲜效果。应根据包装箱大小合理计算蓄冷量，均匀投放，以均匀保冷。常用材料有干冰袋和冰瓶。使用冰瓶时由于温度低且冷凝水多等特点应在外部包裹吸水材料，以免造成花卉冻伤和水浸发霉等现象，避免纸质包装箱吸水后强度降低造成破损。

（4）加涤气瓶包装

一些对乙烯高度敏感的切花（如兰花），在包装时可放入含有高锰酸钾的涤气瓶（一种空气过滤器），以清除箱内乙烯。还有其他一些用高锰酸钾浸渍的商品性装置，可用来吸收乙烯。由于与高锰酸钾接触会对切花伤害，浸渍有高锰酸钾的材料应另外包装，与切花隔开。

草本插条一般包装在涂蜡纸箱或卡片纸板箱中，内有涂蜡的托盘或装成行的聚乙烯薄膜。在美国运输已生根的插条可带土壤基质包装；从其他国家出口到美国的已生根插条，在运输前必须将原来的土壤基质洗掉，再包裹潮湿的苔藓、泥炭藓或珍珠岩粉，以防根系被风吹干。

7.1.3.2 盆栽植物包装的形式

盆栽植物的包装可防止机械损伤、水分散失和温度波动的负作用。受到伤害的植物会产生较多的乙烯，从而引起叶片黄化、脱落或向下卷曲，花蕾不能开放、萎蔫或脱落等。

盆栽植物的包装方法有两种，即带盆、带土包装（一般带轻质培养土）和不带土带苔藓包装。包装的选择要考虑植株的大小、叶丛数量、叶枝的柔韧性和缠绕性，装载密度和运费。

大部分盆栽植物在运输过程中可用牛皮纸或塑料套保护，也可使用编织聚酯套。各种套袋应在顶部设计把手，以便迅速搬运植株。盆径大于43cm的大型植物应用塑料膜或纸包裹。

小型盆栽植物先用纸、塑料膜或纤维膜制成的套袋包好，再放入纤维板箱中，箱底放置抗湿性托盘，盆间有隔板。也可将盆直接放在用塑料或聚苯乙烯泡沫特制的模型中，盆可以紧密嵌入模子中。如植物运往极冷或极热的地区，箱内应衬聚苯乙烯泡沫。箱外应标明原产地、目的地、植物种类品种及"易碎""易腐""请勿倒置"等标记。盆径不同，箱内盆花的包装数量也不一样。

用较厚塑料膜制作的套袋不适用于对乙烯敏感的植物，尤其是盆栽观花植物，因为它阻碍了气体交换。在这种情况下，最好采用打孔膜、纸或纤维膜，植株顶部应有开口。纸和纤维膜能比聚乙烯膜更有效地抵抗低温伤害，较适用于包裹一品红等对低温敏感的植株。

大型盆栽植物可直接套在塑料膜或网罩中运输，或不用任何保护，直接装载于货车中。这种敞运技术易使植物受到机械损伤，往往只用于短途运输和对机械损伤有抵抗力的植物，如柑橘和榕属植物可直接包在塑料套或网袋中，然后水平放置在条板箱内运输。

不管采用哪种包装方法，每株盆栽植物都应挂牌说明照管方法，包括彩色图片、种名(品种名)、拉丁学名、建议采用的光照强度、水分和施肥措施，以及适宜的昼夜温度等。

7.2 花卉产品贮藏

花卉不像许多水果和蔬菜那样按季节长期大量贮藏，但有时为了满足市场供应，也进行一些短期贮藏。切花贮藏的目的有两个：①短期贮藏(若干天)，等待周末销售；②中期贮藏(2~4周)，等待某些节假日的大量需求。某些切花(如香石竹)也有采取一至数月长期贮藏的。不同植物种和品种的耐贮性有差异。影响切花贮藏寿命的因素有两个：遗传特性和贮藏期间外部环境条件。根据特定植物的需求，调节有关贮藏环境因子，可以延长贮藏期，保持切花的优良品质。

通过贮藏，可以调节切花和草本插条的上市时间，延长供应时间。贮藏还可以积累大量植物材料，便于一次运走。这样做简化了管理过程，可减少采后处理损失。某些鲜切花(如香石竹)的长期贮藏可减少切花冬季温室生产，节省能源。插条的长期贮藏也能减少母株在温室中占据的空间，积累大量插条，便于在同一时间进行繁殖和栽植。

切花的贮藏可有效延长销售时间，这对切花出口也很重要，因为贮藏有利于安排卡车或船舶进行长途运输。贮藏的目的是保持切花和插条的质量，不丧失开花、生根和生长能力。

7.2.1 贮藏方式

花卉贮藏是调节供需的一种重要方式。切花贮藏的目的是把切花的各种生命活动降到最低，其中最重要的是控制蒸腾和呼吸，低温、高湿、气压差小都是延缓产品萎凋的必要条件，但高湿往往又易使霉菌和腐败微生物发展，应予特别注意。

随着花卉业的不断发展，对贮藏保鲜的研究也逐渐深入。例如，目前人们已经开始把研究重点从低温贮藏转向气体调节贮藏等技术措施。然而由于花卉种类、生产条件不同，目前各种保鲜形式都在被生产者采用，只不过使用范围有差异而已。花卉的贮藏保鲜方法主要有常规冷藏、气体调节贮藏、低压贮藏。

7.2.1.1 常规冷藏

低温冷藏是一种传统的防霉包装技术。通过控制商品本身的温度，使其低于有害霉菌生长繁殖的最低界限，抑制酶的活性。一方面其抑制了生物性的呼吸、氧化过程，使其自身分解受阻；另一方面抑制有害微生物的代谢与生长繁殖，来达到防霉防腐的目的。

(1) 干贮藏

干贮藏的优点是切花贮藏期较长，节省贮藏空间。但贮藏之前要仔细包装切花，需花费较多劳力和包装材料。香石竹切花装箱封闭低温贮藏是很好的应用，但不是所有的切花都能很好地适应干贮藏条件。

(2) 湿贮藏

湿贮藏是把切花置于盛有水或保鲜剂溶液的容器中贮藏，是一种应用广泛的方法。这种贮藏方式不需要包装，切花组织可保持较高的膨胀度。但湿贮藏需要占据冷藏库较大的空间。用于正常销售或短期贮藏的切花，采切后应立即插入盛有温水或温暖保鲜液（38~43℃）的容器，再把容器与切花一起放入冷库中。湿贮藏温度多保持在3~4℃，比干贮藏温度略高一些。与干贮藏的0℃相比，湿贮藏切花组织内营养物质消耗较快，花蕾发育和老化过程也较快。因此，湿贮藏切花的贮藏期比干贮藏的短。使用保鲜液可延长切花湿贮藏寿命，提高切花质量。保鲜剂中含有杀菌剂、糖、乙烯抑制剂和生长调节剂。

7.2.1.2 气体调节贮藏

霉菌与生物性的呼吸代谢都离不开空气、水分、温度3个因素，只要有效地控制其中一个因素，就能达到防止商品发霉的目的。气体调节贮藏（简称气调贮藏）是通过精确控制气体（主要是CO_2和O_2）分压，贮藏植物器官的方法。通常在冷藏库中的气体调节是增加CO_2浓度、降低O_2浓度。CO_2在空气中的正常含量为0.03%，对微生物有刺激生长作用，当空间浓度在10%~14%时，对微生物有抑制作用；当空间浓度超过40%时，对抑制与杀死微生物有明显作用。这样调节气体可减少切花呼吸强度，从而减缓组织中营养物质的消耗，并抑制乙烯的产生和作用，使切花所有代谢过程变慢，延缓衰老。气调防霉腐包装技术的关键是密封和降氧，包装容器的密封是保证气调防霉防腐的关键，降氧是气调防霉防腐的重要环节。

一个气调冷藏库应是密闭的，并装备有冷藏和控制气体成分的设备。贮藏在气调冷藏库中的植物器官呼吸时吸收O_2，排出CO_2。应去除库内过多的CO_2，避免植物组织进行厌氧呼吸。控制CO_2浓度的装置为装有活性炭、氢氧化钠、干石灰、分子筛和水的涤气瓶。O_2浓度是通过特殊的燃烧器从空气中消耗O_2控制的，也可利用植物自然呼吸消耗O_2。气调贮藏的成本比常规冷藏高，许多国家尚未将气调贮藏商品化使用。

早在20世纪30年代，就开始试验切花气调贮藏的可能性，发现月季切花在3~10℃条件下贮藏于CO_2浓度5%~30%的气体中10d，可延长瓶插寿命，但常发生花瓣泛蓝现象。气调贮藏的效果在很大程度上取决于特定的种类与品种。

多年来，对月季和香石竹进行了大量的气调贮藏试验，得出以下结论：

①在长期贮藏中，CO_2和O_2的浓度必须精确控制，因为不同切花种类甚至不同品种对CO_2和O_2的适宜浓度范围不同。

②多数切花适宜的CO_2和O_2浓度范围很狭窄，当CO_2浓度高于4%，花朵易受害，花瓣颜色泛蓝；而O_2浓度低于0.4%时，常引起厌氧呼吸加剧。

③CO_2在较低温度下比在较高温度下更易引起花朵受害。

④切花（尤其是香石竹）的气体调节贮藏与常规冷藏相比，成本高、经济上不合算。

7.2.1.3 低压贮藏

低压贮藏是将植物材料置于降低气压（相对于周围大气正常气压条件）、温度的贮藏室中，并连续供应湿空气气流的贮藏方法。美国的 S. P. Burg 创立了低压贮藏原理，随后的大量研究使此法在生理学和技术方面不断完善。

这一方法的原理是，在降低了气体压力的环境中，贮藏的植物器官所产生的 CO_2 和乙烯气体从气孔和细胞间隙中逸出的速度会大大加快。将气压降至 0.1 标准大气压*时，气体从体内逸出的速度会比在正常气压下快 10 倍，组织中的气体浓度也减少到原来浓度的 1/10，而且贮藏室中所有气体（包括水蒸气）的分压均降至原来分压的 1/10。但这一方法会引起植物材料迅速散失水分，故需输送湿空气进入贮藏室，以防止植物材料脱水。

切花和草本插条的低压贮藏试验表明，此法可明显延长贮存期，最好的效果是将气压降到 0.053~0.079 个大气压。此法为完全敞开贮藏切花创造了机会。低压贮藏设备复杂、严密、昂贵，且不能有效地保护切花免于脱水，尚不便于投入商业性使用。

7.2.2 影响贮藏的环境因素

(1) 温度

低温是切花和插条成功贮藏的最重要因子。在贮藏期间，将温度降至或靠近最适贮藏温度，可以减缓切花的衰老过程，延长贮藏期。

表 7-2 列出切花和切叶的适宜贮藏温度、贮藏期及最高冻结点。

贮藏后的切花应能保持合理的瓶插寿命。大部分切花贮藏在温度接近 0℃ 条件下，贮藏后的花可自然发育；4℃ 是批发商和零售商比生产者更常用的切花贮藏温度（除了原产热带的切花）；7~13℃ 不能保存一般切花，它们会很快衰败，这已成为共同的规律。

切花和切叶对冷害也很敏感，多数切花最高冻结点在 -2.2~0.6℃，温度允许有 ±0.5℃ 浮动。将温度控制在 0℃ 比 -0.5℃ 更安全。表 7-3 列出切花和切叶对冷害的敏感性。

表 7-2　常见切花和切叶推荐贮藏条件

商品名称	贮藏温度（℃）	贮藏期	最高冻结点（℃）
香石竹	-0.5~0	3~4 周	-0.7
鹤望兰	7~8	1~3 周	—
风信子	0~0.5	2 周	-0.3
百合	0~1	2~3 周	-0.5
菊花	-0.5~0	3~4 周	-0.8
大波斯菊	4	3~4 周	—
非洲菊	1~4	1~2 周	—
大丽花	4	3~5 d	—
月季（湿藏）	0.5~2	4~5 d	-0.5
常春藤	2~4	2~3 周	-1.2
杜鹃花	0	2~4 周	-2.5
冬青	0~4	3~5 周	-2.8
罗汉松	7	—	-2.3

---

* 1 标准大气压 = $1.01\,325 \times 10^5$ Pa。

表 7-3　切花和切叶对冷害的敏感性

高度敏感类		低度敏感类	
安祖花	鹤蕉	葱兰	风信子
鹤望兰	尼润花	紫苑	球根鸢尾
卡特兰	帝王花	香豌豆	百合
万带兰	山茶花	菊花	铃兰
桉树叶	朱蕉	藏红花	水仙
一品红	花叶万年青	蕙兰	芍药
姜花	棕榈	小苍兰	花毛茛
高代花	鹿角蕨	栀子花	郁金香

(2) 空气湿度

湿度对切花的贮藏影响极大，但过去往往被忽视。相对湿度保持 90%~95%时，会因湿度太高而促使花朵发霉，在拥挤时尤甚；湿度为 70%~75%，则会使某些种类的花朵过于干燥萎缩。故相对湿度保持在 80%左右最为适宜。但某些花卉（如唐菖蒲），其小花在 2.2℃时发育，湿度高时较快；而在同温度时，湿度低时发育较慢。

如果切花采用干贮藏法，但未紧密包裹在膜袋中，或采用湿贮藏法于开放的容器中，在贮藏库内保持高湿度是很关键的。如果采用干贮藏法，切花置于密闭的膜袋中，贮藏库内的相对湿度则不太重要，因为袋中的空气湿度很快就饱和。

(3) 光照

光照对大多数贮藏切花和插条的质量或贮藏期无明显影响。大多数切花和插条种类可成功地贮藏在黑暗中达 5~14d（因种或品种而异）。某些切花（如香石竹）可在黑暗中贮藏数月之久，并能保证较好的质量。但一些切花，如六出花、百合和菊花，长期在黑暗中贮藏会引起叶片黄化。为了防止这一危害，菊花可用 500~1000lx 光照照明，同时应保证包装袋和容器盖是透明的。六出花、百合等可用赤霉酸或 6-苄基氨基嘌呤（6-BA）处理。要使香石竹和菊花花蕾开放，需 1100~2200lx 连续光照和花蕾开放液；在批发和零售商店切花陈列场所，应保持 1100~2200lx 光照，每天 16h 照明，这有利于叶片完好和花的继续发育。

(4) 乙烯

若在冷库中贮藏大量的切花，乙烯浓度可能积累到引起植物受害的程度。应注意监测贮藏室中乙烯的浓度。冷库中去除乙烯的方法是通风换气。用装有高锰酸钾溶液的涤气瓶，将库内空气用气泵打入瓶中，乙烯被高锰酸钾氧化而去除。要使此法有效，高锰酸钾必须吸附在表面积大的载体上，如氧化铝颗粒、硅藻土、膨胀玻璃、珍珠岩、硅胶或蛭石。只有空气被泵入涤气瓶，才能有效地去除乙烯。因此，有必要在安装涤气瓶的同时安装气泵。

(5) 空气循环

建造贮藏切花用的仓库，空气循环必须加以考虑，一般预冷后的花卉宜置于风速 3.0~4.6m/min 的冷藏库内，以利于保持温度与湿度。装载切花的容器须陈放于架上，使空气可以在容器之间及容器后方通过。库内空气循环靠风扇和冷却通风强制进行，但花朵不能直接挡风。通过测定每个冷藏单元的进口和出口之间的温度差异，确定空气流动的效果。如果温度差异大于1℃，空气循环就不太有效。这表明，通过每个冷藏单元的气流太小，或者冷却器过小。冷却器制冷功率应当大到足以保持冷藏室的温度和冷却器进出口之间的温差不高于5℃。在一个空气循环正常的冷藏室中，室内各点测到的温度值不应超过已确定的标准温度0.5℃。为了使室内温度分布均匀，电风扇驱动的气流应能到达室内各处。若切花经过装箱后贮藏，应注意在堆积时留通风道以使散热良好，最多只能两箱相靠堆积，上方距天花板应有30~40cm的距离。

小 结

本章从商品花卉包装的意义出发，介绍了鲜切花的包装材料和包装形式。对于花卉产品的贮藏，从贮藏方式和贮藏条件进行阐述。贮藏方式重点介绍了常规冷藏、气体调节贮藏、低压贮藏等；花卉产品在贮藏过程中主要受温度、湿度、光照、乙烯、空气循环等因子的影响，本章还就这些影响因子提出了一系列措施以延长花卉产品的保鲜期。

思考题

1. 简述花卉产品包装的意义。
2. 包装材料有哪几种？花卉产品包装的原则是什么？
3. 花卉产品的包装形式有哪些？
4. 花卉产品有哪些贮藏方式？需要哪些条件？

参考文献

高俊平，2002. 观赏植物采后生理与技术[M]. 北京：中国农业大学出版社.

何清正，1991. 花卉生产新技术[M]. 广州：广东科技出版社.

韦三立，2001. 花卉储藏保鲜[M]. 北京：中国林业出版社.

杨磊，2016. 花卉物流如何摆脱鸡肋窘境[N]. 中国花卉报(3).

朱西儒，曾宋君，2001. 商品花卉生产及保鲜技术[M]. 广州：华南理工大学出版社.

8 运输与保险

8.1 运输方式

8.1.1 航空运输

航空运输有其他运输方式无法比拟的优越性。其运送速度快，运输安全准确，可简化包装，节省包装费用。航空运费按 W/M 方式计算（W 表示吨，M 表示立方米），其重量体积比为 $6000cm^3/kg$（相当于 $6m^3/t$），故而实际运费以 kg 为单位计算。尽管航空运费一般较高，但对体积大、重量轻的货物，采用空运反而有利。且空运计算运费的起点比海运低，所以小件货物如花卉种子、鲜切花、盆花和贵重商品适宜采用航空运输。航空运输方式主要有班机运输、包机运输、集中托运和航空快递业务。

(1) 班机运输

班机运输（scheduled airline）是指具有固定开航时间、航线和停靠航站的飞机运输。通常为客货混合型飞机，货舱容量较小，运价较贵，但由于航期固定，有利于客户安排鲜活商品或急需商品的运送。

(2) 包机运输

包机运输（chartered carrier）是指航空公司按照约定的条件和费率，将整架飞机租给一个或若干个包机人（包机人指发货人或航空货运代理公司），从一个或几个航空站装运货物至指定目的地。包机运输适用于大宗货物运输，费率低于班机，但运送时间比班机长。

(3) 集中托运

集中托运是指集中托运人（consolidator）将若干批单独发运的货物组成一整批，向航空公司办理托运，采用一份航空总运单集中发运到同一目的站，由集中托运人在目的地指定的代理收货，再根据集中托运人签发的航空分运单分拨给各实际收货人的运输方式，也是航空货物运输中开展最为普遍的一种运输方式，是航空货运代理的主要业务之一。

(4) 航空快递业务

航空快递业务(air express service)是由快递公司与航空公司合作，向货主提供快递服务。其业务包括快递公司派专人从货主、机场、收件人之间传送急件、专人提取货物后以最快航班将货物出运，飞抵目的地后，由专人接机提货，办妥进关手续后直接送达收货人，也称为桌到桌运输(desk to desk service)。这是一种最为快捷的运输方式，特别适用于各种急需药品、医疗器械、贵重物品和文件资料的运输。

外贸企业办理航空运输，需要委托航空运输公司作为代理人，负责办理出口货物的提货、制单、报关和托运工作。委托人应填写国际货物托运单，将有关报关文件交付航空货运代理，航空货运代理向航空公司办理托运后，取得航空公司签发的航空运单，即为承运开始。航空公司需对货物在运输途中的完好负责。货物到达目的地后，收货人凭航空公司发出的到货通知书提货。

8.1.2 海洋运输

海洋运输是国际贸易中最主要的运输方式，占国际贸易总运量的2/3以上，中国约有90%的进出口货物，都通过海洋运输方式运输。海洋运输的运量大、运费低，航道四通八达；但同时速度慢、航行风险大，航行日期不易确定。按照船舶的经营方式不同，海洋运输可分为班轮运输和租船运输。

8.1.2.1 班轮运输

(1) 班轮运输的定义

班轮运输是指轮船公司将船舶按事先制定的船期表(sailing schedule)，在特定海上航线的若干个固定挂靠的港口之间，定期为非特定的众多货主提供货物运输服务，并按事先公布的费率或协议费率收取运费的一种船舶经营方式。班轮运输适用于货流稳定、货种多、批量小的杂货运输。

班轮运输分为正规班轮运输与非正规班轮运输。正规班轮运输是以固定的船舶，按照以运行周期为依据编制的船期表组织运行，即定期定港班轮运输。非正规班轮运输是不定期、不定港、不定船的定线班轮运输，除固定的几个港口外，其余港口视货源情况而定是否停靠，事先不能编制一定期间的船期表。

班轮运输有时也称提单运输，具有公共承运人的性质。因为在承运人和托运人之间仅用轮船公司签发的订有承运人与托运人双方权利和义务条款的提单处理运输中发生的问题。提单条款中明确规定：发收货人必须按照船期提交和接受货物，否则应赔偿承运人因此造成的损失。

(2) 班轮运输的特点

承运人和货主之间不签订租船合同，仅按轮船公司签发的提单，处理运输中有关问题；通常要求托运人送货至承运人指定的码头仓库交货，收货人在承运人指定的码头仓库提货；班轮承运人负责包括装、卸货物及理舱在内的作业，并负责全部费用；班轮运输一般有固定港口、固定航线、固定开航时间，不计滞期费、速遣费，班轮运费相对比较稳定。

(3) 班轮运费

班轮运费由班轮运价表规定，包括基本运费和各种附加费。基本运费可分成两大类：一类是传统的件杂货运费；另一类是集装箱包箱费率。

件杂货运费 基本上以运费吨为计费单位。按毛重计费时，1 重量吨为 1 吨(W)；按体积计费时，运费吨为立方米(M)；运价以"W/M"表示时，按货物毛重(吨数)或体积(立方米数)从高计费。按运费吨计价的货物一般分为 20 个等级，第 1 级货物运费率最低，第 20 级货物运费率最高。件杂货也有按商品价格或件数计收运费的。大宗低值货物，可由船、货双方议定运价。此外，对无商业价值的样品，凡体积不超过 $0.2m^3$，重量不超过 50kg 时，可要求船方免费运送。

集装箱包箱费率 有 3 种方式：FAK 包箱费率(freight for all kinds)，即不分货物种类，按集装箱收取的费率；FCS 包箱费率(freight for class)，即按货物等级制定的包箱费率；FCB 包箱费率(freight for class & basis)，即按货物等级及不同类型的计价标准制定的费率。集装箱包箱费率中，分为 20 英尺*包箱费率和 40 英尺包箱费率。如果货物拼箱装运，未装满一个集装箱，FAK 和 FCS 方式按 W/M 方式列出基本运费，FCB 则按不同类别的计价标准，列出基本运费。

班轮运费中的附加费是船方根据不同情况为弥补运输中额外开支或费用而加收的费用。其中包括超长附加费、超重附加费、选择卸货港附加费、变更卸货港附加费、燃油附加费、港口拥挤附加费、绕航附加费、转船附加费和直航附加费等。除上述海运运费外，还需包括有关的服务费和设备使用费。

此外，不同商品混装在同一包装内，班轮公司按其中收费较高者计收运费。同一票商品，如包装不同，其计费等级和标准也不同；如托运人未按不同包装分别列明毛重和体积，则全票货物按收费较高者计收运费；同一提单内有两种以上不同货物，如托运人未分别列明毛重和体积，亦从高计费。

8.1.2.2 租船运输

租船指包租整船。租船费用较班轮低廉，且可选择直达航线，故大宗货物一般采用租船运输。租船方式主要有定程租船和定期租船两种。

(1) 定程租船

定程租船(voyage charter)是以航程为基础的租船方式，又称程租船。船方必须按租船合同规定的航程完成货物运输任务，并负责船舶的运营管理及其在航行中的各项费用开支。定程租船的运费一般按货物装运数量计算，也有按航次包租金额计算。租船双方的权利和义务，由租船合同(charter party)规定。程租船方式中，合同应明确船方是否负担货物在港口的装卸费用。如果船方不负担装卸，则应在合同中规定装卸期限或装卸率，以及与之相应的滞期费和速遣费。如租方未能在限期内完成装卸作业。为了补偿船方由此造成延迟开航的损失，应向船方支付一定的罚金，即滞期费。如租方提前完成装卸作业则由船方向租方支付一定的奖金，称为速遣费。通常速遣费为滞期费的 1/2。

---

* 1 英尺 = 0.3048m。

(2) 定期租船

定期租船(time charter)是指船舶所有人将配备船员的船舶出租给租船人使用一定时期的租船方式。租约期可约定一段期间或以完成一个航次为限,后者亦称航次期租。租船人在租期内按照约定的用途使用船舶,并支付租金。船舶所有人一般负责船员工资、船员伙食、船舶维修保养、船舶保险费、物料、供应品、船舶折旧费、部分货损货差索赔等,而租船人一般则负责燃油费、港口使用费、扫舱洗舱费、垫舱物料费等,并负责部分货损货差索赔。

8.1.3 铁路运输

铁路运输是仅次于海洋运输的一种主要运输方式,运量较大、速度较快,运输风险明显小于海洋运输,能常年保持准点运营。

8.1.3.1 国际铁路联运

国际铁路联运是指使用一份统一的国际联运票据,由铁路负责经过两国或两国以上的全程运送,并由一国铁路向另一国铁路移交货物,不需要发货人和收货人参加的货物运输组织方式。

8.1.3.2 对港澳地区的铁路运输

对港澳地区的铁路运输按国内运输办理,但又不同于一般的国内运输。货物由内地装车至深圳中转和香港卸车交货,为两票联运,由外运公司签发货物承运收据。京九铁路和沪港直达列车通车后,内地至香港的运输更为快捷,由于香港特别行政区系自由港,货物在内地和香港进出,需办理进出口报关手续。

对澳门地区的铁路运输,是先将货物运抵广州南站,再转船运至澳门。

8.1.4 公路、内河和邮包运输

(1) 公路运输

公路运输(road transportation)是一种现代化的运输方式,它不仅可以直接运进或运出对外贸易货物,也是车站、港口和机场集散进出口货物的重要手段。

(2) 内河运输

内河运输(inlandwater transportation)是水上运输的重要组成部分,它是连接内陆腹地与沿海地区的纽带,在运输和集散进出口货物中起着重要的作用。

(3) 邮包运输

邮包运输(parcelpost transport)是一种较简便的运输方式。各国邮政部门之间订有协定和合约,通过这些协定和合约,各国的邮件包裹可以相传递,从而形成国际邮包运输网。由于国际邮包运输具有国际多式联运和"门到门"运输的性质,加之其手续简便,费用不高,故成为国际贸易中普遍采用的运输方式中之一。

8.1.5 集装箱运输和国际多式联运

8.1.5.1 集装箱运输

集装箱运输(container transport)是指以集装箱作为运输单位,将货物集合组装成集装单元,以便在现代流通领域内运用大型装卸机械和大型载运车辆进行装卸、搬运作业和完成运输任务,从而更好地实现货物"门到门"运输的一种新型、高效率和高效益的运输方式。适用于海洋运输、铁路运输及国际多式联运等。集装箱按规格、材料、用途不同可分为如下类别:

①按规格尺寸不同,国际上通常使用的干货柜(day container)可分为:外尺寸长20英尺、宽8英尺、高8英尺6英寸*,简称20尺货柜;长40英尺、宽8英尺、高8英尺6英寸,简称40尺货柜;长40英尺、宽8英尺、高9英尺6英寸,简称40尺高柜,近年较多使用。20尺柜内容积为5.69m×2.13m×2.18m,配货毛重一般为17.5t,体积为24~26m³;40尺柜内容积为11.8m×2.13m×2.18m,配货毛重一般为22t,体积为54m³;40尺高柜内容积为11.8m×2.13m×2.72m,配货毛重一般为22t,体积为68m³;45尺高柜内容积为13.58m×2.34m×2.71m,配货毛重一般为29t,体积为86m³;20尺开顶柜内容积为5.89m×2.32m×2.31m,配货毛重20t,体积31.5m³;40尺开顶柜内容积为12.01m×2.33m×2.15m,配货毛重30.4t,体积65m³;20尺平底货柜内容积5.85m×2.23m×2.15m,配货毛重23t,体积28m³;40尺平底货柜内容积12.05m×2.12m×1.96m,配货毛重36t,体积50m³。

②按制箱材料不同,可分为铝合金集装箱、钢板集装箱、纤维板集装箱、玻璃钢集装箱。

③按用途不同,可分为干集装箱、冷冻集装箱(REEFER CONTAINER)、挂衣集装箱(DRESS HANGER CONTAINER)、开顶集装箱(OPENTOP CONTAINER)、框架集装箱(FLAT RACK CONTAINER)、罐式集装箱(TANK CONTAINER)。

8.1.5.2 国际多式联运(internation & multimodal transport, IMT)

(1) 国际多式联运的定义

国际多式联运是一种以实现货物整体运输的最优化效益为目标的运输组织形式。它通常是以集装箱为运输单元,将不同的运输方式有机地组合在一起构成连续的、综合性的一体化货物运输。通过一次托运,一次计费,一份单证,一次保险,由各运输区段的承运人共同完成货物的全程运输,即将货物的全程运输作为一个完整的单一运输过程来安排。

多式联运经营人(combined transport operator, CTO)是指其本人或通过其代表订立多式联运合同的任何人,负有履行多式联运合同的责任。

(2) 国际多式联运的基本条件

根据多式联运的定义,结合国际一般做法,构成国际多式联合运输的基本条件有以

---

* 1英寸=0.0254m;1英尺=12英寸。

下 5 项：必须使用包括全程的运输单据，如联合运输单据（combined transport documents）；必须是两种或两种以上不同运输方式的连贯运输；必须是国际间的货物运输；必须由多式联运经营人负全程运输责任；必须对具有一份多式联运合同；必须对货主实现全程单一运费费率。

国际多式联运极少由一个经营人承担全部运输。往往是在接受货主的委托后，联运经营人自己办理一部分运输工作，而将其余各段的运输工作再委托给其他承运人。但这又不同于单一的运输方式，接受多式联运经营人委托的承运人，只是依照运输合同关系对联运经营人负责，与货主不发生任何业务关系。因此，多式联运经营人可以是实际承运人，也可是无船承运人（non-vessel operating carrier，NVOC）。

(3) 国际多式联运的特点

国际多式联运是根据多式联运合同进行的。国际多式联运合同是多式联运经营人与发货人订立的，符合多式联运条件的运输合同。明确规定多式联运经营人与托运人之间的权利、义务、责任、割免的合同关系和多式联运的性质。

国际多式联运的货物主要是集装箱货物或集装化的货物。在运输过程中一般以集装箱作为运输的基本单元。货物集装箱化促进了国际多式联运的发展，而现代集装箱运输自产生时起就与多式联运紧密地联系在一起，使得国际多式联运具有集装箱运输的高效率、高质量、高技术、高投入和系统性的特点。

国际多式联运全程运输中至少使用两种或两种以上不同的运输方式进行国际间的货物运输。

国际多式联运是一票到底，实行全程单一票据的运输。发货人只办理一次托运、一次计付运费、一次保险，通过一张运输单据，实现从启运地到目的地的全程连贯运输，因此，具有简单化和统一化的特点。

国际多式联运是不同运输方式的综合组织。在运输过程中，无论涉及几种运输方式，分为多少个区段，国际多式联运都是由多式联运经营人完成或组织完成的，国际多式联运经营人要对全程运输负责。从启运地接管货物到在最终目的地交付货物，全程运输中各区段的衔接工作和有关服务业务，都由国际多式联运经营人在不同国家或地区的分支机构或委托代理人完成。

国际多式联运经营人可以通过对货物运输路线、运输方式的选择，运输区段的划分和对各区段实际承运人的选择，达到降低运输成本、提高运输速度、实现合理运输的目的。

8.2 进出口运输保险

对外运输货物保险是以对外贸易货物运输过程中的各种货物作为保险标的的保险。外贸货物的运送有海运、陆运、空运及通过邮政送递等多种途径。对外贸易运输货物保险的种类根据其保险标的的运输工具不同可分为：海洋运输货物保险、陆上运输货物保险、航空运输货物保险、邮包保险等。一批货物的运输全过程使用两种或两种以上的运输工具时，往往以货运全过程中主要的运输工具确定投保种类。

8.2.1 运输保险的种类

8.2.1.1 海洋运输货物保险

(1) 主要险别

平安险(free from particular average, FPA)　平安险这一名称在中国保险行业中沿用甚久。依其英文原意是指单独海损不负责赔偿。国际保险界对单独海损的解释为部分损失。因此,平安险原来的保障范围是只赔全部损失。当被保险人要求赔付推定全损时,须将受损货物及其权利委付给保险公司。被保险货物用驳船运往或运离海轮的,每一驳船所装的货物可视作一个整批。推定全损是指被保险货物的实际全损已经不可避免,或者恢复、修复受损货物以及运送货物到原订目的地的费用超过该目的地的货物价值。平安险的责任范围如下:

- 在运输过程中,由于自然灾害和运输工具发生意外事件,凭被保险货物的实物实际全损或推定全损。
- 由于运输工具搁浅、触礁、沉没、互撞,与流冰或其他物体碰撞以及失火、爆炸等意外事故造成被保险货物的部分损失。
- 只要运输工具曾经发生搁浅、触礁、沉没、焚毁等意外事故,不论事故发生之前或之后曾在海上遭恶劣气候、雷电、海啸等自然灾害,造成被保险货物的部分损失。
- 在装卸转船过程中,被保险货物一件或数件落海所造成的全部损失或部分损失。
- 运输工具遭自然灾害或意外事故,在避难港卸货,引起被保险货物的全部损失或部分损失。
- 运输工具遭自然灾害或意外事故,需要在中途的港口或避难港口停靠、卸货、装货、存仓及运送货物所产生的特别费用。
- 发生共同海损所引起的牺牲、公摊费和救助费用。
- 发生了保险责任范围内的危险,被保险人对货物采取抢救、防止或减少损失的各种措施,因而产生的合理施救费用。保险公司承担费用的限额不能超过这批被救货物的保险金额,可以在赔款金额以外的一个保险金额限度内承担。

水渍险(with particular average, WPA)　水渍险的责任范围除了包括上列平安险的各项责任外,还负责被保险货物由于恶劣气候、雷电、海啸、地震、洪水等自然灾害所造成的部分损失。

一切险(all risks)　一切险的责任范围除包括上列平安险和水渍险的所有责任外,还包括货物在运输过程中因各种外因所造成的保险货物的损失。不论全损或部分损失,除对某些运输途耗的货物,经保险公司与被保险人双方约定,在保险单上载明免赔率外,保险公司都给予赔偿。

上述 3 种险都有货物运输的基本险别,被保险人可以从中选择一种投保。此外,保险人可以要求扩展保险期。如对某些内陆国家出口货物,如在港口卸货转运内陆,无法按保险条款规定的保险期到达目的地,即可申请扩展,经保险公司出立凭证予以延长,每日加收一定保险费。

不过，在上述3种基本险别中，明确规定了除外责任。所谓除外责任(exclusion)是指保险公司明确规定不予承保的损失或费用。

(2) 附加险别

附加险是对基本险的补充和扩大。附加险承保的是除自然灾害和意外事故以外的各种外来原因所造成的损失。附加险只能在投保某一种基本险的基础上才可加保。《中国保险条款》中的附加险有一般附加险和特殊附加险之分。

偷窃提货不着险(theft, pilferage and nondelivery, TPND) 保险有效期内，保险货物被偷走或窃走，以及货物运抵目的地以后整件未交的损失，由保险公司负责赔偿。

淡水雨淋险(fresh water rain damage, FWRD) 货物在运输过程中，由于淡水、雨水，甚至雪溶所造成的损失，保险公司都应负责赔偿。淡水包括船上的淡水舱、水管漏水以及汗等。

短量险(risk of shortage) 负责保险货物数量短少和重量的损失。通常包装货物的短少，保险公司必须要查清外包装是否发生异常现象，如破口、破袋、扯缝等，如属散装货物，通常以装船重量和卸船重量之间的差额作为计算短量的依据。

混杂、沾险(risk of intermixture & contamination) 指保险货物在运输过程中，混进杂质所造成的损坏。例如矿石等混进了泥土、草屑等因而使质量受到影响。此外，保险货物因为和其他物质接触而被沾污，如布匹、纸张、食物、服装等被油类或带色的物质污染因而引起的经济损失。

渗漏险(risk of leakage) 流质、半流质的液体物质同和油类物质，在运输过程中因为容器损坏而引起的渗漏损失。如以液体装存的湿肠衣，因为液体渗漏而使肠腐烂、变质等损失，均由保险公司负责赔偿。

碰损、破碎险(risk of clash & breakage) 碰损主要是对金属、木质等货物而言，破碎则主要是对易碎物质而言。前者是指在运输途中，因为受到震动、颠簸、挤压而造成货物本身的损失；后者是在运输途中由于装卸野蛮、粗鲁、运输工具的颠振造成货物本身的破裂、断碎的损失。

串味险(risk of odour) 如茶叶、香料、药材等在运输途中受到一起堆贮的皮第、樟脑等异味的影响使品质受到损失。

受热、受潮险(damage caused by heating & sweating) 如船舶在航行途中，由于气温骤变，或者因为船上通风设备失灵等，使舱内水气凝结、发潮、发热引起货物的损失。

钩损险(hook damage) 保险货物在装卸过程中因为使用手钩、吊钩等工具所造成的损失，如粮食包装袋因吊钩钩坏而造成粮食外漏造成的损失，保险公司在承保该险的条件下，应予赔偿。

包装破裂险(loss for damage by breakage of packing) 因包装破裂造成的物资短少、沾污等损失。此外，对于因保险货物在运输过程中续运安全需要进行候补包装、调换包装所支付的费用，保险公司也应负责。

锈损险(risk sofrust) 保险公司负责保险货物在运输过程中因生锈造成的损失。不过这种生锈必须在保险期内发生，如原装时就已生锈，保险公司不负责任。

上述11种附加险，不能独立承保，必须附属于主要险别。也就是说，只有在投保了主要险别以后，投保人才允许投保附加险。投保一切险，上述险别均包括在内。

特别附加险 特别附加险也属附加险，但不属于一切险的范围之内。它与政治、国家行政管理规章所引起的风险相关联。目前中国人民保险公司承保的特别附加险别有交货不到险(failure to delivery risks)、进口关税险(import dulty risk)、黄曲霉素险(aflatoxin risk)和出口货物到香港(包括九龙在内)或澳门存储仓火险责任扩展条款(fire risk extension clause for storage of cargo at destination Hong Kong, including Kowloon, or Macao)。此外，还包括战争险(war risk)和罢工险(strikes risk)等。

8.2.1.2 陆上运输货物保险

陆上运输货物保险是货物运输保险的一种，陆上运输货物保险的责任起讫采用"仓至仓"责任条款。陆上运输货物保险的索赔时效为2年，从被保险货物在最后目的地车站全部卸离车辆后开始计算。可分为陆运险和陆运一切险两种。

(1) 责任范围

陆运险的责任范围 被保险货物在运输途中遭受暴风、雷电、地震、洪水等自然灾害，或由于陆上运输工具(主要是指火车、汽车)遭受碰撞、倾覆或出轨，如在驳运过程中，驳运工具搁浅、触礁、沉没或由于遭受隧道坍塌、崖崩或火灾、爆炸等意外事故所造成的全部损失或部分损失。保险公司对陆运险的承保范围相当于海运险中的水渍险。被保险人对遭受承保责任内危险的货物采取抢救，防止或减少货损的措施而支付的合理费用，但以不超过该被救货物的保险金额为限。

陆运一切险的责任范围 除包括上述陆运险的责任外，保险公司对被保险货物在运输途中由于外来原因造成的短少、短量、偷窃、渗漏、碰损、破碎、钩损、雨淋、生锈、受潮、霉变、串味、沾污等全部或部分损失，也负赔偿责任。

(2) 陆上运输货物保险的除外责任

被保险人的故意行为或过失所造成的损失；属于发货人应负责任或被保险货物的自然消耗所引起的损失；由于战争、工人罢工或运输延迟所造成的损失。

8.2.1.3 航空运输货物保险

航空运输货物保险(air transportation cargo insurance)是指以航空运输过程中的各类货物为保险标的，当保险标的在运输过程中因保险责任造成损失时，由保险公司提供经济补偿的一种保险业务。航空运输货物保险可分为航空运输险和航空运输一切险两种。

(1) 航空运输险

本保险负责赔偿被保险货物在运输途中遭受雷电、火灾、爆炸或由于飞机遭受恶劣气候或其他危难事故而被抛弃，或由于飞机遭碰撞、倾覆、坠落或失踪等意外事故所造成全部或部分损失，以及被保险人对货物采取抢救、防止或减少货损的措施而支付的合理费用，但以不超过该批被救货物的保险金额为限。

(2) 航空运输一切险

除包括上列航空运输险责任外，本保险还负责被保险货物由于外因所致的全部或部分损失。

8.2.1.4 邮包保险

邮包保险承保通过邮局邮包寄递的货物在邮递过程中发生保险事故所致的损失。以邮包方式将货物发送到目的地可能通过海运、陆上运输、航空运输或经过两种或两种以上的运输工具运送。不论通过何种运输工具，凡是以邮包方式将贸易货物运达目的地的保险均属邮包保险。邮包保险按其保险责任分为邮包险(parcel post risks)和邮包一切险(parcel post all risks)两种。前者与海洋运输货物保险水渍险的责任相似，后者与海洋运输货物保险一切险的责任基本相同。邮包保险的责任范围如下：

①被保险邮包在运输途中由于恶劣气候、雷电、海啸、地震、洪水等自然灾害或由于运输工具遭受搁浅、触礁、沉没、碰撞、倾覆、出轨、坠落、失踪、失火爆炸等意外事故所造成的全部或部分损失。

②被保险人对货物采取抢救、防止或减少货损的措施而支付的合理费用，但以不超过该批被救货物的保险金额为限。邮包一切险的责任除上述邮包险的各项责任外，还包括被保险邮包在运输途中由于外来原因所致的全部或部分损失。邮包运输货物保险的除外责任和被保险人的义务与海洋运输货物保险相比较，实质是相同的。其责任起讫为自被保险邮包离开保险单所载起运地点寄件人的处所运往邮局时开始生效，直至该邮包运达保险单所载目的地邮局，自邮局签发到货通知书当日起满15d终止。但是在此期限，邮包一经交至收件人的处所，保险责任即终止。

8.2.2 国际贸易货物运输保险程序

在国际货物买卖过程中，由哪一方负责办理投保，应根据买卖双方商订的价格条件确定。如按 FOB 条件和 CFR 条件成交，保险即应由买方办理；如按 CIF 条件成交，保险就应由卖方办理。办理货运保险的一般程序是：

(1) 确定投保的金额

投保金额既是保险费的依据，又是货物发生损失后计算赔偿的依据。按照国际惯例，投保金额应按发票上的 CIF 的预期利润计算。但是，各国市场情况不尽相同，对进出口贸易的管理办法也各有异。向中国人民保险公司办理进出口货物运输保险，有两种方式：一种是逐笔投保；另一种是按签订预约保险总合同办理。

(2) 填写投保单

投保单是投保人向保险人提出投保的书面申请，其主要内容包括被保险人的姓名、被保险货物的品名、标记、数量及包装、保险金额、运输工具名称、开航日期及起讫地点、投保险别、投保日期及签章等。

(3) 支付保险费

保险费按投保险别的保险费率计算。保险费率是根据不同的险别、商品、运输方式、目的地，并参照国际上的费率水平制订的。它分为一般货物费率和指明货物加费费率两种。前者是一般商品的费率，后者指特别列明的货物(如某些易碎、易损商品)在一般费率的基础上另行加收的费率。交付保险费后，投保人即可取得保险单(insurance policy)。保险单实际上已构成投保人与保险人之间的保险契约。在发生保险范围内的损失或灭失时，投保人可凭保险单要求赔偿。

8.2.3 货物进出口保险索赔程序

当被保险的货物发生属于保险责任范围内的损失时，投保人可以向保险人提出赔偿要求。按《2020年通则》E组、F组、C组包含的8种价格条件成交的合同，一般应由买方办理索赔。按《2020年通则》D组包含的5种价格条件成交的合同，则视情况由买方或卖方办理索赔。

被保险货物运抵目的地后，收货人如发现整件短少或有明显残损，应立即向承运人或有关方面索取货损或货差证明，并联系保险公司指定的检验理赔代理人申请检验，提出检验报告，确定损失程度；同时向承运人或有关责任方提出索赔。属于保险责任的，可填写索赔清单，连同提单副本、装箱单、保险单正本、磅码单、修理配置费凭证、第三者责任方的签证或商务记录以及向第三者责任方索赔的来往函件等向保险公司索赔。

索赔应当在保险有效期内提出并办理，否则保险公司可以不予办理。

8.2.3.1 提出索赔申请

(1) 出口货物遭受损失

对方(进口方)向保险单所载明的国外理赔代理人提出索赔申请。中国人民保险公司在世界各主要港口和城市，均设有委托国外检验代理人和理赔代理人两种机构。前者负责检验货物损失，收货人取得检验报告后，附同其他单证，自行向出单公司索赔；后者可在授权的一定金额内，直接处理赔案，就地给付赔款。进口方在向中国外理赔代理人提出索赔时，要同时提供下列单证：保险单或保险凭证正本；运输契约；发票；装箱单；向承运人等第三者责任方请求补偿的函电或其他单证，以及证明被保险人已经履行应办的追偿手续等文件；由国外保险代理人或由国外第三者公证机构出具的检验报告；海事报告。海事造成的货物损失，一般均由保险公司赔付，船方不承担责任；货损货差证明；索赔清单等。

(2) 进口货物遭受损失

中国进口方向保险公司提出索赔申请。当进口货物运抵我港口、机场或内地后发现有残损短缺时，应立即通知当地保险公司，会同当地国家商检部门联合进行检验。若经确定属于保险责任范围的损失，则由当地保险公司出具《进口货物残短检验报告》。同时，凡对于涉及国外发货人、承运人、港务局、铁路或其他第三者造成的货损事故责任，只要由收货人办妥向上述责任方的追偿手续，保险公司即予赔款。但对于属于国外发货人的有关质量、规格责任问题，根据保险公司条款规定，保险公司不负赔偿责任，而应由收货人请国家商检机构出具公证检验书，然后由收货单位通过外贸公司向发货人提出索赔。进口货物收货人向保险公司提出索赔时，要提交下列单证：进口发票，提单或进出口货物到货通知书、运单，在最后目的地的卸货记录及磅码单。

若损失涉及发货人责任，须提供订货合同。如有发货人保函和船方批注，也应一并提供。若损失涉及船方责任，须提供卸货港口理货签证。如有船方批注，也应一并提供。凡涉及发货人或船方责任，还需由国家商检部门进行鉴定出证。若损失涉及港口装卸及内陆、内河或铁路运输方责任，须提供责任方出具的货运记录（商务记录）及联检报告等。

收货人向保险公司办理索赔，可按下列途径进行：海运进口货物的损失，向卸货港保险公司索赔；空运进口货物的损失，向国际运单上注明的目的地保险公司索赔；邮运进口货物的损失，向国际包裹单上注明的目的地保险公司索赔；陆运进口货物的损失，向国际铁路运单上注明的目的地保险公司索赔。

8.2.3.2 审定责任，予以赔付

被保险人在办妥上述有关索赔手续和提供齐全的单证后，即可等待保险公司审定责任，给付赔款。在我国，保险公司赔款的方式有两种：一是直接赔付给收货单位；二是集中赔付给各有关外贸公司，再由各外贸公司与各订货单位进行结算。

小　结

本章节介绍了花卉运输的主要途径和方式，如航空运输、海洋运输、铁路运输、公路运输、邮包运输、集装箱运输及国际联运等，同时为了保证花卉产品的万无一失，根据不同的运输工具，介绍了花卉产品运输保险的险别和办理保险的方法及理赔等。

思考题

1. 花卉产品的进出口主要有哪些运输方式？
2. 花卉产品的运输如何办理保险和理赔？
3. 中国海运保险有哪些附加险别？

参考文献

黎孝先，2020. 国际贸易实务[M]. 7版. 北京：对外经济贸易大学出版社.
任丽萍，2009. 国际贸易实务[M]. 2版. 北京：清华大学出版社.

9 进出口花卉产品检疫

植物检疫是通过法律、行政和技术的手段，防止危险性植物病、虫、杂草和其他有害生物的人为传播，保障农林业生产的安全，促进贸易发展。它是人类与自然长期斗争的产物，也是当今世界各国普遍实行的一项制度。

植物检疫的目的是既要保护本国的植物免受外来有害生物的危害，又要防止有害生物扩散到别的国家（地区）。各国制订植物检疫法规的原则是在符合国际惯例的前提下，采取有效措施保护本国的农林业安全生产和促进贸易的发展。

在对外贸易和发展创汇方面，植物检疫起着特殊的作用。新中国成立以后，尤其是加入 WTO 以来，中国的国际、国内贸易有了迅猛的发展，2019 年花卉出口总金额为 3.58 亿美元，进口额为 2.62 亿美元。植物检疫机关在检疫把关的同时，注重发挥自身科技优势，为促进花卉出口提供技术服务，指导协助出口地区、部门建立符合植物检疫要求的生产基地，千方百计让国内花卉产品走向国际市场。

中国是一个花卉资源十分丰富的国家，花卉产品出口具有极大的潜力，外贸部门与植物检疫机关加强合作，共同努力，不断开拓新产品，冲破国际上的植物检疫壁垒，让更多的花卉产品走向国际市场。目前检疫部门在出口盆景、鲜切花等方面仍与美国、加拿大、欧洲各国及地区进行技术合作，力争使更多花卉产品出口。中国履行和承担国际植物检疫协议、条约的义务，通过执行贸易合同、科技合作协议的植物检疫条款，既保护了中国经济的发展，更提高了中国外贸的信誉。

2018 年，出入境检验检疫管理职责和队伍划入海关总署后，增强了国门安全管控，在原有安全准入（出）税收征管风险防控基础上，增加卫生检疫、动植物检疫、商品检验、进出口食品安全监管职责，通过建立信息集聚、优化高效、协调统一的风险防控体系，推行安全链条式管理，强化智能监管、精准监管，将更好地贯彻总体国家安全观。促进了贸易便利化，提升了行政管理效率。

9.1 进口花卉产品检疫

进口花卉及种球（苗）是推动中国花卉产业迅速发展的重要因素，但由花卉进口而导致的检疫性有害生物传入和外来物种入侵等问题也随之而来，引进花卉时携带的检疫性有害生物一旦传入，将对中国的生态安全、花卉产业的正常发展造成严重影响；有时，某些引进的花卉一旦逃逸进入自然生态系统，并能自行繁殖和扩散，就可能成为外来入侵物种，会给生态和生物多样性造成巨大危害，甚至带来灾难。

近年来，中国各口岸检验检疫部门在对进口花卉的检疫中，屡屡截获花卉中携带的有害生物，常见的包括蓟马、蚜虫、叶螨、菜青虫、斑潜蝇、锈病、白粉病、褐斑病、斑驳病、褐腐病、根结线虫等30多种病虫害。潍坊海关2019年截获从北美地区进口的一批花卉产品中带有的黑耳喙象害虫的幼虫，这种生物在国内没有天敌，是国际一级害虫，一旦进入中国，将快速繁殖和扩散，对多种植物造成严重危害。

9.1.1　进口花卉产品的检疫审批

检疫审批是植物检疫法定程序之一，最根本的目的是在检疫物调运入境前实施超前性预防，即对其进境采取控制措施。检疫审批有利于进口国的农业、林业及生态环境的安全，因此世界各国普遍采用该项制度，《中华人民共和国进出境动植物检疫法》（以下简称《检疫法》）和《植物检疫条例》中对检疫审批也做出了明确的规定。

9.1.1.1　检疫审批的概念

检疫审批是指在调运、输入某些检疫物或引进禁止进境物时，输入单位须向当地的植物检疫机关预先提出申请，检疫机关经过审查做出是否批准引进的法定程序。在国际贸易中，凡涉及花卉和花卉产品调运的，事先都要办理检疫审批手续。

检疫审批分为特许审批和一般审批两种类型。

(1) 特许审批

在入境植物检疫工作中，特许审批所针对的是禁止进境物，如引进菌种。

特许检疫审批程序为：引进单位提交有关证明和说明材料，领取《中华人民共和国进境动植物检疫特许审批单》；货主、物主或其代理人必须提交书面申请，说明其数量、用途、引进方式、进境后的防疫措施，并附具有关口岸动植物检疫机关签署的意见；引进单位填写检疫特许审批单后由地方海关进行初审，地方海关在规定时限提出审核意见，并报海关总署审批。

(2) 一般审批

一般审批针对的是花卉种子、苗木花卉产品和其他繁殖材料，在国际贸易和国内贸易中都是面广量大的植检工作。

一般检疫审批程序为：引进单位事先提出申请，填写检疫审批单；交报相应的审批机关。

9.1.1.2　检疫审批的意义

首先，通过检疫审批能够向出口国家或地区提出相关的检疫要求，从而有效地预防有害生物，特别是检疫性有害生物的传播。在办理检疫审批的过程中，植物检疫机关根据出口国家或地区的疫情做出是否批准输入的决定，并将检疫要求告知输入方。检疫要求中通常包括若干限定性有害生物，这些有害生物是输入方所不允许的。

其次，通过检疫审批能够避免盲目进口，并且有助于进行合理索赔。进口商对于出口国家或地区的植物病虫害疫情不一定全面了解，也不完全掌握进口国植物检疫法规的具体规定，因而有盲目输入或引进花卉和花卉产品的可能。一旦这些货物抵达口岸，则会因违反植物检疫法规而被退回或销毁，造成不必要的经济损失。经过检疫审批，可以明确所需输入或引进的花卉和花卉产品是否可以进境，从而避免输入或引进的盲目性。

最后，由于检疫要求已经列入贸易合同或协议中，所以当货物到达口岸经检疫发现不符合检疫要求时，如检出了不准进境的限定性有害生物，进口商可依据贸易合同向出口商提出索赔。

9.1.1.3 审批手续

(1) 办理检疫审批手续的植物检疫机关

2019年，《中华人民共和国进出境动植物检疫法》第一章第三条明确指出：国务院设立动植物检疫机关统一管理全国进出境动植物检疫工作。国家动植物检疫机关在对外开放的口岸和进出境动植物检疫业务集中的地点设立的口岸动植物检疫机关，依照最新的《检疫法》规定实施进出境动植物检疫。

贸易性动植物产品出境的检疫机关，由国务院根据实际情况规定。

国务院农业行政主管部门主管全国进出境动植物检疫工作。

(2) 办理检疫审批的条件

按照《动植物检疫法实施条例》的有关规定进行，只有符合下列条件，方可办理进境检疫审批手续：花卉产品输出国家或地区无重大动植物疫情；符合中国有关动植物检疫法律、法规、规章的规定；符合中国与输出国家或地区签订的有关双边检疫协定（含检疫协议、备忘录等）。

(3) 检疫审批手续的办理

必须事先向植物检疫部门提出申请。花卉种苗进境前，货主或其代理人必须事先提出申请，按照有关规定办理检疫审批手续，经审批同意后，方可对外签订贸易合同或者协议，并将检疫要求列入有关条款中。

携带、邮寄的花卉种苗，因特殊情况无法事先办理检疫审批手续的，携带人或收件人应当按照有关规定申请补办，经审批同意并检疫合格后方准进境。

必须详细说明需要引进物的品名、品种、产地、引进的特殊需要和使用方式。

必要时还须提供具有符合检疫要求的监督管理措施。

办理进境检疫许可手续后，出现下列4种特殊情况之一时，货主、物主或代理人应当重新申请办理检疫审批手续，这些特殊情况包括：变更了进境物种类或数量；变更了输出国家或地区；变更了进境口岸；超过了检疫审批有效期。

9.1.1.4 检疫审批的办理步骤

(1) 一般检疫审批的办理

国家出入境检验检疫局和有关农林行政部门依照《中华人民共和国进出境动植物检

疫法》的规定，从国外引进农、林种子、苗木和其他繁殖材料，实行农业部、国家林业局和各省、自治区、直辖市农、林业厅（局）两级审批。其执行机构分别是农业部全国农业技术推广中心和各省、自治区、直辖市农业厅（局）植物检疫（植保植检）站；国家林业局森林保护司和省、自治区、直辖市林业（农林）厅（局）的森保部门。

一般检疫审批的办理步骤如下：

①提出申请　引进种子、苗木和其他繁殖材料的单位（个人）或代理进口单位，应当在对外签订贸易合同或协议30日前，申请办理国外引种检疫审批手续。国务院和中央各部门所属在京单位、驻京部队单位、外国驻京机构等，向农业部全国农业技术推广中心或林业局森林保护司提出申请；各省、自治区、直辖市有关单位和中央京外单位向种植地的省、自治区、直辖市农业厅（局）植物检疫（植保植检）站或林业（农林）厅（局）的森保部门提出申请。

②填写《引进种子、苗木检疫审批申请书》及《引进种子、苗木检疫审批单》《引进林木种子、苗木和其他繁殖材料检疫审批单》　引种单位提出申请时，必须按规定的格式及要求如实填写《引进种子、苗木检疫审批申请书》和《引进种子、苗木检疫审批单》、《引进林木种子、苗木和其他繁殖材料检疫审批单》；引进生产用种苗须同时提供有效的进口种苗权证明材料。报农业部全国农业技术推广中心审批的生产用种苗，还须提供种植地的省、自治区、直辖市农业厅（局）植物检疫（植保植检）站签署的有关种苗的疫情监测报告。

引种单位在申请前应调查了解引进植物在原产地的病虫发生情况，对于引进数量较大、疫情不清、与农业安全生产密切相关的种苗，引种单位还应事先进行有检疫人员参加的种苗原产地疫情调查，以便在申请时向检疫审批单位提供相关疫情资料。

③审批　审批机关对申请单位提供的有效证件和相关单证是否齐全进行审查后，根据国家的有关检疫法规和输出国家或地区的植物疫情，以及两国间签订的检疫卫生条件，签署审批意见。对于批准进境的，提出具体的检疫要求及批准的数量（有关生产种苗、种质资源和科研试材引进检疫审批限量见相关文件），同时指定允许进境的口岸。

④审批单证的发放和废止　经检疫审批机关审批同意后，由审批机关发放《引进种子、苗木检疫审批单》。审批单的有效期一般为6个月，特殊情况可延长，但最长不超过1年。在有效期内，如果输出国发生重大疫情时，检验检疫机关有权宣布已审批的审批单作废或延期执行。

⑤审批单的更改与重新办理　《引进种子、苗木检疫审批单》在办理后，申请单位如需更改进境国家或地区、时间、植物种子、种苗及其他繁殖材料的种类、数量，均须重新办理审批手续；超过有效期的，亦须重新办理。

(2) 特许检疫审批的办理

凡从国外引进《检疫法》第5条第1款规定中与植物检疫相关的禁止进境物的，引进单位或个人必须在引进前向国家检验检疫局提出申请，办理特许检疫审批手续。办理特许审批须遵循以下原则：

①引进单位或其代理人必须提出书面申请，同时应出具证明和说明材料。

——上级机关及其他有关部门的证明材料；企业还须提交营业执照复印件。

——详细说明特批物的品种、产地、引进的数量、引进的特殊需要、引进和使用方式及进境后的防疫和管理措施。

——办理工业原料用土的植物检疫特许审批手续时,还须提供工业原料用土的来源、成分、生产工艺流程的有效证明,并说明拟进口的工业原料用土是否已经高温处理(不低于170℃/90min)。

——办理进口烟叶的检疫审批,进口单位需事先征得中国烟草总公司的同意,再由中国烟草进出口总公司统一提前向国家出入境检验检疫局办理进口检疫审批手续;因特殊需要进口疫区烟叶办理检疫审批手续时,须附进口原因、进口国家及烟叶的产期、品种、等级和进口后使用范围等。

——办理进口粮的检疫审批,贸易部门须按要求如实填写《中华人民共和国进口粮食植物检疫许可证申请表》,加盖公章后送或寄国家检验检疫局办理;边境贸易、数量较小(100t/次以下)的进口粮食检疫审批,由粮食进境口岸的检验检疫机关按规定办理。

②引进单位将上述证明和说明材料交所在地口岸检验检疫机构进行验核,验核合格的可领取植物检疫特许审批单。

③引进单位将填写后的植物检疫特许审批单连同证明和说明材料一并报国家检验检疫局审批。

④国家检验检疫局根据特批物进境后的特殊需要和使用方式,决定批准的数量,提出检疫要求,指定进境口岸,并委托有关口岸检验检疫机构核查和监督使用;同时签署植物检疫特许审批单。

⑤审批单有效期一般为6个月,进口粮为1年。特许审批单在签发后如更改或过期,均需重新办理。

(3) 携带、邮寄植物种子、种苗及其他繁殖材料进境检疫审批的办理

携带、邮寄植物种子、种苗及其他繁殖材料进境检疫审批的办理同一般审批和特殊审批的办理。因特殊情况无法事先办理的,携带人或邮寄人应当在抵达口岸后到审批机关补办检疫审批手续。

9.1.2 进口花卉产品检疫的工作流程

9.1.2.1 报检

检疫报检制度分为进境报检制度、过境报检制度、携带及邮寄报检制度和出境报检制度。进口花卉产品或其他检疫物的所有者或其代理人抵达口岸前或抵达口岸时须持植物检疫审批单、输出国官方植物检疫证书、产地证、贸易合同或协议、装箱单、发票、提单向口岸检验检疫机关报检。

属入境种苗的,如果引种单位和进口单位不是同一单位,还需附有双方签订的委托书,明确主要检疫责任的承担单位,以利于种苗检疫及后期检疫监管的进行。进口花卉产品报检程序大体可分为3个步骤。

①交检证件 包括检疫证书、贸易合同、检疫物进出境单据,种子、种苗和其他繁殖材料的有效检疫审批单。

②填写进/出境《动植物检疫报检单》（以下简称《报检单》） 目前《报检单》上所有项目都已编成代码，以便计算机处理。《报检单》的内容必须与实际相符，否则会受到行政处罚。

③核对、登记、编号 口岸检疫人员对《报检单》进行核对，确定无误后登记并编号，等待现场检疫和隔离检疫。

9.1.2.2 检疫

(1) 现场检疫

现场检疫是指检验检疫人员在船上、码头及检验检疫机关认可的场所实施检疫，并按规定抽取样品的过程。入境植物、植物产品的现场检疫一般在卸货前及卸货时进行。

检疫人员应按照下列规定实施现场检疫：

——检查花卉产品、营养介质、包装物及运输工具上有无病、虫、水湿、霉变、腐烂、异味、杂草、土壤等，并按规定采取样品。

——检查铺垫材料是否携带病、虫、杂草籽、粘带土壤，并采取样品。

——检查包装是否完好及是否被病虫污染，需实验室检验的货物，样品移送实验室做进一步检验。

现场检疫是实验室检疫的基础，现场采集的检疫样品是否合理是影响实验室检疫结果准确性的主要因素之一。因此，现场检疫一定要仔细，抽取的样品要有代表性。经检疫发现病虫害并有扩散可能的，应及时对该批花卉产品、运输工具和装卸现场采取必要的防疫措施。

(2) 实验室检验

检验方法 对抽取的植物、植物产品代表性样品和现场发现的可疑有害生物，分别根据情况按生物学特性、形态特征，采用下列一种或几种方法进行检查和鉴定：肉眼检查、洗涤检查、分离培养检查、解剖检验、试植检验、血清学检验和分子生物学检验等。

品质检验 列入《实施检验检疫的进出境商品目录》的进口植物及其产品，按照国家技术规范的强制性要求进行检验；尚未制定国家技术规范强制性要求的，可以参照国家质检总局指定的国外有关标准进行检验。未列入目录的进出口商品申请品质检验的，按合同规定的检验方法进行，合同没有规定检验方法的按我国相关检验标准进行检验。

样品保存 由实验室保存，一般样品保存 6 个月（易腐烂的样品除外），需对外索赔的保存到索赔期满方可处理。

(3) 隔离检疫

植物隔离检疫指在隔离的情况下培植和筛选繁殖材料。这种隔离检疫能够防止当地存在的病虫害侵入，同时又能避免随引进花卉产品而来的病虫害向外逃逸，从而保证引进的繁殖材料不带入进口国所没有的病虫害。因此，引进植物种苗及其他繁殖材料从入境口岸调离到出入境检验检疫机关认可或指定的植物隔离场(圃)进行检疫，是当前引种检疫不可缺少的必要手段。

病毒类病害、细菌病害、某些系统感染的真菌及线虫病害在种子和休眠的苗木上往往表现为隐症，在口岸或实验室内一般不易检出，而在隔离种植、创造有利于病害发生的生态环境条件下，有利于对病害的鉴别。国家颁布的入境植物检疫危险性病、虫、杂草名录有一定局限性，《中华人民共和国进境植物检疫性有害生物名录》以外的某些病、虫、杂草，随着种苗的引进，可能由于生态环境条件的改变有利于其发生危害，造成重大经济损失，只有通过隔离检疫，才能确定引进的植物种苗是否带有这些危险性病虫草害。

进境花卉种苗，须作以下隔离检疫：属资源性引种的须在国家级检疫隔离圃隔离种植；属生产性引种的须在口岸动植物检疫机关认可的隔离场所进行隔离种植。隔离种植期间，种植地口岸动植物检疫机关应进行检疫和监管。

隔离检疫圃的条件包括：

——具有防虫能力的网室、温室，或者具有自然隔离条件；

——与同科其他植物隔离；

——配备有植保专业技术人员；

——具有防止隔离植物流失和病、虫扩散的管理措施。

植物隔离检疫圃的性质和任务　经过植物隔离检疫圃的隔离试种，根据检验结果，做出发放健康种苗或进行检疫处理的决定，如热疗处理或脱毒处理（主要用于感染病毒的种苗）等检疫治疗；延长隔离期限，做进一步观察；销毁。引进种苗的检疫结果，只有在种苗整个生长期结束之后才能得出，绝不能急于求成，仓促放行。

在隔离检疫圃内经过生育期的观察和监测，淘汰病株，选留健壮植株，或经过处理获得无毒无病的种苗，再用这些无毒无病的种苗繁殖出健康种苗，交还货主。

隔离圃的分级

国家级隔离检疫圃　引进种苗所传带的病害具有高度危险性，并有两种或两种以上传播途径的作物，要求具备封闭或检疫温室等隔离条件。

专业科研机构隔离检疫圃　引进种苗来自检疫对象流行地区，可能传带的检疫性病毒或其他检疫病害具有兼由介体传、种传或土传等多种传播途径，要求具备检疫温室、检疫防虫网室作为隔离检疫条件。

由检验检疫机关所核定的隔离检疫圃　引进种苗来自检疫对象疫情流行地区，可能传带的检疫性病害主要经由种苗传播或兼土传，但非介体传，需要具备检疫温室、检疫网室作为隔离条件。

进入隔离检疫圃试种的种苗范围　凡属于现行的检疫法规规定的中华人民共和国禁止入境的植物名单，因科研特殊需要，取得了动植物检疫特许审批后引进（一定数量）的种苗，凡来自检疫性病虫疫情流行国家或地区，或疫区不明的寄主植物需进入隔离圃试种。经入境口岸检疫的种苗，认为对我国农业生产存在潜在危险的，需要进入隔离检疫圃检疫的种质资源、农业科研试材或其他植物种苗，就近送入国家隔离圃隔离试种。如受隔离圃容量限制不能进入隔离圃试种，可在检验检疫部门的监督下，放在核定的隔离圃内试种。这类植物种苗是指除以上规定的几大类之外的另一些虽未被列入禁止引进名单的种类，但可能带有的病虫害相当危险。由于名单容量有限，不可能将所有可能带有病害的植物都列入禁止入境的名单。

进入隔离圃的品种、种植期限　根据农业部有关规定，凡是种质资源、科研试材、小粒种子，每品种一般不超过3g；大粒种子，每品种不超过50粒；苗木等无性繁殖材料,每品种不超过5株;其他应进入隔离检疫圃检疫种苗的,参照以上规定执行。

引进种苗种植期限,根据种苗的性质而定。一年生植物种苗,至少1个生长期;二年生植物种苗,需两年;多年生植物种苗,如木本植物及部分草本植物,一般需2~3年或更长;有些果树的种苗需7~8年或更长的时间。

在隔离检疫或集中隔离种植期间,未经出入境检验检疫机关同意,货主和种植人对种苗不得擅自调离、处理和使用。如有病虫害发生,应及时向出入境检验检疫机关报告,并按检疫机关提出的检疫处理措施进行处理。

9.1.2.3 检疫处理和签证放行

①经检疫合格的花卉产品,检验检疫机关签发入境花卉产品检验检疫证明,或在提单、报关单上加盖检验检疫放行章,交货主或其代理人办理报关、提货、发运手续。

②对现场检疫或实验室检疫发现疫情,或发现该批花卉产品不符合合同规定,或不符合双边协定中的检疫要求时,出入境检验检疫机关签发《检验检疫处理通知书》,根据不同情况作如下处理:

——根据现场和室内检疫结果,在进境花卉中发现植物检疫性有害生物的,作除害处理;无有效除害处理方法的,作销毁或者退回处理;发现有刺吸性传毒昆虫的,作灭虫处理;在营养介质中发现寄生性线虫的,作杀灭线虫处理。

——在隔离检疫期间,发现植物检疫性有害生物的,对隔离检疫的所有花卉种苗作销毁处理,并作好疫情监测工作。

——在进境花卉检疫中发现携带检疫性有害生物并进行检疫处理的,口岸动植物检疫机关将出具植物检疫证书供货主对外索赔。

——在进境花卉检疫中发现携带检疫性有害生物的,且又无有效检疫处理方法的,将暂停从该国进口此种花卉。待输出国植物检疫部门采取有效措施并经国家动植物检疫局确认后方可恢复进口。

——在中国举办展览用的进境花卉,展览期间或者结束后,对带有土壤的花卉种苗,如需销售或者转赠,须进行换土,换下的土壤作无害化处理;遗弃的花卉种苗须在口岸动植物检疫机关的监督下进行销毁处理。

9.2 出口花卉产品检疫

9.2.1 出口花卉产品的检疫范围

(1)检疫物范围

①贸易性出境花卉、花卉产品及其他检疫物(商品)。

②作为展出、援助、交换、赠送等的非贸易性出境花卉、花卉产品及其他检疫物(非商品)。

③进口国家或地区有植物检疫要求的出境花卉产品。

④以上出境花卉、花卉产品及其他检疫物的装载容器、包装物及铺垫材料。

(2)主要出境检疫物种类

出境检疫物的种类主要包括栽培野生植物及其种子、种苗及其他繁殖材料等,如植株、苗木(含试管苗)、果实、种子、砧木、接穗、插条、叶片、芽体、块茎、球茎、鳞茎、花粉、细胞培养材料等。

9.2.2 出口花卉产品检疫的依据

①输往与我国有政府间双边植物检疫协定或合作谅解备忘录的国家,按照规定和备忘录的有关条款实施检疫。另外根据国际法的规定,一国缔结或参加的国际条约或双边协定与本国的检疫法规有不同规定时,应当适用该国际条约或双边协定的规定,但我国声明保留的条款除外。

②遵守输入国家或地区官方制定的入境植物检疫要求的有关规定,并按贸易合同、信用证中的植物检疫条款要求,作针对性检疫。

每个国家或地区都是根据本国的实际情况,制定自己的法律法规,由于不同国家或地区的自然环境可能不同,其制定的检疫法规也不尽相同,一个国家不关注的有害生物在另外一个国家可能会对当地植物产生巨大的危害。所以出境检疫物应按照进境国家(地区)的要求实施检疫,才能在入境国家(地区)顺利通关。一般情况下贸易合同中订明的检疫要求都比法律法规要求的更具体、更详细,只要当事人之间的贸易合同不违反国家法律、法规的规定,出入境检验检疫机关就应对出境检疫物按照贸易合同订明的检疫要求实施检疫。

各国在IPPC(国际植物保护公约)的框架要求下,依据各国实际情况,签署国与国(地区与地区)检疫议定书,以法律法规、进境许可、证书要求、进境检疫要求等方式对植物产品进行监管。

美国要求:

美国农业部的动植物健康检疫局(APHIS)负责进口种苗花卉的检疫工作,并根据植物保护法、联邦种子法、联邦植物有害生物法、濒危物种法等相关法律制订对外检疫公告和相关检疫操作手册,在各机场、码头、边境站设立检查站执行。美国的要求比较全面,在此重点介绍美国要求,达到美国要求的企业,更容易满足多地区的市场。

进口美国的苗木、植株、根、球茎、种子或其他植物产品分为三类:

1类 除科学研究用途一律禁止进境的。

2类 必须取得进口许可,并附有出口国家的植物检疫证书的限制进境的产品。

3类 其他不需办理进口许可但须满足检疫要求的产品(主要是切花)。

2类进入美国要求:

证书——限制进境花卉在运送到美国之前,进口商须取得进口许可以及出口国家签发的官方植物检疫证书。货物到达前提前申报进口商姓名、地址和电话,数量和种类,种植国家(地区),入境口岸,运输方式,到达日期。

栽培介质和包装材料——花卉和包装不得携带沙、土壤、泥土和其他栽培介质。如组培材料可以使用琼脂或其他透明或半透明培养基,部分种类的花卉也可使用椰子纤维、软木、有机纤维等许可的栽培介质。

标签要求——进境花卉附有发票或装箱单。在产品或包装上标明相关信息，包括产品学名和商品名、数量、原产国或原产地、发货人、货主、运输或转运人姓名和地址、收货人姓名和地址、发货人识别标记以及签发书面进口许可证上允许进口的数量。

入境口岸——从指定口岸入境。

到达通知——进口限制进境花卉到达入境口岸时，进口商应立即将舱单、海关手续文件、发票、运货单、代理文件或起同样作用的通知表格提交给当地口岸的检查站。

检查和处理——在到达第一入境口岸时由检疫官员抽样和检查，并且在种植原产国进行预检，并必须根据检疫官员的命令按特殊要求实施处理。限制进境花卉中如果感染经处理不能消灭的有害生物，则在第一入境口岸禁止进入美国。

隔离检疫——黄秋葵种子等一些来自指定国家（地区）的限制进境花卉必须在签订州隔离检疫协议的地区进行隔离检疫，进口商在申请并签署隔离检疫种植协议后，检疫官员对其进行监督和实施隔离检疫。

3类进入美国要求：

证书要求——除部分种类切花需要进口许可外，大部分切花不需要进境许可，但需要出口国家签发的官方植物检疫证书。

入境口岸——进口切花如果没有特别指定口岸或其他规定限制，则可从所有口岸入境。

检查和处理——所有进入美国的切花都必须在第一入境口岸接受检查，并且必须停留在第一入境口岸直到放行或检疫官员授权进一步转移。如果在检查时发现重要有害生物，则该批货物可能被要求采取消毒、清洁、处理、退运或其他措施，进口商自行承担采取措施的风险和费用。如果感染经处理不能消灭的有害生物，该批货物会被禁止进入美国。

欧盟要求：

欧盟由成员国海关负责对种苗花卉繁殖材料进行检疫监管，根据欧盟指令和各国制定的法律法规中的检疫特别要求和限制，在各机场、码头、边境站设立检查站执行。

欧盟对花卉产品的要求，和美国监管方式类似，都是一般检疫要求和特殊产品的监管要求来管控花卉产品的检疫，具体欧盟指令要求可通过欧盟委员会网站获取。但欧盟各成员国自行制定的检疫要求若高于欧盟的最低要求，也需满足成员国自行制定的要求。

东盟要求：

东盟国家近年来发展迅速，泰国、越南、柬埔寨等国也陆续构建起与其他经济体相似的法律法规、进境许可、证书要求、进境检疫要求等方面全方位监管的检疫模式。

各国陆续开展有害生物风险评估工作，提出风险管理的措施，通过禁限产品名单、疫区国家地区、病虫害规定等方式，采取有效措施进行控制和根除检疫危害，保障植物检疫安全。

原国家动植物检疫局编制整理的《有关国家或地区入境植物检疫要求》（简称

PQIR),是以入境国的植物检疫有关法规为编制依据,将入境国家植物检疫法规收集整理,按一定格式编制成册,供出入境检验检疫人员参照执行并向国内有关部门提供咨询服务。由于所收集的只是部分国家(地区),且未经有关国家(地区)确认,有些内容还在不断的变化之中,所以 PQIR 只是对有关国家(地区)的检疫规定进行介绍和释译,不具法律效力,供参考使用。

③合同或信用证未订明具体检疫条款的,可参照输入国和地区禁止入境的植物危险性病、虫、杂草名单和禁止入境物名单以及有关规定(PQIR)实施检疫。

④为了确保我国花卉产品的检疫质量,避免货物被对方国家扣留、补办检疫证书、退货、销毁等事件的发生,促进我国外向型农业和对外贸易的发展,进出境动植物检疫法明确规定,对出境花卉产品和其他检疫物必须实施检疫,经检疫合格或除害处理合格的,准予出境。

9.2.3 出口花卉产品检疫的工作流程

植物检疫程序(quarantine procedure)是植物检疫行政执法的重要步骤,是实现植物检疫的基本保障。检疫申报、现场检验、实验室检验、检疫处理、结果评定与放行及检疫监管等是植物检疫程序的基本环节。

9.2.3.1 检疫申报

检疫申报(也称报检)是植物检疫程序中的一个重要环节。

(1)检疫申报的基本概念

检疫申报(quarantine declaration)是有关检疫物进出境或过境时,由货主或代理人向植物检疫机关及时声明并申请检疫的法律程序。就植物检疫而言,需进行检疫申报的检疫物主要包括输入、输出及过境的花卉、花卉产品、装载花卉或花卉产品的容器和材料、输入货物的植物性包装物、铺垫材料以及来自植物有害生物疫区的运输工具等。

(2)检疫申报的办理手续

货主或其代理人应于发货前 2~5d 持有关单证(信用证、协议、合同等)向口岸检验检疫机关申请办理报检手续。检验检疫机关接受报检后,核实有关单证,明确检验检疫要求,确定检验检疫时间、地点和方法。

货主或委托外贸公司在预计出口日期前 10d 左右,向当地口岸动植物检疫局报检,报检时须交附有关贸易合同副本、对方国家进口许可证、销售确认书或出口货物明细单等有关单证的副本或复印件,填写报检单并注明输入国的有关检疫要求。检疫机关接到报检后,认真审阅合同中有关检疫条款,如无具体检疫条款,则查阅进口国植物检疫法规,或依据国际惯例明确检疫要求。如出口花卉盆景一般不允许带有病虫及其他有害生物,除出口欧洲有关国家可以带少量土壤(盆土须经处理)外,大部分国家均禁止带土入境。检疫人员根据检疫要求、出口数量与品种,与货主或报检人约定检疫日期,作好检疫准备。

9.2.3.2 预检

预检(pre-clearance)是在花卉或花卉产品入境前,输入方的植物检疫人员在植物生长期间或加工包装时,到产地或加工包装场所进行检验、检测的过程。

预检的意义主要表现在:

①提高检疫结果的准确性、可靠性 预检是在植物生长期间进行的检验、检测过程,植物病、虫、草等有害生物的危害状况以及其自身的形态特征处于明显的表征时期,易发现,因此更有利于诊断和鉴定,而使所得结果的准确度大大提高。

②简化现场检验的手续,加快商品流通 经过产地检疫和预检合格的植物与植物产品,在进出境时一般不需再检疫,从而简化了现场检验的手续,这对于花卉类的鲜活产品尤为有利。

③避免货主的经济损失 货主事先申请预检,能够在检疫部门的指导和监督下,采取预防措施,在花卉生长或花卉产品生产过程中防止和消除有关的有害生物的危害,从而获得合格的花卉和花卉产品。在出境或国内调运时,可避免因检疫不合格需进行检疫处理而造成的经济损失。

已在检验检疫机关注册登记的从事出口花卉生产、加工的单位,均可推荐1~2名生产负责人作预检员,预检员经检验检疫机关培训、考试合格并取得预检员证后,负责本单位出口花卉的预检工作。

花卉出口前,由预检员对货物进行预检,按规定填写预检结果单,经检疫人员对预检结果进行初步审定,确定检验检疫方案。

9.2.3.3 现场检验(on the spot inspection)

按照植物检疫措施国际标准(International Standards for Phytosanitary Measurements,ISPMs)所颁布的术语规定,检疫人员在车站、码头、机场等现场对货物所做的直观检查,属于检验(Inspection)的范畴。现场检验是植物检疫的重要环节之一,其主要任务在于检查并发现有害生物,根据行业标准进行取样,并对货物及其所在环境进行检查。

(1)检验检疫地点

大宗出口花卉现场检验检疫应在包装前的生产加工过程中进行,批量较少的可在存放地点或检验检疫机关指定的其他地点进行。

(2)准备工作

对出口花卉,在实施检验检疫前应做好以下准备:

①审单 根据出口花卉的品种、进口国家(地区),查阅有关法律、法规、协议、备忘录、合同等资料,明确检验检疫要求,拟定检验检疫方案。

②检验工具的准备 根据应检货物种类准备相应的检验工具,一般包括手持放大镜、样品筛、白瓷盘或8开以上白纸若干张、剪刀、镊子、毛笔、指形管、脱脂棉、样品袋等。

(3) 核对信息

核对报检单上所填产地、品种、件数、重量、包装唛头（即运输标志）等是否与货物相符。

(4) 现场检疫原则

①植物、植物产品　检查货物、包装物及运输工具上有无病、虫、杂草、土壤，并按规定采取样品。

②植物性包装、铺垫材料　检查是否携带病、虫、杂草籽、粘带土壤，并采取样品。

③其他检疫物　检查包装是否完好及是否被病虫污染。需实验室检验的货物，样品移送实验室作进一步检验。

(5) 具体检疫方法

种苗　对出境种苗的检疫以批号为单位，无批号的以品种为单位。按其件数的5%~20%进行抽查，达不到最低抽检量的全部检查。通过肉眼及放大镜直接观察有无检疫性病虫杂草籽。如发现有可疑疫情可适当加大抽查量。现场检疫按规定采取样品。

不同类型的种苗携带有害生物的种类和部位不同，检疫重点也随之有所差异。

苗类、带根观赏植物　仔细检查地上部分是否有害虫和螨类或病害症状，特别要注意检查长势较弱或生长异常株，注意检查个体细小的害虫和钻蛀性害虫；注意不同病害的病状、病征等。地下部分主要检查是否有土壤、烂根、根结和地下害虫等。

接穗、芽条类　注意接穗、芽条的饱满度、病斑、干腐现象。检查芽眼处是否有腐烂、肿大、干缩等症状，有无害虫，特别要注意检查蚧壳虫。

鳞茎、球茎、块根、块茎类　检查是否有腐烂、开裂、疱斑、肿块、畸形、霉斑等，并注意收集所携带的泥土，特别注意装载容器底部是否有土壤和其他混杂物。

试管苗类　检查苗有无病害病状（如斑点、花叶、畸形等）、干焦及培养基是否受污染等。

种子　注意种子是否混有土壤、虫瘿、菌瘿、杂草籽和害虫诸虫态以及食痕和危害状，有无害虫的排泄物、脱皮等。

(6) 抽样及抽样标准

抽样数量　以同一品种、等级、包装类型、运输工具为一个抽样检验检疫单位（批），按规定确定抽样件数。如对花卉盆景在出口前一周左右，检疫人员到花木公司或货物存放地实施现场检疫。常规的检疫方法是抽样检查，但对疫情复杂的花卉盆景，则采取逐盆（株）检查的方法。

质量检验　报验人提供的批次、规格、唛头和数量等与实际堆存货物相符后，在堆垛的不同部位按应取数量抽取代表性样品，注意产品的包装及一致情况，如有异常，应酌情增加扦样*比例及数量，抽样后，作好取样标签，标明报验号、数量、重量、输出国家等。需要核实重量的，抽取10%的样品，放在校准的衡器上称重，误差允许范围

---

* 扦样（sampling），通常是利用一种专用的扦样器具，从袋装或散装种子批中取样的工作。

为-1%~3%；对花卉的长度、开放度、色泽、气味和鲜活程度等进行检验，或按贸易合同的要求，对花卉分级是否达标进行检验。

病虫害检疫 将抽取的样品放在白磁盘（也可用白纸代替）上，用抖、击、剖、剥等方法最大限度地发现花中可能藏有的昆虫，以及是否有烂花、烂叶、茎腐、病斑等情况，将具可疑病状或外观异常的花、叶及昆虫装入样品袋或指形管中，带回实验室进行检验、鉴定。

9.2.4 实验室检验

(1) 质量检验

实验室条件要求光线明亮柔和，光线一致，避免强光直射，将抽取的样品放入容器内，根据不同品种及检验项目，参照不同的检验标准，综合评价花、茎、叶的平衡、花型、花色、各部位的缺损情况等，同时考虑枝长和整齐度是否达到合同的要求。

(2) 昆虫和螨类检验

对叶、叶背、枝条、花朵等部位进行详细检查，将查获的昆虫和螨类进行鉴定，对部分一时难以鉴定的昆虫还可依其习性进行室内人工饲养至一定虫态后再进行鉴定，并制作标本予以保存。

(3) 针对性病害检验

根据有关规定或要求做针对性病害检验，必要时还要进行病原菌分离培养鉴定及线虫分离鉴定等。

9.2.5 检验检疫处理

①经检验质量不符合要求的，要求货主进行再加工，直至满足有关要求。

②经检疫发现虫害的，按国家的检疫要求，采取熏蒸，杀虫剂浸泡等措施进行除虫处理。如花卉盆景上的害虫除蚧壳虫外大多活动范围较大，易交叉感染，应在全部盆景检疫完毕后集中进行喷药处理。一般喷洒 1000~1500 倍敌敌畏与敌杀死的混配液。

③如病害症状严重不符合要求，必须进行再加工，如摘除有病或腐烂的枝、叶、花等，必要时进行换货处理。

9.2.6 检验检疫结果评定和放行

①检验检疫结果以有关检验检疫条款为依据，按国家有关检验鉴定、处理标准进行评定。

②检验检疫合格或经处理后复检合格的，签发《检疫放行通知单》《植物检疫证书》，准予出境。

③需要熏蒸证书的，经熏蒸处理合格后，签发《熏蒸证》。

④检验检疫不合格的，签发《检疫处理通知单》，通知报检人对货物作除害处理或换货处理。无有效处理方法的，不准出境。

⑤贸易双方有特别处理要求的出境花卉，在满足两国检验检疫要求的前提下，按该要求处理。

9.2.7 检疫监管

检疫监管(quarantine supervision, surveillance)是检疫机关对进出境或调运的植物、植物产品的生产、加工、存放等过程实行监督管理的检疫程序,是进出境动植物检疫检验正确实施和检疫技术规范落实的必要保证,是加强检疫管理和保证检疫质量的重要措施之一。

(1) 检疫监管的意义

①促进经济贸易的发展　国际贸易的飞速发展使植物检疫中待验货物的数量不断增加,这就要求植物检疫必须提高验放的效率。采取检疫监督管理的措施,对部分应检物的部分检疫内容实行后续检疫,能够促进经济贸易的发展。

②进一步控制有害生物的传播　检疫监督管理措施能够进一步避免现场检验中的漏检问题,解决尚在潜伏期的病虫害的检验问题,从而保证检疫的质量,严防检疫性有害生物的传播。

(2) 检疫监管的内容

①按照国家出入境检验检疫局《出口食品及动植物产品生产、加工、存放企业检疫卫生登记规定》等的规定,对从事出境花卉生产、加工、存放单位实行注册登记制度。

②检疫人员定期对花卉生产基地进行疫情调查与监测,掌握生产过程中病虫害的发生情况,及时提出防除措施,将病虫害最大限度地控制在生产过程中。

③检验检疫人员对花卉的采收后加工、存放、包装过程进行监管。将加工后花卉中所带病虫害降至最低,同时保证花卉品质满足有关合同要求。

花卉产品的检疫流程如图9-1所示。

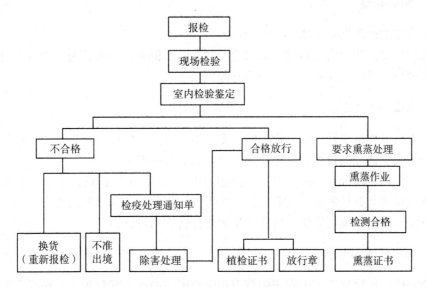

图9-1　花卉产品出境检疫物的检疫流程

9.3 检疫鉴定和检疫处理

9.3.1 检疫鉴定

9.3.1.1 概述及范围

(1) 概述

检疫鉴定是对进出境的植物、植物产品和其他检疫物的装载容器、包装物，以及来自植物疫区的运输工具中检出的危险性有害生物进行鉴定。植物检疫鉴定方法有：肉眼检查、洗涤检查、分离培养检查、解剖检验、萌芽检验、试植检验、血清学检验和分子生物学检验。

(2) 范围

检疫鉴定的范围有进境和出境之分。进境检疫鉴定的范围主要包括农业部颁布的《中华人民共和国进境植物检疫性有害生物名录》中的一、二类危险性有害生物；原中华人民共和国动植物检疫局公布的潜在危险性有害生物名录；双边政府间植物检疫协定、协议和备忘录中订明禁止携带的有害生物；国家质检总局以文件形式规定的禁止进境的有害生物；预警通报中列明的有害生物；检疫审批单上列明的有害生物；合同约定以及其他关注的有害生物等。出境检疫鉴定的范围是指输入国（地区）的进境检疫要求、双方议定书和国内有关规定中列明的有害生物。

9.3.1.2 现场检疫

现场检疫的概念见 9.1.2.2(1) 所述。

常见的检疫方法为直接检验，即对应检物拆包、倒包、开箱检查，通过肉眼或放大镜，直接观察有无检疫性病、虫、杂草籽等。

9.3.1.3 现场抽查和取样

①抽查与取样是现场检疫工作中的重要环节，也是决定整批货物是否合格的依据之一，必须按规定认真细致地进行操作，确保检验结果的准确性。

②抽查与取样以批为单位，但检查操作时可分若干小区（船舱、车厢、堆垛）进行。确定的样点必须具有代表性，还要根据害虫习性、栖息部位和货物的生产、加工、储运等不同情况，在害虫聚集潜伏及容易滋生的部位适当增设样点。

9.3.1.4 实验室检疫鉴定

实验室检验按检疫鉴定中规定的范围和客户委托的检验项目进行。根据有害生物类别或检测项目，实验室检疫鉴定项目可分为：植物病害检疫鉴定（如病原真菌、病原细菌、病毒和寄生线虫的检疫鉴定）、昆虫（包括螨类）的检疫鉴定、转基因成分检测和产品品质检验等内容。

实验室根据要求检疫鉴定的项目制定检验方案，有标准规定的，按照国际标准、国家标准、行业标准或相关操作规程规定的方法进行；无具体标准的参考以下方法进行。

(1) 植物病害检疫鉴定

直接检验 根据明显的病菌危害症状（如枯斑、组织溃烂、组织坏死、穿孔、褪色、缺损等）或病原菌生长及繁殖所致病征，通过目测判定是否有病害损伤。挑取可疑部分，进行镜检或培养鉴定。

洗涤检验 主要用于种子检验。检疫物表面常附有微细的病原体，极不易为肉眼所见，因此可将定量的种子放在三角瓶内，再注入定量水充分振荡，将悬浮液用离心机浓缩，取沉淀液滴在载玻片上，置显微镜下观察有无病菌孢子。

分离培养检验 许多病菌能在适当的环境条件下进行人工培养，因此可以利用分离培养法将其分离出来，培养于人工培养基上进行检验。分离培养是一种最常用的检验方法，主要用于检验潜伏在种子、苗木或其他植物产品内部不易被发现的病原菌，或者当种子、苗木或其他植物产品上虽有病斑，但无特殊性的病原菌可供鉴定时，或者检测种子表面黏附的病菌时，均可采用此法。因检验目的不同，其方法也有差异，常用方法有以下3种：

①分离潜伏于种子表层或深层的病菌 可先将种子表面消毒，用灭菌水洗涤后，整粒或破碎后置于培养基上。

②了解种子或种苗外部附着的菌群 应先用灭菌水洗涤，然后将洗液稀释到一定浓度，再采取稀释法培养。

③分离块茎、块根及苗木、接穗等繁殖材料所带的病菌 可先将病部用酒精或升汞液进行表面消毒，洗涤后再挑取内部组织进行培养；或者切取与健全组织邻近的部分病部，进行表面消毒和洗涤，然后再培养。

通过分离培养所得到的病菌，应通过必要的步骤进行鉴定。有的具有典型特征的病原菌，经镜检，其形态特征便可确定；但大多数病原菌还需结合其培养性状、生理生化反应（如对多种植物病原细菌的鉴定）以及按照柯赫氏法则进行接种鉴定。

解剖检验 许多植物病害的病症，由于病害隐蔽的缘故，植物表面并不显著，诊断不易。有时，为了了解病菌在种子内的潜伏场所，特采用解剖检验。解剖检验主要采用徒手切片或切片机切片，经过染色后，在显微镜下检视。

试植检验 有些种子或繁殖材料，在检疫现场不易发现病症或病原体，只能通过试植检验，在植物生长阶段进行病害检验。如由种苗传的病毒病就需要进行试植检验。此种检验应在检疫温室或隔离区进行试植，在生长阶段观察有无病害发生。

鉴别寄主检测 许多不同种类的病毒和一些细菌，接种到某些特定的敏感植物上可以产生特定的症状。根据这些症状的特点，可以判断是否有某种病原物存在。对特定病原物有特殊反应或表现特定症状的植物称为鉴别寄主。如心叶烟和苋色藜就是很常用的鉴别寄主，它们对一些病毒的侵染极易产生枯斑反应，因此也将产生枯斑反应的植物称为枯斑寄主。

血清学检验 各种病原生物、害虫均可采用血清学方法进行检测。该检验方法的关键是要制备具有专化性的抗体（抗血清），利用抗原—抗体反应即可检测样本中有无目标生物存在。最常用的血清学检测方法有凝胶扩散试验、乳胶凝集试验、酶联免疫分析、斑点免疫术、免疫荧光检验和免疫电镜技术等。血清学反应不仅专化性强,而且十分灵敏,是植物检疫中最受重视的先进技术。

分子生物学检测　各种有害生物都有其独特的核酸序列,利用分子学生物技术,特别是核酸探针和聚合酶链反应(PCR)以及生物芯片技术,可以通过检测特异核酸鉴定有害生物。

(2) 昆虫(螨虫)检疫鉴定

直接检验　对于现场和室内发现的害虫直接在体视显微镜(解剖镜)下进行鉴定,并做好记录(如虫种、虫态数量等),必要时可经饲育后鉴定。根据害虫危害症状,通过目测判定是否有害虫危害、损伤及携带害虫、虫卵情况。

染色法检验　某些植物或植物器官,被害虫危害或病原物感染后,或者某些病原物本身,常可用特殊的化学药品处理,使其染上特有的颜色,帮助检出和区分病虫种类,这种方法即为染色法检验。

(3) 转基因检测

根据我国或输入国的检疫要求,对进出境植物及植物产品的转基因成分进行符合性检测,各种转基因成分的检测方法参见相关的转基因检测行业标准。

(4) 产品品质检验

切花品种　根据品种特征进行目测鉴定。

整体效果　根据花、茎、叶的完整、均衡、新鲜和成熟程度以及色、姿、香味等综合品质进行目测和感官评定。

花形　根据种和品种的花形特征和分级标准进行评定。

花色　按照英国皇家园艺学会标准色卡(RHS Colour Chart)测定纯正度;对是否有光泽、灯光下是否变色进行目测评定。

花茎(葶)　花茎(葶)长度、花径大小,用直尺和卡尺测量,以厘米为单位;对花茎(葶)粗细均匀程度和挺直程度进行目测。

叶　对其完整性、新鲜度、叶片清洁度、色泽进行目测。

病虫害　检查花、枝和叶上是否有销往地区或国家规定的危险性病虫害的病状,并进一步检查其是否带有该病原菌或虫体和虫卵,必要时可作培养检查。

缺损　包括挤压、折损、摩擦、水伤、冷害、药害等伤害,通过目测评定。

包装　各层切花反向叠放在箱中,花朵朝外,离箱边5cm。小箱为10扎或20扎,大箱为40扎。装箱时,中间需以皮筋捆绑固定;封箱需用胶带;纸箱两侧需打孔,孔口距箱口8cm。纸箱宽度为30cm或40cm。

标志　必须注明切花种类、品种名、花色、级别、装箱容量、生产单位、产地、采切时间。

9.3.1.5　出具检验报告

各个检验项目检疫鉴定完成后,应出具实验室检验报告。

9.3.1.6 标本及样品保存

对于发现《中华人民共和国进境植物检疫危险性病、虫、杂草名录》中危险性病、虫、杂草和应检病虫的，要保存好实物标本，必要时还应制片、拍照。并必须按批保留一个货样，重 1kg，保存时间一般不少于 6 个月。保存的标本和样品均需注有标签，便于查用和作为对外交涉之依据。同时将余存的样品、菌液、病瘿、活虫进行严格控制或进行灭活灭害等检疫处理。

9.3.2 检疫处理

检疫处理(quarantine treatment)是指采用物理或化学的方法杀灭植物、植物产品及其他检疫物中有害生物的法定程序。

发生在世界上许多国家的众多危险性有害生物，有很多是人类通过贸易传播的。这些有害生物危害粮食作物、纤维作物、果蔬园艺植物、牧草和林木。为了防止有害生物的传播，检疫处理必不可少，它是植检工作的重要环节。它通过各种方法阻止或避免有害生物人为传播，保证贸易和引种的正常进行，因而是一项积极的措施。检疫处理一般由检疫机关通知货主或其代理人实施。但有时因对检疫性有害生物缺乏可靠的检验方法或不能实施检验，则需要根据该检疫物是否为特定检疫对象的寄主或来自疫区等进行预防性处理。检疫处理往往还作为进境的限制条件，有时成为贸易的一种技术壁垒。

9.3.2.1 检疫处理的原则

对应检物品的检查是为了决定其能否调运或入境。未发现限定性有害生物的物品不必处理即可放行。经检查确认有危险性病、虫、杂草时，应将这种物品做适当的处理，包括销毁、拒绝调入、遣返起运地或转运别处，或者在各种限制条件下调入后再作清除或用于加工。

为了保证检疫处理顺利进行，达到预期目的，实施检疫处理应遵循以下基本原则：
①检疫处理必须符合检疫法规的有关规定，有充分的法律依据；
②处理措施是必须采取的，应设法使处理所造成的损失减低到最小；
③处理方法必须完全有效，能彻底消灭病、虫、草，完全杜绝有害生物的传播和扩展；
④处理方法应当安全可靠，保证在货物中无残毒，不污染环境；
⑤处理方法还应保证植物和植物繁殖材料的存活能力和繁殖能力，不降低植物产品的品质、风味、营养价值，不污损其外观。

植物检疫规程规定，对植物和植物产品进行检查和处理，是防止有害生物传播的一种保护措施。要做到既防止危险性植物病虫的传播，又允许这些物品可在一定条件下自由调运。

为了达到保护植物的目的，植物检疫法律授予检疫官员检查限定的有害生物和在有传播危险时采取检疫措施的权力。

在对植物、植物产品和其他检疫物进行现场检验和实验室检测后，需根据有害生物的实际情况以及输入方的检疫要求,决定是否进行检疫处理或不同层次的检疫处理。经现场检验、实验室检验或经检疫处理后合格的植物、植物产品和其他检疫物,检疫机关将签署通关单或加盖放行章予以出证放行。

9.3.2.2 检疫处理

针对调运的植物、植物产品和其他检疫物,经现场检验或实验室检测,如果发现带有国家规定的应禁止或限制的危险性病、虫、草等有害生物,应根据情况对货物分别采用除害处理、禁止出口、退回或销毁处理,严防检疫性有害生物的传入和传出。其中,邮寄及旅客携带的植物和植物产品由于物主无法处理需由检疫机关代为处理;其他植物及植物产品均可通知报检人或承运人负责处理,并由检疫机关监督执行。

(1)除害处理

检疫不合格的检疫物可在隔离检疫基地进行除害处理,重新检疫合格后出证放行。除害又称无害化,是通过化学、物理和其他方法杀灭有害生物的处理方式。在检疫中应用最广泛的方式是熏蒸处理。

我国植物检疫法规规定,有下列情况之一的,需作熏蒸、消毒、冷、热等除害处理:

①输入、输出植物、植物产品经检疫发现感染危险性病虫害,并有有效方法进行除害处理的。

②输入、输出植物种子、种苗等繁殖材料经检疫发现感染检疫性有害生物,并有条件可以除害的。

(2)退回或销毁处理

对于除害处理后仍不合格的检疫物应销毁,不准出入境。不愿销毁的还给物主。如必须引进,则要转港卸货,并限制使用的范围、时间和地点。

我国植物检疫法规规定,有下列情况之一,作退回或销毁处理:

①《中华人民共和国进境植物检疫禁止进境物名录》中的植物、植物产品,并未事先办理特许审批手续的。

②输入植物、植物产品及应检物中经检验发现有《中华人民共和国进境植物检疫性有害生物名录》中所规定的一类或二类有害生物,且无有效除害处理方法的。

③经检验发现调运的植物种子、种苗等繁殖材料感染检疫性有害生物且无有效除害处理方法的。

④调运的植物、植物产品经检疫发现病虫害,危害严重并已失去使用价值的。

(3)禁止出口处理

我国植物检疫法规规定,有下列情况之一的,作禁止出口或调运处理:

①输出的植物、植物产品经检验发现进境国检疫要求中规定不能带有有害生物,并无有效除害处理方法的。

②输出植物、植物产品经检验发现病虫害,危害严重并已失去使用价值的。

(4)除害处理

在检疫处理的4种方法中,除害处理是主体,常用的处理方法是化学处理和物理除害处理两类。

化学处理 要杀灭货物中种类繁多的限定性有害生物，可采用多种药剂处理，达到杀灭、除害或消毒的目的。

熏蒸 熏蒸是植物检疫最常用的处理方法，是控制花卉害虫的主要措施，也是检验检疫中的重要环节。由于花卉属鲜活商品，对熏蒸药剂、温度范围、处理时间比较敏感，要求较高的熏蒸条件，包括专业熏蒸库（有控温、控湿、计量、循环、检测、排气等装置）和专业熏蒸人员（掌握不同花卉对熏蒸药剂、剂量和时间的要求），否则将出现花卉质量受损或熏蒸不彻底的问题。目前我国除昆明、上海、北京等少部分口岸有适合花卉除害处理的专业熏蒸库和掌握熏蒸技术的人员外，大部分口岸的熏蒸设施和技术不能确保花卉质量和除害处理效果，给花卉的出口检验带来潜在危害。

熏蒸方式一般可分为常压熏蒸和真空熏蒸（减压熏蒸）。

常压熏蒸：常用于帐幕、仓库、车厢、船舱、筒仓等可密闭的容器内或土壤覆盖塑料内熏蒸。常压熏蒸要选择合适的熏蒸场所，要求在旷僻，距离人们居住、活动场所 20m 以外的干燥地点进行，仓库具备良好密闭条件；根据货物种类、熏蒸病虫对象来确定熏蒸剂种类；计算容积，确定用药量；安放施药设备及虫样管；测毒查漏；散毒和效果检查。

真空熏蒸：指在一定的容器内抽出空气达到所需的真空度，导入定量的熏蒸杀虫剂或杀菌剂，这样有利于熏蒸剂蒸气分子迅速扩散，渗透到熏蒸物体内，大大减少熏蒸杀虫灭菌的时间。在常压下熏蒸杀虫一般需要 12~24h，在真空减压情况下只要 1~2h。由于真空熏蒸时间短，一般不适于常压熏蒸灭虫的种子、苗木、水果、蔬菜在真空情况都可使用。另外，整个操作过程如施药、熏蒸和有毒气体的排出，均应在密闭条件下进行，容器内的熏蒸剂蒸汽分子可引进定量空气反复冲洗抽出，直至安全。

苗木和植株的农药除害处理 处理盆景和苗木的各种植物寄生线虫，可将盆景和苗木浸于 10% 二硫氰基甲烷乳油 500 倍液中或溴甲烷帐幕熏蒸（$280g/m^3$ 或 $320g/m^3$，24h），并在根围使用杀线虫剂（克线磷 10% 颗粒剂，1~2g/kg）。对发生在红花木莲苗上的南方根结线虫和牡丹苗上的腐烂茎线虫，用多种农药混配（氧化乐果和敌杀死）的处理液加热后处理植物的根部，可以有效杀死线虫，保证货物安全出口。

处理苗圃和花卉上的蔗扁蛾，可在种植前喷洒 80% 敌敌畏 500 倍液并用塑料布盖上密闭 5h，杀死潜伏在表皮的幼虫和蛹；对已上盆种植的，用 40% 氧化乐果乳油混合 90% 敌百虫 800 倍液喷施，或将巴西木等木桩搬至室外阴凉处，用 40% 氧化乐果乳油 1000 倍液喷洒，每周 1 次，连续 3 次；在大规模生产的温室内，可挂敌敌畏布条熏蒸，$30m^3$ 放 1 条，持续 3 个月，并对土壤进行灭蛹处理。

处理香龙血树苗木的茎腐病可采用杀菌剂新星 1000 倍液浸泡 20min，即能取得良好的效果。

处理水仙花的茎线虫和刺足根螨，可在装箱前采用 40% 敌敌畏乳油 800 倍喷洒，覆盖塑料薄膜熏蒸 12h，或装箱时用防治生活害虫的气喷剂（如必扑等）进行表面消毒，可起到良好的效果。

运输工具的化学除害处理 装载植物、植物产品出境的运输工具，经检查发现泥土的必须清扫干净，发现危险性有害生物或一般生活害虫超标的应当作熏蒸除虫处理，处理合格后方可进行装货作业。

物理除害处理　在检疫处理中,物理处理的方法很多,常用的除风选、水漂洗、人工切除病部等机械处理外,还有低(高)温处理、电磁、射线处理等。在植物检疫处理中,以冷冻处理与热水处理为常用。

冷冻处理　指应用持续的不低于冰点的低温控制害虫的一种处理方法。这种方法对防治热带实蝇等一些害虫十分有效,且已在实践中应用。处理的时间常取决于冷藏的温度。冷冻处理通常在冷藏库(包括陆地冷藏库和船舱冷藏库)内进行。处理的要求包括严格控制处理温度和处理时间。

热水处理　热水处理能够除治各种有害生物,主要针对线虫和病菌、某些螨类和昆虫以及其他有害生物及种传病害。

处理采用的温度与时间的组合必须既能杀死病原生物和害虫又不超出处理材料的忍受范围。当温度接近有害生物致死点与寄主受损开始点之间时必须控制水温。通常有使所有材料升至处理温度的时间,并确保每一植物材料内部达到要求的温度。

小　结

本章分别介绍了进口花卉产品检疫的审批流程和方法,出口花卉产品检疫的依据、工作流程和方法,以及检疫鉴定和检疫处理方法。

思考题

1. 如何办理入境植物和植物产品的检疫审批?有哪些具体程序?
2. 入境植物和植物产品应如何办理检疫?
3. 出境植物和植物产品检疫有哪些具体程序?
4. 进出境植物及植物产品的检疫处理有哪些方式?
5. 植物检疫与农业、贸易和国民经济有哪些关系?
6. 简要说明植物检疫现场检验和实验室检测的主要方法。

参考文献

广西壮族自治区植保总站,2003. 广西农业植物检疫手册[M]. 南宁:广西科学技术出版社.

国家质量监督检验检疫总局,2006. 检验检疫工作手册　植物检验检疫分册[M]. 北京:中国科技文化出版社.

国家质量监督检验检疫总局法规司,2014. 中华人民共和国出入境检验检疫法规全书[M]. 2014年版. 北京:中国质检出版社(中国标准出版社).

洪霓,高必达,2005. 植物病害检疫学[M]. 北京:科学出版社.

李志红,杨汉春,沈佐锐,等,2021. 动植物检疫概论[M]. 2版. 北京:中国农业大学出版社.

励建荣,2021. 动植物检验检疫学[M]. 北京:科学出版社.

联合国粮食及农业组织　国际植物保护公约秘书处,2001. 国际植物检疫措施标准[S].

刘耀威,2006. 进出口商品的检验与检疫[M]. 2版. 北京:对外经济贸易大学出版社.

沈新庭,2015. 植物检疫实用手册[M]. 北京:中国农业科学技术出版社.

宋婷婷,陈荣溢,宋其林,2006. 进境花卉病毒的检疫现状[J]. 辽宁农业科学(1):30-31.

王国平, 2006. 动植物检疫法规教程[M]. 北京: 科学出版社.

王跃进, 2018. 中国植物检疫处理手册[M]. 北京: 科学出版社.

徐文兴, 王英超. 2019. 植物检疫原理与方法[M]. 北京: 科学出版社.

许志刚, 2021. 植物检疫学[M]. 3版. 北京: 高等教育出版社.

于爽, 刘冉, 李鑫, 等, 2018. 辽宁口岸进境荷兰花卉种球检疫情况分析与管理建议[J]. 植物检疫, 32(1): 83-84.

云南省花卉产业联合会, 2003. 云南花卉出口检验检疫基本程序[S].

云南省质量技术监督局, 2003. 云南省地方标准(鲜切花质量等级 鲜切花种苗和种球质量等级)[S].

中华人民共和国国家质量监督检验检疫总局, 2005. 植物检验列当的检疫鉴定方法[M]. 北京: 中国标准出版社.

朱水芳, 等, 2021. 植物检疫学[M]. 北京: 科学出版社.

朱西儒, 徐志宏, 陈枝楠, 2004. 植物检疫学[M]. 北京: 化学工业出版社.

10 花卉主要国际贸易方式

10.1 拍卖

农产品拍卖是国际通行的一种商品交易方式,具有广阔的前景,国际上较成熟的农场品拍卖有荷兰的花卉拍卖、比利时的果蔬拍卖、斯里兰卡的茶叶拍卖、日本的金枪鱼拍卖等,中国花卉拍卖目前已初具规模。

10.1.1 花卉拍卖的历史

众所周知,花卉拍卖最有影响力的拍卖市场是荷兰的阿斯米尔拍卖市场,早在1911年,荷兰就出现花卉拍卖这种销售模式。最初,拍卖在当地的咖啡馆进行,到了1912年1月,在阿斯米尔内的两个花卉拍卖场正式开幕,分别是城中央的 Centrale Aalsmeerse Veiling 以及城东的 Bloemenlust。两个拍卖场的营业额逐年递增,到了1918年,年销售额第一次突破100万荷兰盾。为了应对花卉出口的蓬勃发展,拍卖商行组织认为需要一个有足够空间的拍卖市场。在此背景下决定将两个拍卖市场合并,于1968年3月6日成立了阿斯米尔花卉拍卖市场。1972年,新的拍卖场在阿斯米尔南部建成,占地面积 $9hm^2$。1999年进行了一次场地扩建,扩建位置就在拍卖市场旁边 N231 公路的另一侧。拍卖场的面积约为99万 m^2,是当时世界上最大的室内拍卖场。在2009年开始再次扩建,而这次扩建面积约 $36hm^2$。1973年这里的商品能够流通到世界各地的经销商。到了2006年,阿斯米尔花卉成员开放给欧盟以外的国家,在很短时间内国际成员已经达到1500多家。从2008年1月1日开始,阿斯米尔花卉市场正式合并到荷兰花卉联合机构 FloraHolland。

中国花卉拍卖市场经营情况奋起直追国际花卉拍卖市场,2018年,昆明国际花卉拍卖交易中心已发展成为亚洲最大的鲜切花拍卖市场,仅次于荷兰阿斯米尔花卉拍卖市场,是全球第三大花卉拍卖市场。

我国花卉拍卖市场的发展历程非常艰辛。经过 20 余年的探索实践，我国在花卉拍卖领域走出了自己的道路，并在技术上与国际领先的拍卖市场同步。

回顾中国拍卖市场的成长历程。1999 年北京莱太花卉拍卖交易中心正式启动，成为了全国首家花卉拍卖市场。2001 年上海云荟拍卖花卉交易中心，2002 年，昆明国际花卉拍卖交易中心、玉溪亚太花卉交易中心、广州花卉拍卖交易中心等花卉拍卖企业陆续开展花卉拍卖。目前，昆明国际花卉拍卖交易中心经营稳定，斗南花卉电子交易中心从传统批发市场基础上进入到花卉拍卖领域。随着 WTO 的推进 2014 年首家外资花卉拍卖企业利旺生落户上海。

10.1.2 花卉拍卖的特点

花卉产品是特殊的农产品，除了其鲜活易腐的特点外，其价值体现更多通过其外在的观赏性来实现。要保证其最佳观赏效果，从生产到流通最终到消费者手中其整个供应链的效率要高，速度要快，损耗要小，拍卖方式是实现目标的最佳方式之一。

花卉产品在流通中必须考虑以下问题：

(1) 花卉的隐含成本如何兑现

产后保鲜处理延长瓶插期是提高鲜切花观赏价值及内在品质的有效手段。如何建立花卉品牌消费意识是兑现花卉产品产后保鲜处理成本的最佳途径。交易方式对花卉品牌建立有至关重要的作用。拍卖方式实现了"按质论价、好花好价"。以昆明国际花卉拍卖交易中心为例，公司制定并推行了"花卉产品质量等级标准""花卉产品包装、运输标准""鲜切花采后处理标准规程"等一系列标准，这些标准的实施，改变了花卉过去"论斤卖、论捆卖"的局面，与此同时，随着品牌战略的实施，以云南月季切花为例，已在全国花卉业中塑造了'锦苑花卉'、'尚美嘉'、'紫秋月季'等 50 多个云南知名花卉品牌。拍卖市场将花卉的质量体系建设推向一个新高度，在原来众多供货品牌中筛选出供货稳定、质量有保证、信誉度高的供货商，打造"五星供货商"品牌。在供应商质量把控方面，昆明国际花卉拍卖交易中心奖罚分明，自成立至今，一直以严格的采后处理、规范的分级包装为理念。对种植者进行规范的指导，经过十多年的努力，绝大部分供货商能严格遵守规范。但是仍有少数供货商分级意识薄弱，货品偶有掺假现象，自 2014 年 6 月起，对货品掺假的供货商进行严格的处理，给予罚款，情节严重的取消供货资格。

(2) 易损耗性

花卉一般娇嫩易腐，保鲜冷藏要求高，不宜长期储存。缩短流通时间，减少交易环节是花卉交易的重要因素。拍卖方式可以优化供应链，荷兰花卉拍卖 48h 内所交易的花卉可以送达世界各地，昆明国际花卉拍卖 48h 内所交易的鲜切花运达全国各地。

(3) 花卉的价格波动性

花卉产品是一种与节假日、供需量等因素紧密相关的季节性农产品。拍卖方式以"公开、公平、公正"的原则高效地确定价格。保证供需双方的利益，是国际大宗农产品交易惯例。

(4) 花卉生产的分散性和季节性

花卉品种不同，产地遍布各地，其淡旺季供应波动大。拍卖市场解决了专业批发市场分布不均的问题，保证了交易市场货量调节，降低了供需双方交易成本。

(5) 花卉拍卖的高科技应用

拍卖方式有以下 3 种：

①增价拍卖（英格兰式拍卖）　是一种价格上行的报价方式，即竞价由低至高、依次递增，直到最高价格成交为止。

②减价拍卖（荷兰式拍卖）　是一种价格下行的拍卖方式，即拍卖时，报价由高到低、依次递减，直到有人应价，即告拍卖成交。

③密封式投标拍卖（投标式拍卖）　是指在拍卖中，竞买人在规定时间内按规定将已经填写好的出价载入密封件送达到拍卖行规定地点，拍卖人统一开标后按照"价高者得"的原则决定中标人的一种拍卖方式。

一个高大上的新词，物联网的概念最早出现在 1995 年，由比尔盖茨在他的著作《未来之路》中首次提到，但由于当时各种技术条件还不成熟，未能引起人们的重视。直到近几年，尤其是在 4G 网络诞生以后，全世界的科技公司都在物联网领域投入资金和技术，模糊概念就是万物互联，利用科学技术将所有物品重新定义，给予独一无二身份标签。赋予所有物品生命，让他们能像人一样感知世界，通过发送指令，让他知道他的过去、现在和未来，以及他要做什么。

昆明国际花卉拍卖交易中心的母公司云南锦苑花卉产业股份有限公司重点目标是要实现"互联网+现代农业"，主要做了以下五个方面的实践：物联技术在鲜花种植方面的应用、鲜花 E 交易平台建设、花卉技术 O2O、新品种推广 O2O、二维码在供销链中的应用。

鲜花 E 交易平台，是一个借助互联网、物联网技术，以满足鲜花种植者、拍卖交易市场、批发商、花店、消费者鲜花供销需求的自由交易互联网平台。鲜花 E 交易平台建成后，云南鲜花交易将实现预订、订单销售、拍前预售、大钟拍卖、对手交易五种交易模式，产品信息化程度、交易效益效率、产品聚合度和市场化率将显著提升。在昆明花卉拍卖交易中心交易数据多维分析系统的基础上，通过物联技术、条码信息技术的引进，实现鲜花从基地到消费地的全数据链建设，实现产品溯源，提高管理效能。

虽然目前实操中花卉拍卖没能完全实现物联网的完整应用，但随着花卉产业链的不断发展，花卉拍卖的方式也会随着整体物流链进行优化。

10.1.3　花卉拍卖的优越性

花卉拍卖与传统的对手交易相比，具有明显的优势。所谓对手交易，是指批发商与农产品生产者、批发商与批发商之间、批发商与零售商之间、零售商与消费者之间通过面对面的讨价还价达成交易的一种买卖方式。

花卉拍卖有以下优越性：

①时效性强，交易安全　花卉拍卖交易每笔 1~3s，交易结算实时到账。集约物流，高效低成本运输保证花卉在最短时间内安全送达。

②按质论价，助力产业提升　通过拍卖机制为企业品牌建立提供上升通道，有助于产品生产、产后处理、包装、储运等环节的优化提升。

③交易方便，信息流物流分开　随着产业的规范，线上交易、异地交易都可以通过拍卖方式准确快捷实现。

④交易规范，杜绝欺行霸市现象　国内外农产品流通中欺行霸市现象屡见不鲜，"花霸"一直是对手交易市场的一块顽疾，拍卖方式使花卉交易更加透明阳光。

10.2　经销和批发

10.2.1　经销

经销（distributorship）是指供货人与经销人达成书面协议，规定经销商品的种类、经销期限和地区范围，利用国外经销商就地推销商品的一种方式。供货人和经销人签订经销协议（distributorship agreement），确立经销业务关系，就可以凭借双方的密切合作，达到推销约定商品的目的。如美国泛美种子公司在国内寻找推销其花卉种子的企业，就属于经销。

经销有独家经销（exclusive sales，exclusive distributorship）和一般经销之分。在一般经销方式下，供货人根据经销协议向经销人提供在一定地区、一定时期内经营某项或某几项商品的销售权，经销人则有义务维护出口企业的利益，必要时，还要对经销人组织技术服务，进行宣传推广，而供货人也需向经销人提供各种帮助。经销人虽享有经销权，在购货上能得到一些优惠，但没有专营权，供货人可以在同一地区指定若干经销人。凡供货人授予对方在约定期限和地区内独家经销专营权的，就是独家经销，凡不授予独家经销专营权的，就是一般经销。本节论述的是独家经销方式。

(1) 独家经销的含义

独家经销是指供货人指定经销人独家专营其商品，即独家经销商（exclusive distributor）达成书面协议，前者给予后者在约定地区和一定期限内某一种商品或某一类商品独家经营的权利（right of exclusive sales）。独家经销也就是承包，即由后者向前者承包一定商品在一定期限和地区内销售，因此，独家经销在我国又习称为包销。一些企业为了保证其产品价格的稳定，以独家经销为主，如胖龙园艺公司为法国莫拉种子公司独家代理仙客来种子就属于这种形式。

独家经销商与出口企业之间的关系是买卖关系，独家经销商从出口企业处购进货物后，自行销售、自负盈亏，承担货价涨落及库存积压的风险。

(2) 采用独家经销方式的利弊

采用独家经销方式，胜过一般的逐笔售定。逐笔分散交易，双方履行合同后相互间就不再承担义务。由于没有长期的共同目标和利益，买方就不愿多承担销售前的宣传推广工作及销售后的服务工作，卖方也不愿多花力量帮助和培养买方。逐笔售定的单边进口或出口的做法还容易产生在同一市场上因多头经营而导致的自相竞争、力量相互抵消的弊端。

独家经销方式通过协议,确定了双方在一定期限内稳定的关系,这种关系既是互相协作,又是互相制约的。在规定的期限内,在规定地区的经营和市场开发上,双方有着共同的目标、一致的利益,从而能在平等互利的基础上同舟共济。给予经销商独家专营的权利,能充分调动经销商的经营积极性,促使对方专心销售约定的商品,并向用户提供必需的售后服务,对供货人来说,也能对市场销售作全面和系统的长期规划和安排,采取近期和远期的推销措施。

采用独家经销方式同时也存在着风险。如独家经销商有时还经销其他供货人的商品,不能专心经营约定的商品;如果独家经销商的经营能力较差,虽然努力仍不能完成,甚至远远不能完成协议规定的最低限额;倘若独家经销商作风不正、居心不良,凭借专营权压低价格或包而不销,就会使供货人蒙受损失。

(3) 对独家经销商的选择、使用和管理

综上所述,对于独家经销商,重在选择、贵在使用。不重视选择而贸然签订协议并授予专营权,势必给供货人留下后患。

对独家经销商的选择、使用和管理,因商品、市场、双方的实力地位和经营意图等的不同,在掌握上往往也有所不同。一般可以从往来客户中挑选对象,经过适当的考察和评价,再签订正式协议。之后,不仅要逐笔检查交易的执行情况,还需定期检查协议的执行情况,以便根据不同情况采取必要的措施。协议中约定的最低限额任务完成进度缓慢而责任在对方时,应予以督促并作侧面了解,需要中止协议时应及早通知,以免延误。对于积极努力而完成任务情况好的,宜延长期限;需扩大商品及(或)地区范围的,应及早准备和联系。一方面,对于反馈的信息,特别是对于对方提出的关于改进、提高品质、包装以及扩大销售的合理化建议,应认真、及时地予以考虑、研究,凡可行的,在可能的范围内积极付诸实施;另一方面,要求对方按协议、合同的规定履行义务,这也是不容置疑的。

(4) 独家经销协议

独家经销协议(exclusive sales agreement, exclusive distributorship agreement)是供货人与所授权的独家经销人规定双方的权利和义务,并从法律上确立双方关系的契约。

独家经销协议的主要内容有:独家经销商的责任、独家经销权的授予和双方的关系;独家经销权及其对等条件;独家经销的商品种类、名称、规格及经销的地区和期限;最低的购买金额;个别销售合同及其与协议和协议所附一般交易条件的关系;信息沟通和宣传推广。

需要注意的是,在与某些国家的经销商签订独家经销协议时,有关专营权的规定,可能会触犯其禁止独占法。因此,与已颁布了禁止独占法国家的经销商订立独家经销协议前,应先作调查,研究其禁止独占法的内容,以免陷入被动境地。

10.2.2 批发

根据我国批发业发展的特点,将批发定义为:批发是指不以向大量的最终家庭消费者直接销售产品为主要目的的商业组织,相反它们主要是向其他商业组织销售产品,如零售商、贸易商、承包商、工业用户、机构用户和商业用户。作为产销的中间环节,批发与零售的主要区别在于：批发主要是为中间性消费者进行的购销活动，而零售则是为最终消费者服务的。因此，批发是一种购销行为：其一是购进，即直接向生产者或供应商批量购进产品，这种购进的目的是为了转卖，并非自己消费；其二是销售，将产品批量转卖给其他商业组织。所谓批发商业市场就是指向再销售者、产业和事业用户销售商品和服务的商业市场。现阶段的批发体系，即批发商业的主体构成主要有生产企业的直供批发、代理商批发、经销商批发、第三方物流企业批发、配送中心的供货批发和批发市场批发等。批发市场只是批发商业体系的一种构成，是批发的一种载体而已。

从国外批发业的发展经验来看，批发与零售贸易的比率整体呈下降趋势，然而批发商品交易额依然呈上升趋势，而且其在商品流通环节依然占有重要的地位。随着商品流通改革进入纵深阶段，批发萎缩对流通效率的严重制约已经从实践层面对"批发无用论"作出了否定的论断，效率与成本将最终取代环节数量成为衡量商品流通渠道环节合理与否的核心指标。然而随着我国生产商和零售商向批发环节一体化进程的加快，我国批发业的发展陷入困境，整个流通体系呈现"两头活跃、中间萎缩"的基本格局，"批发无用论"观点开始盛行。

花卉批发业务因其灵活性及目前市场批零界限模糊，将会长期生存下去，但其功能转移将为生产者及零售商提供更加完善的服务。

10.3 代理

代理（agency）是指代理人（agent）按照委托人（principal）的授权，代表委托人与第三人订立合同或实施其他法律行为，而由委托人直接承担由此而产生的权利与义务。《中华人民共和国民法典》第162条也规定："代理人在代理权限内，以被代理人的名义实施民事法律行为，对被代理人发生效力"。

在国际贸易中有多种代理形式，如银行代理、运输代理、保险代理、商业代理等。我国出口企业在国外指定的代理一般为商业代理中的销售代理，它指我国出口企业与国外代理商达成协议，规定代为推销的商品、期限和地区，对方履行实现最低代销额或数量以及反馈市场信息等义务。

商业代理方式还有独家代理（exclusive agency, sole agency）和一般代理（agency）之分。出口企业授予对方独家代理约定商品专营权的称为独家代理方式；不授予专营权的代理就是一般代理，也称作佣金代理（commission agency）。本节论述的是独家代理方式。

10.3.1 独家代理的含义

独家代理是指出口企业与国外的独家代理商签订书面协议，在约定的期限和地区范围内，给予对方独家推销约定商品的权利——专营权。

独家代理商为出口企业寻访客户，进行交易磋商，根据协议规定，有时可以在适当的时候以出口企业的名义代签销售合同。在独家代理方式下，出口企业是委托人，独家代理商是代理人，出口企业和独家代理之间的关系是委托代理关系，独家代理商不负盈亏，不承担货价涨落的风险，只收取佣金。

10.3.2 独家代理协议

独家代理协议是规定出口企业和独家代理商之间的权利和义务的协议。独家代理协议主要包括以下内容：

(1) 协议名称及当事人

需明确注明是一份独家商业代理协议（exclusive agency agreement）字样，不能与独家经销协议混淆，协议的法律性质及其权利义务也由此得以明确。关于代理人的法律地位，不同国家的法律规定差异很大，必须保证所签订的代理协议与所适用的法律的强制性规定无抵触。

协议必须清楚地规定双方当事人的姓名、地址，如果是商行或公司，必须注明商行、公司的完整名称、法律地位、总办事处以及其他识别性内容等。例如：

独家代理协议

根据中国法律组成并从事经营活动的 ABC 公司（下称委托人）与根据××国法律组成并从事经营活动的 XYZ 有限公司（下称代理商）于20××年×月×日签订本协议。ABC 公司的主营业所在中国上海××路×号；XYZ 公司的主营业所在××国××市××路×号。

Exclusive Agency Agreement

This Agreement, made and entered into…(date) by and between ABC Co., a corporation duly organized and existing under the laws of China, with its principal place of business at …(adress) Shanghai, China, (hereinafter called Principal) and XYZ Co., Ltd., a corporation duly organized and existing under the laws of …(country), with its principal place of business at…(adress)(hereinafter called Agent).

(2) 独家代理的权限及其对等义务

独家代理的权限 独家代理的权限可以分为两个方面。一是独家代理权，即独家代理约定商品的专营权。委托人给予独家代理商专营权后，委托人在约定期限和约定地区内，不得将约定商品在同一区域内另选代理商或自己直接销售。二是独家代理商是否有权代表委托人订立具有约束力的合同。为避免独家代理商利用委托人的名义和信誉从事不利于委托人的活动，在独家代理协议中常规定独家代理商的权限仅限于替委托人物色买主、招揽订单、中介交易，而无权以委托人的名义或作为委托人的代理人与第三者订立合同。例如：

委托人不得在约定地区通过其他渠道直接或间接地销售或出口约定商品，如委托人在本协议有效期间收到约定地区内他人的询价或订单，应将该询价或订单照会代理人。

代理商应严格按照委托人的指示办事，不得越权订立任何使委托人受约束的合同、协议或作出任何使委托人受约束的行为。

Principal shall not directly or indirectly sell or export Products to Territory through other channel to Agent, and shall refer to Agent any enquiry or order for Products which Principal may receive from others in Territory during the effective period of this Agreement.

Agent shall strictly conform with any and all instructions given by Principal to Agent from time to time and shall not make any contract, agreement or do any other act binding Principal.

独家代理的对等义务　卖方授予独家代理商专营权后，并不意味着代理商即负有不经营或不代理具有竞争性的他人商品的义务，因此，出口企业应要求享有对等的权利，即规定代理商在约定期限和约定地区内不得销售或代理销售与约定商品相同、类似或有竞争性的其他商品的条款，作为授予独家代理权的对等条件。例如：

代理商不得在约定区域内直接或间接购买、销售或经营与约定商品相同、相似或具有竞争性的其他商品。代理商亦不得作为其他公司或个人的代理或经销商。

Agent shall not, directly or indirectly, purchase, sell, or otherwise deal in any articles of same kind as, similar to, or competitive with Products in Territory, Agent shall not act as agent or distributor for any other personer firm other than Principal.

(3) 独家代理的商品、地区和期限

独家代理的商品　在独家代理协议中，应将代理商品的种类、名称、规格等作明确、具体的规定，以免日后发生争执。代理商品的范围，应根据出口企业的经营意图、代理商的规模、经营能力及资信状况等决定。例如：

本协议项下的产品仅限于……（下称产品）。

The products covered under this Agreement shall be expressly confined to…(hereinafter called Products).

独家代理的地区　指独家代理商享有专营权的地区范围。代理地区的大小应根据代理商的经营能力及其销售网络决定。此外，还应考虑地区的政治区域划分、地理和交通条件以及市场差异程度。合理决定代理地区，是保护双方利益的重要问题。另外，为维护卖方的权益，还应规定代理商不得将约定商品越区代理。例如：

本协议约定的地区仅限于……（下称地区）。

代理商应在约定的地区范围内为约定商品寻求订单，不得直接或间接地从他已知道或理应知道的任何打算将约定产品向其他地区销售或出口的个人或公司寻求订单。

The territory covered under this Agreement shall be expressly confined to…(hereinafter called Territory).

Agent shall solicit orders for Products only in Territory and shall not directly or indirectly solicit orders from any person, firm or corporation in Territory whom Agent knew or ought to have known intends to resell or export Products outside Territory.

独家代理的期限　独家代理协议的期限不宜过长，也不宜过短。如出口企业给予代理商较长的期限，而代理商不积极推销，出口企业就会陷入被动境地；相反，如期限太短，代理商就不大愿意大力推销、积极开拓。例如：

本协议于20××年×月×日开始生效，有效期为×年。协议届满后，除非一方于至少期满前××天以书面通知对方终止协议，本协议将自动延续×年。

This Agreement begins on…(date) and continues for a period of… years. Thereafter this Agreement is automatically extended for a period of … years unless a written notice to the contrary is given by one of the parties to the other at least…days prior to the respective date of expiry.

目前，在我国的出口实践中，独家代理期限以一年的居多。

(4) 最低代销额

出口企业授予独家代理商对于约定商品的专营权后，即使代理商不努力推销，出口企业也无法在代理区域内越过代理商主动地去销售约定商品。所以，为保障卖方的权益，应在协议中规定最低代销额。最低代销额一般以出口企业实际收到的货款计算。计算的期限不宜太长也不宜太短，多数以半年或一年为计算最低代销额的期间，如届时代理商由于其本身的能力而未能完成最低代销额，也应在协议中规定如何处理。例如：

在协议有效期内，如委托人在一年(12个月)中从代理商按本协议获得订单的客户中收到的款项累计少于_____，委托人有权中止协议，但必须在60天前以书面通知代理人。

In the event that during one year (12 months) within the effective period of this Agreement, aggregate payments received by Principal from customers on orders obtained by Agent under this Agreement amount to less than …, Principal has the right to terminate this Agreement by giving sixty days' written notice to Agent.

(5) 代理佣金

代理佣金是代理商为委托人推销商品所得的报酬，支付代理佣金也是委托人的一项主要义务。在独家代理协议中，应就佣金率、佣金的计算方法及佣金的支付时间及方法作明确规定。例如：

凡由代理商获得并得到委托人承诺的所有订单，委托人将按发票净卖价的____(比例)以____(货币)给付代理佣金。佣金于委托人收到应得全部款项后以汇付方式支付。

Principal shall pay to Agent commission in…(currency) at the rate of … of the net invoiced selling price of Products on all orders obtained by Agent and accepted by Principal. Such commission shall be payable only after Principal received the full amount of all payments due to Principal. Payments of such commission shall be made to Agent by way of remittance.

(6) 宣传推广和商情报告

宣传推广 对代理商品进行宣传推广是独家代理商应尽的义务。为明确责任，独家代理协议应当规定独家代理商有促进销售和宣传推广的义务，以及卖方应提供宣传推广所必需的资料。例如：

代理商应在约定地区内努力而适当地进行广告宣传和促进产品的销售。委托人应向代理商提供适当数量的广告宣传资料。

Agent shall diligently and adequately advertise and promote the sales of Products throughout Territory. Principal shall furnish Agent with reasonable quantity of advertising materials.

商情报告 独家代理商应承担定期或不定期向卖方提供商情报告的义务。报告的内容，通常是关于代理商的工作情况、市场供销、竞争、有关进口国的政策法令及客户的反映等。例如：

为保证本协议顺利执行及使双方紧密协作，代理商应每季度向委托人报告其工作状况及地区内的市场情况。

To ensure the smooth operation of this Agreement and successful business tie-up between both parties, Agent shall give a quarterly report to Principal on its activities and market conditions in Territory.

(7) 例外规定

在独家代理协议中，出口企业在授予独家代理商专营权时往往又保留一定的销售权限，即在协议中作出出口企业可直接销售的例外规定。这种例外规定通常属于下列情况：政府机构或国营企业向委托人直接购货、进行国际招标或参与合资经营等。出口企业在进行上述业务时，不受协议约束，也不付给佣金或报酬，其销售额也不列入协议的最低代销额。例如：

委托人可以直接或间接地不通过代理商而通过其他渠道进行下列业务活动：政府招标或合资经营。除非上述业务系通过代理商进行，代理商不得提取佣金，但欢迎代理商参与此类业务活动。

Principal may make negotiations or transaction, or both for Products, directly or indirectly through other channels than Agent for such business as government tenders or joint ventures, and Agent may not take the agent commission for such business, unless made through Agent itself. However, Agent is, of course, welcomed to participate in such business.

此外，独家代理协议还应规定代理商应负责进行产品的售后服务及保护委托人的知识产权等条款。

10.4　电子商务

10.4.1　电子商务的概念

电子商务(electronic commerce，EC)是指通过电信网络按照一定的规则或标准进行的生产、经营、销售和流通活动，它不仅指基于因特网上的交易，而且指所有利用电子信息技术解决问题、降低成本、增加价值和创造商机的商务活动，包括通过网络实现从材料查询、采购、产品展销、订购到出品、储运以及电子支付等一系列贸易活动。电子商务最早采用的经营模式是电子数据交换(EDI)，现在逐步发展出商家对消费者(B2C)、企业间交易(B2B)、消费者之间交易(C2C)等新的经营模式。

10.4.2　电子商务的类别

10.4.2.1　按照交易对象分类

(1) 企业与消费者之间的电子商务

企业与消费者之间的电子商务，即 B2C(business to consumer)电子商务。它类似于联机服务中进行的商品买卖，是利用计算机网络使消费者直接参与经济活动的高级形式。随着网络的普及迅速发展，B2C 现已形成大量的网络商业中心，提供各种商品和服务。

(2) 企业与企业之间的电子商务

企业与企业之间的电子商务，即 B2B(business to business)电子商务。B2B 包括特定企业之间的电子商务和非特定企业间的电子商务。特定企业之间的电子商务是在过去一直有交易关系或者今后一定要继续进行交易的企业之间，为了相同的经济利益，共同进行设计、开发或全面进行市场及库存管理而进行的商务交易。企业可以使用网络向供应商订货、接收发票和付款。非特定企业间的电子商务是在开放的网络中对每笔交易寻找最佳伙伴，与伙伴进行从定购到结算的全部交易行为。虽说是非特定企业，但由于加入该网络的只限于需要这些商品的企业，也可以设想是限于某一行业的企业。不过，它不以持续交易为前提，不同于特定企业间的电子商务。B2B 在这方面已经有了多年运作历史，使用得也很好，特别是通过专用网络或增值网络上运行的电子数据交换。

按照网站交易模式的不同，B2B 电子商务还可以分为水平网站和垂直网站。

水平网站将买方和卖方集中到一个市场上进行信息交流、广告、拍卖竞标、交易、库存管理等。此类网站也可视为各大企业内部采购部门的延伸，其主要客户一般是大型企业。"水平"这一概念，主要是指这种网站的行业范围广，很多的行业都可以在同一个网站上进行贸易活动。

垂直网站是将特定产业的上下游厂商聚集在一起，让各阶层的厂商都能很容易地找到物料供应商或买主。美国由三大汽车制造商所形成的汽车零件交易网便是一种垂直网站。之所以称为"垂直"，是因为这些网站的专业性很强，它们将自己定位在一个特定的专业领域内并沟通上下游生产企业。

(3) 企业与政府方面的电子商务

企业与政府方面的电子商务,即 B2G(business to government)电子商务。这种商务活动覆盖企业与政府组织间的各项事务。政府采购清单可以通过因特网发布,公司可以以电子化方式回应。同样,在公司税务的征收上,政府也可以通过电子交换方式来完成。美国政府已经宣布从 1997 年 1 月起将通过 EDI 完成政府年度采购任务,并于 1999 年最终取消了纸面单证。

通过上述 3 种电子商务的基本形式,可以派生出若干种形式,如 C2B(consumer to business)、C2C(consumer to consumer)、G2B(government to business)等。这些形式的运作过程与 B2C 和 B2B 电子商务基本类似,因此,本教材将重点介绍 B2C 和 B2B 电子商务,而对其他内容不作重点介绍。

10.4.2.2 按照商务活动形式分类

按照商务活动的内容分类,电子商务主要包括两类商业活动:一是间接电子商务——有形货物的电子订货,它仍然需要利用传统渠道(如邮政服务和商业快递)送货或实地交割(如房地产产品);二是直接电子商务——无形货物和服务的网上交易,包括计算机软件、娱乐内容的联机订购、付款和交付,也包括金融产品、旅游产品的网上交易,或者是全球规模的信息服务。直接和间接电子商务均提供特有的机会,同一公司往往二者兼营。间接电子商务要依靠一些外部要素,如供应链、配送系统等。直接电子商务能够使双方越过地理界线直接进行交易,充分挖掘全球市场的潜力。

10.4.2.3 按照使用网络类型分类

根据使用网络类型的不同,电子商务目前主要有 4 种形式:EDI(electronic data interchange)网络电子商务、因特网(Internet)电子商务、内联网(Intranet)电子商务、移动(mobile)电子商务。

科技推动花卉拍卖方式的不断升级。自 20 世纪 80 年代初期,荷兰人为了提高拍卖效率,发明了一套"荷兰钟"拍卖系统。钟上刻度代表价格,在拍卖时钟的指针从最高向最低价旋转,拍卖钟和买者座位上的电子按钮相连,当钟的指针指到某个买者愿意接受的价格时,买者迅速按钮,则指针停止于某价格,表示该批发已被此价格买进。后来电子钟代替了机械钟,钟上还以屏幕显示产地、质量等级、买者等信息。在荷兰、比利时等国家,运用电子计算机和荷兰钟连接进行记录、计算、结算、打印单据等地方,并运用计算机网络技术,把很多拍卖市场连成拍卖网络。市场上电子拍卖钟的技术逐步成熟并很快得到市场的应用,主要有荷兰拍卖系统和比利时拍卖系统。我国最早的花卉拍卖市场莱太拍卖交易中心于 1998 年最早引进了比利时电子钟拍卖系统。昆明国际花卉拍卖交易中心使用代理了荷兰电子钟拍卖系统。由于技术更迭出新,目前,昆明国际花卉拍卖交易中心实现了带数量成交功能、多笔撮合竞价、实时远程交易、远程供货交易以及拍前预售等多种交易模式,极大地丰富了交易与手段。新增了现场总控功能,有效提升了现场交易秩序维护管理及内部各环节间的沟通效率。在购买商桌面键盘上新增了液晶屏及各个查询功能快捷键,让购买商能实时掌握自己的交易情况,同时提高了购买商交易卡及货品的安全性。在交易系统中新增了数据分析模块的开发，该模块的开发可有效地对花卉产业链的相关数据进行分析，为花卉供销企业生产计划提供科学决策依据。利用现代物联网技术，实现对花卉产品交易全程质量控制及管理。依托移动互联网及无线网络技术，为供购双方全方位的提供包括市场行情发布、交易信息查询、电子订货服务、市场动态分析等技术服务。健全完善了花卉拍卖中心财务管理平台，为供购双方特别是花农合作组织提供全套财务管理服务，同时，通过银企合作为供购双方提供花卉金融服务，解决供、购双方融资难的问题。围绕花卉生产需求，建立资材电子商务交易平台。构建以化肥、农药、包装资材、种苗、种球为交易对象，服务于资材需求方的电子商务平台。

10.4.2.4 按照服务行业类型分类

按照服务行业的特点，电子商务可以分为若干不同的类型，如金融电子商务、旅游电子商务、娱乐（包括游戏）电子商务、房地产电子商务、交通运输电子商务、医药卫生电子商务等。相对于其他电子商务形式，这些类型的电子商务具有相当现实的赢利点，因为它们主要提供信息服务，而较少涉及实物运输，无需用很多精力解决复杂的物流配送问题。它们可以采用 B2C、B2B、C2B、C2C 等多种形式，具有用户范围广、营运成本低、无时空限制以及能同用户直接交流等特点。

10.4.3 移动商务

10.4.3.1 移动商务的概念

狭义的移动商务只涉及货币类的商务模式。广义的移动商务是指通过移动设备随时随地获得一切服务，涉及通信、娱乐、商业广告、旅游、紧急救助、农业、金融和学习等。

10.4.3.2 移动商务与传统电子商务的区别

①网络基础设施　无线通信具有地理定位功能，充分利用基于位置的服务；电子商务强调的是无差别的服务。

②终端设备　电子商务使用个人计算机，显示器大，不用考虑电池问题；移动商务使用移动信息设备，屏幕小，不宜处理复杂应用。

③用户群　移动电子商务潜在用户群大于电子商务，但分布不均、文化差异大。

④移动性　移动电子商务因移动而产生更多商业机会，更能实现个性化服务。

⑤空间约束　移动商务与时间、空间有关，在实现个性化服务的同时又受到时间的限制。

⑥商业模式　电子商务更强调低成本和无限的网络空间，消除信息不对称，提供无限的免费信息服务；而移动商务则更多地针对差异性提供差异化的个性服务来盈利。

10.4.4 网络商品直销的流转程式

网络商品直销是指消费者和生产者或需求方和供应方直接利用网络形式所开展的买卖活动，B2C 电子商务基本属于网络商品直销的范畴。这种交易的最大特点是供需直接见面，环节少、速度快、费用低。

从一方面讲，网络商品直销的诱人之处，在于它能够有效地减少交易环节，大幅度地降低交易成本，从而降低消费者所得到的商品的最终价格。在传统的商业模式中，企业和商家不得不拿出很大一部分资金用于开拓分销渠道。分销渠道的扩展，虽然扩大了企业的分销范围，加大了商品的销售量，但同时也意味着更多分销商的参与。企业不得不让出很大一部分的利润给分销商，用户也不得不承担高昂的最终价格，这是生产者和消费者都不愿看到的。电子商务的网络直销可以很好地解决这个问题。消费者只需访问厂家的主页，即可清楚地了解所需商品的品种、规格和价格，并且可以和厂家谈判。这样就可以达到完全竞争市场条件下出厂价格和最终价格的统一，从而使厂家的销售利润大幅度提高，竞争能力不断增强。

从另一方面讲，网络商品直销还能够有效地减少售后服务的技术支持费用。许多使用中经常出现的问题，消费者都可以从厂家的主页中找到答案，或者通过电子邮件（E-mail）与厂家技术人员直接交流。这样，厂家可以大大减少技术服务人员的数量，减少技术服务人员出差的频率，从而降低了企业的经营成本。

网络商品直销的不足之处主要表现在两个方面：①购买者只能从网络广告上判断商品的型号、性能、样式和质量，对实物没有直接的感知，在很多情况下可能产生错误的判断，而某些生产者也可能利用网络广告对自己的产品进行不实的宣传，甚至可能打出虚假广告欺骗顾客；②购买者利用信用卡进行网络交易，不可避免地要将自己的密码输入计算机，由于新技术的不断涌现，犯罪分子可能利用各种高科技作案手段窃取密码，进而盗窃用户的钱款，这种情况不论是在国外还是在国内均有发生。

10.4.5 企业间网络交易的流转程式

企业间网络交易是 B2B 电子商务的一种基本形式。交易从寻找和发现客户出发，利用自己的网站或网络服务商的信息发布平台发布买卖信息。借助因特网超越时空的特性，企业可以方便地了解到世界各地其他企业的购买信息，同时也有随时被其他企业发现的可能。通过商业信用调查平台，买卖双方可以进入信用调查机构申请对方的信用调查；通过产品质量认证平台，买方可以对卖方的产品质量进行认证。然后在信息交流平台上签订合同，进而实现电子支付和物流配送。最后进行销售信息的反馈，完成整个 B2B 的电子商务交易流程。

10.4.6 网络商品中介交易的流转程式

网络商品中介交易是通过网络商品交易中心，即通过虚拟网络市场进行的商品交易。这是 B2B 电子商务的另一种形式。在这种交易过程中，网络商品交易中心以因特网为基础，利用先进的通信技术和计算机软件技术，将商品供应商、采购商和银行紧密地联系起来，为客户提供市场信息、商品交易、仓储配送、货款结算等全方位的服务。

网络商品中介交易的流转程式可分为以下几个步骤：

①买卖双方将各自的供应和需求信息通过网络通知网络商品交易中心，网络商品交易中心通过信息发布服务向参与者提供大量详细准确的交易数据和市场信息。

②买卖双方根据网络商品交易中心提供的信息，选择自己的贸易伙伴。

③网络商品交易中心从中撮合，促使买卖双方签订合同。

④买方在网络商品交易中心指定的银行办理转账付款手续。

⑤指定银行通知网络商品交易中心买方货款到账。

⑥网络商品交易中心通知卖方将货物发送到设在买方最近的交易中心配送部门。

⑦配送部门送货给买方。

⑧买方验证货物后通知网络商品交易中心货物收到。

⑨网络商品交易中心通知银行买方收到货物。

⑩银行将买方货款转交卖方。

⑪卖方将回执送交银行。

⑫银行将回执转交买方。

10.4.7　电子商务在花卉中的应用

随着我国加入WTO和世界贸易自由化进程的加快，加速了中国花卉事业快速成长，许多公司开始瞄准互联网，花卉电子商务悄然兴起。随着网络技术的普及，我国花卉网站似雨后春笋，呈现出一派繁荣景象。

从第一批从事电子商务的网站，例如，中国花卉网、中国园艺网、莎啦啦鲜花礼品网等到目前以移动电子商务为主的公众微信、微商、团购等交易方式逐步进入消费市场。虽然我国花卉电子商务的应用还存在着一些问题，经过十多年的发展，电子商务方式已悄然改变了人们的生活方式，从交易习惯到移动电子商务应用程度都有明显的变化。从电子商务物流的普及发展来看，今后电子商务交易方式将是花卉交易中不可或缺的一个渠道。线上业务是线下业务的延展，花卉企业应该首先练好内功，加大产品创新和新技术应用的力度，做好传统商务，然后根据自身实际情况认真调研，选好电子商务的切入点，使自己立于不败之地。

小　结

本章着重介绍了经销和代理、寄售和展卖、加工贸易、电子商务等我国常用的一些贸易方式的含义、类别和特点，供进行花卉贸易时选用。

思考题

1. 试述花卉拍卖交易的优越性。
2. 简述独家代理的定义、权利和义务。
3. 简述电子商务的定义和特点。

参考文献

陈建忠、赵世明，2016. 移动电子商务基础与实务[M]. 北京：人民邮电出版社.
冷柏军，2006. 国际贸易实务[M]. 北京：高等教育出版社.
中国拍卖行业协会，2009. 拍卖通论[M]. 北京：中国财政经济出版社.

11 花卉新品种保护与国际贸易

11.1 植物新品种保护的概念

植物新品种保护制度(protection of new varieties of plants, PVP)历史上作为专利保护制度的一个分支,是农牧业和林业领域内最重要的知识产权保护制度。其载体是植物新品种权(简称品种权 plant variety rights, PVR)或称植物育种家权利(plant breeders' rights, PBR)。在中国,它是由立法机关(全国人民代表大会)制定法律,如《中华人民共和国民法典》和《中华人民共和国种子法》(简称《种子法》);或者由行政部门(国务院)制定条例,如《中华人民共和国植物新品种保护条例》(以下简称《条例》)和《国家知识产权战略纲要》,由政府授权的对口部门包括审批机构、测试机构和执法部门等来实施完成的。具体来说,新品种保护制度是由审批机关(农业和林业的行政部门,即农业农村部、国家林业和草原局科技发展中心)对经过人工培育的或者对发现并加以改良(开发)的野生植物新品种,依据授权条件,按照法定程序进行审查,以决定该新品种能否被授予植物新品种权。

这里的"新品种"概念属于法律范畴,与传统或学术上的新品种概念有所不同,主要体现在"对发现并加以开发的野生植物"上,一般专家认为这种不是严格意义上的新品种,但在新品种保护制度里明确属于新品种。事实上,育种方法包括了选择(木本植物大多采用实生苗选育)、突变、杂交和生物技术育种等,全部可应用于对野生植物的开发利用;此外,PVP 或 PVR 中的 variety 英文原意是指植物学分类上的变种(自然界发生),新品种保护里的应为栽培品种即 cultivar(cultivated variety),但国际上已经约定俗成一直使用 variety 来代表栽培品种。

植物新品种保护的目的是保护农林植物的新品种权(相当于发明专利权),鼓励培育和使用植物新品种,促进农林业生产的发展,为确保国家的粮食安全、保护国土生态环境和改善人民的生活质量源源不断地提供优质丰富的农作物、经济作物、林木、果树和观赏植物的新品种。"一粒种子可改变世界",而一个植物新品种可以发展一个产业。

11.2 植物新品种保护制度的主要内容

11.2.1 品种权的法律特点

(1) 无形性

作为知识产权的一种类型，无形性是品种权的首要特点。品种权作为智力劳动成果，人们是看不见摸不着的，同时又不会因为使用而消耗。品种权的价值要通过实施和使用才能得到体现，实施和使用品种权的范围越大，其所实现的价值往往也就越大。

(2) 专有性

专有性又称独占性、排他性或垄断性。世界上，建立植物新品种保护制度的国家都对新品种权的专有性作出了规定，如果没有品种权专有性的规定，就不能说建立起了植物新品种保护制度。

(3) 地域性

地域性是指依据某一特定国家或地区的法律产生或者取得的品种权，只在该国法律效力所及的范围内有效，在除此以外的其他国家(地区)不会自动受到同样的保护。如在中国申请获得的品种权，只在中国境内才具有法律效力，在其他国家甚至中国的香港、澳门和台湾地区均无效力，需要分别申请才能获得所在国家或地区的法律保护。

(4) 时间性

权利人对其品种权客体所享有的专有权利是有时间限制的，超过了这一期限，该项品种权就将进入公有领域，其品种即人人可用，原来的权利人对其不再享有专有权利。目前，UPOV及各成员国都对品种权设置了保护期限，一般为15~20年，有的国家规定达到25~30年，超过了时效的则不再受法律保护，如同失效专利一样，可以成为公众免费使用的公共资源。我国《条例》第6章第34条规定，品种权的保护期限，自授权之日起，藤本植物、林木、果树和观赏树木为20年，其他植物为15年。

11.2.2 品种权人的权利

品种权人是指某一授权新品种的所有人，既可以是企事业单位也可以是个人，在获得品种权的授权前称为品种权申请人，其在法律上享有的独占权利包括以下几项：

(1) 生产权

生产权属于品种权人拥有的一种排他的权利，根据这种权利，品种权人可以禁止他人未经许可生产相同的品种。

(2) 销售权

销售授权品种的繁殖材料或其他部分是品种权人享有的另一种排他的独占权利，任何人未经权利人同意或授权许可擅自销售授权品种的繁殖材料，无论其来源如何均属于侵权行为。

(3) 使用权

使用权也是一种品种权人的专有权利，受法律保护，权利人具有对授权品种使用、支配与处置权。

(4) 标记权

品种权人有在自己生产的授权品种包装上标明任何与品种权信息有关内容的标记的权利，这将有助于区别其他同类品种，使得权利人的授权品种在竞争激烈种子种苗市场上更具竞争力。2016 年修订实施的《种子法》也明确规定，销售授权新品种的需挂牌标记。

(5) 被奖励权

某些品种权所有单位或个人可以获得政府部门、社会团体、行业组织及其他相关单位给予的物质和精神奖励。获得奖励通常应当满足两个条件：一是所培育并获授权的品种关系国家利益或者公共利益；二是该品种具有重大的使用价值和应用前景。国内许多地方政府的科技管理部门对获得新品种权的单位和个人实施奖励或后补助就是最好的体现。

(6) 许可权

品种权人可以通过独占许可、独家许可和一般许可 3 种方式将自己独占拥有的植物新品种权许可其他单位或个人实施，这就是品种权人的实施许可权。

(7) 转让权

我国《条例》第 9 条规定，植物新品种的申请权和品种权可以依法转让。转让权是品种权人对自己依法拥有的品种的申请权和品种权的处分权。

(8) 放弃权

品种权申请人或品种权人可以根据需要，在申请阶段或授权后，以各种方式撤回品种权申请或者放弃品种权。

11.2.3 植物新品种保护的历史发展

11.2.3.1 国际植物新品种保护联盟 UPOV

植物新品种保护即 PVP 的具体表现形态为植物新品种权（plant variety rights，PVR），也称作植物育种者权益 PBR 保护。作为知识产权保护的一种形式，在历史上是专利保护的一个分支。直到 20 世纪 50 年代中叶，西方国家植物新品种保护的进展仍较为缓慢，育种者大多数通过垄断有性繁殖品种的繁殖材料或者无性繁殖品种的原种来获得某些保护。1957 年 2 月 22 日，法国外交部邀请 12 个国家和 3 个政府间国际组织——保护知识产权联合国际局（BIRPI）、联合国粮农组织（FAO）和欧洲经济合作组织（OECE），参加了 1957 年 5 月 7~11 日在法国召开的第一次植物新品种保护外交大会；第二次外交大会于 1961 年 11 月 21 日至 12 月 2 日在巴黎举行，这次外交大会通过了具有 41 条内容的公约，并由比利时、法国、联邦德国、意大利和荷兰 5 个国家的全权代表签署了公约。公约于 1968 年 8 月 10 日正式生效，标志着国际植物新品种保护联盟（The International Union for the Protection of New Varieties of Plants，UPOV）这个政府间国际组织的正式成立。

公约于 1968 年生效后，分别于 1972 年、1978 年和 1991 年在日内瓦经过 3 次修订。目前，发达国家中，除意大利、葡萄牙、挪威、新西兰和南非等加入的是 1978 年文本公约外，其他国家或国家组织加入的全部是 1991 年文本公约。据 UPOV 官网统计，截至 2021 年底，全世界加入 UPOV 的成员国已达 78 个，包括 2 个地区间国家组织，即欧洲联盟(European Union)和非洲知识产权组织(African Intellectual Property Organization)。其中，仅16个国家加入的是UPOV公约1978年文本，大多是发展中国家，其余加入的均为1991年文本公约。

11.2.3.2 中国植物新品种保护的发展与现状

我国已于1997年颁布了《中华人民共和国植物新品种保护条例》(以下简称《条例》)，该《条例》符合1978年UPOV公约的基本要求；第九届全国人大常委会第四次会议于1998年8月作出了我国政府加入UPOV公约的决定；1999年3月23日，由科学技术部、农业部和国家林业局组成的政府代表团在日内瓦向UPOV递交了我国申请加入公约的加入书。1999年4月23日，我国成为UPOV第39个成员国。同日，农业部和国家林业局正式受理来自国内外的植物新品种权申请。截至2019年4月末，在我国实施植物新品种保护制度20周年之际，农业农村部植物新品种保护办公室共受理国内外申请人递交的大田作物、果树、蔬菜和草本花卉新品种权申请近2万件，其中已获新品种权授权的约1万件，花卉作物以菊花、蝴蝶兰、红掌、秋海棠、香石竹和非洲菊为主；截至2019年年底，国家林业和草原局植物新品种保护办公室收到的国内外林木与木本花卉类新品种权申请达2000件，授权约1000件。其中，来自国内外的木本花卉主要是月季、一品红、木兰和牡丹等，约占总申请量的80%。

需要特别提到的是，关于新品种权申请的费用问题，按照国际惯例，因其属于知识产权领域的私权，在申请、审查、测试和获得权利后均需缴纳官费以获得法律的有偿保护。但中国已于2017年4月1日开始停收(亦说是取消)了所有官费，包括申请费、审查费、DUS测试费以后授权后每年维护的年费。这是中国政府为切实减轻企业负担、鼓励农业领域创新创造、促进知识产权事业发展的惠民之举。但也带来一些问题：首先，由于提交申请无需缴费了，造成很多没有任何商业或科研价值的新品种拿来申请，形成短时间内井喷的态势，如2019年农业新品种权的申请达到了创纪录的7800余件，林业新品种权的申请也多达800件；2020年度农林两家加起来受理的申请接近1万件，年申请量合计比UPOV所有成员国的申请总和还多，可谓新品种权申请的超级大国了。但这种申请量的大增并不能说明中国的育种事业已经进入世界前列。事实是，我们的很多园艺作物，如果树、蔬菜和花卉的新品种根本无法与国外的媲美；而且不收官费，客观上造成了与其他国家、地区或国际组织的不对等。例如，国内的一个果树或林木新品种若去欧盟申请，差不多需要花费数万至十万人民币的各项费用，而境外的新品种权来中国申请则无需缴纳任何官方费用。由此可见，免费申请新品种权的政策应该被重新考虑。

11.2.3.3 我国的《条例》与UPOV公约1978年文本

我国的《条例》符合UPOV公约1978年文本的基本要求。该公约是在1972年文本的基础上进行的修订，于1978年10月23日发布，其中的第二条规定，"各联盟成员国可根据本公约通过提供专门立法保护或专利，承认育种家的权利。但是，对这种保护方法在本国法律上都认可的联盟成员国，对一种或同一种植物属或者种，仅提供其中一种保护方式"。目前，UPOV成员国中，绝大部分国家选择了专门立法形式(即植物品种保护制度)来保护植物新品种。

我国 1984 年颁布的《中华人民共和国专利法》(简称《专利法》)明确规定,动植物品种不能授予专利权,但培育动植物品种的方法可以授予专利权;其后虽经数次修订,《专利法》仍未将动植物新品种纳入专利保护范围。因此,依据 UPOV 公约的规定,我国选择了以专门立法形式对植物新品种实行保护,而没有采用通过修改专利法授予植物品种专利来进行保护,这就是 1997 年 3 月发布并于 1999 年 4 月开始实施的《中华人民共和国植物新品种保护条例》。

对于受保护品种的有性或无性繁殖材料的界定问题,我国《条例》实施细则的农业与林业部分之间存在明显不同,它们与 UPOV 公约 1978 年文本的规定内容也有差异之处,体现在:UPOV 公约 1978 年文本规定:无性繁殖材料应是包括植物体整株。在观赏植物或鲜切花的生产中,作为繁殖材料用于商业目的生产时育种家的权利可扩大到观赏植物全株或部分以正常销售为目的而不是繁殖用的观赏植物;育种家还可以根据自己指定的条件来授权。可见,UPOV 公约 1978 年文本对于观赏植物的新品种保护部分专门设立了选择性条款,明显强化与侧重于对观赏植物实施知识产权保护。

我国《种子法》中的种子定义和《条例》实施细则的林业部分规定:《条例》所称繁殖材料,是指整株植物(包括苗木)、种子(包括根、茎、叶、花、果实等)以及构成植物体的任何部分(包括组织、细胞)。《条例》实施细则(农业部分)仅提出:《条例》所称的繁殖材料是指可繁殖植物的种子和植物体的其他部分。因此,无论是种子还是繁殖材料,按照法律规定,基本包含了植物体的每个部分,但须能繁殖出后代。

而我国的农、林实施细则均未对观赏植物设定专门保护条款,只是泛指一般植物且更多强调农林作物类。这对国内花卉作物知识产权的保护力度明显不够,有待日渐完善,特别是《种子法》和《条例》的修订与发布,期待更加全面地与国际接轨。

11.2.4 发展展望

随着中国植物新品种保护事业的蓬勃发展和对知识产权保护力度的不断加强,特别是 2016 年实行的首次修订的《种子法》已将新品种保护单列一章,以显示其法律地位的提高和在农林领域的重要性;其后,《种子法》和《条例》均将作出相应的修订,其目标是尽可能切合 UPOV 公约 1991 年文本的内容,切实与国际接轨。具体包括:保护的物种范围扩大到所有的植物种和属,保护期全部延长 5 年,对实质性派生品种(EDV)实行保护,保护的对象由繁殖材料扩大至收获物和初级加工品,以及对农民自繁自用的特权加以规范等。

2021 年底通过二次修订、将于 2022 年 3 月 1 日生效的《种子法》,在第四章第二十八条的最后增加了对授权品种收获材料以及实质性派生品种(essentially derived variety,EDV)的保护,具体表述为:涉及由未经许可使用授权品种的繁殖材料而获得的收获材料的,应当得到植物新品种权所有人的许可;但是,植物新品种权所有人对繁殖材料已有合理机会行使其权利的除外。以及对实质性派生品种实施第二款、第三款规定行为的,应当征得原始品种的植物新品种权所有人的同意。目前,《条例》的修订尚未通过,期待增列:保护的物种范围扩大到所有的属和种,保护期限全部延长 5~10 年。

11.2.5 植物新品种的其他知识产权保护形式

11.2.5.1 商标

关于品种名称、商业名及地理标识等方面，适用于《中华人民共和国商标法》及《中华人民共和国商标法实施条例》。实际上，花卉新品种的商标注册保护常与新品种保护同时使用，即采用双重保护，使用所谓双名制——注册商标或商品名与品种名。作为一家专业的育种公司，对其育成的所有新品种应该制定总体和前瞻性的知识产权保护策略规划，例如，通常是在一个或一类新品种选育完成之际，就应该尽早注册商标，申请育种者权益保护和商业名称注册。鉴于注册商标所用汉字资源越来越少，商标注册不仅要尽量赶早，还要制定备案措施，尽可能多试用一些文字或图案。与此同时，还需进行拍卖登记(荷兰)，然后才通过各类花展加以推广销售。发达国家的花卉育种公司通常竭力推广、重点宣传的是其新品种的注册商标名(即商品名)，以至于国内业者耳熟能详的所谓国际著名品种基本都属于商品名，而非真正的品种名称，例如，国内市场栽培应用较多的切花用月季品种'大丰收'('Grand Gala')实为法国一家公司的一个月季品种的注册商标名，其品种名称则为'玫卡丽'('Meiqualis')；花卉界熟知的名称是它的商标名'大丰收'，而该公司在中国申请获得新品种权的该品种名称是'玫卡丽'。百合也有类似情形，如著名的东方杂种系品种'马可波罗'('Marco Polo')实为商标名称，其品种名是'维迪亚'('Vedea')。此种情形在月季、一品红和百合等主要花卉作物中较为通用。

11.2.5.2 新品种的授权名称

根据《条例》第40条和《种子法》第73条第6款的规定，假冒授权品种(名称)的，可以责令停止假冒行为，没收违法所得和植物品种的繁殖材料。此规定近年来已有司法实践，直接支持了销售假冒授权品种认定侵权行为的判例。值得注意的是，授权品种的名称是不能申请注册商标的；而品种的暂定名称需要规避与他人的商标同名。

11.2.5.3 商业秘密

除了专利和品种权的路径保护植物新品种外，育种材料、种质资源等依据《中华人民共和国反不正当竞争法》通过商业(技术)秘密来保护新品种也是一种很好的办法。商业秘密对植物新品种的保护可涉及育种、生产、储存和销售等环节，特别是育种环节的亲本选择、育种方案和实施技术等内容，最能实现商业秘密的保护。这方面早已有了司法判例来支持。

11.2.5.4 其他

除此之外，还有通过地理标识、版权(著作权)、公司名称乃至标签的使用来实现对植物新品种的知识产权保护。关联到标签与宣传，包装与设计等，适用《中华人民共和国著作权法》及《中华人民共和国著作权法实施条例》《著作权集体管理条例》；涉及育种技术及外观设计和包装等方面的，可对应《中华人民共和国专利法》及《中华人民共和国专利法实施细则》来实行保护。

11.3 中国有关新品种保护知识产权法规体系

11.3.1 直接相关的法律法规

①《中华人民共和国植物新品种保护条例》及其实施细则(农业)和(林业)部分;

②《中华人民共和国种子法》及农业农村部颁布的若干配套的农作物种子管理规章;

③《最高人民法院关于审理植物新品种权纠纷案件适用法律若干问题的解释》《最高人民法院关于审理侵犯植物新品种权纠纷案件适用法律若干问题的解释》以及《最高人民法院关于审理侵害植物新品种权纠纷案件具体应用法律问题的若干规定(二)》;

④《国家知识产权战略纲要》等。

11.3.2 相关的知识产权法律法规

①《中华人民共和国专利法》及《中华人民共和国专利法实施细则》《国防专利条例》《集成电路布图设计保护条例》;

②《中华人民共和国商标法》及《中华人民共和国商标法实施条例》《奥林匹克标志保护条例》《世界博览会标志保护条例》《特殊标志管理条例》;

③《中华人民共和国著作权法》及《中华人民共和国著作权法实施条例》《著作权集体管理条例》《计算机软件保护条例》;

④《中华人民共和国反不正当竞争法》。

11.3.3 其他相关法律

2021年1月1日起施行的《中华人民共和国民法典》明确规定知识产权包含了植物新品种权;

《中华人民共和国民事诉讼法》规定了知识产权案件的诉讼程序和民事责任承担方式;

《中华人民共和国刑法》第3章第7节专门规定了侵犯知识产权罪,侵害知识产权的犯罪行为也可能同时触犯刑法规定的另外两种犯罪:生产、销售伪劣商品犯罪和非法经营犯罪,按照刑法理论,属于牵连犯,从一重罪处断。但目前尚未将品种权侵权入刑。司法实践中,许多侵犯知识产权犯罪是以生产、销售伪劣商品罪或非法经营罪判处的;

《中华人民共和国海关法》《中华人民共和国知识产权海关保护条例》及其实施办法中关于海关知识产权执法制度包括:

①备案制度 知识产权权利人将知识产权在海关总署申请备案后,口岸海关有权对侵犯已备案知识产权的进出口货物予以扣留;

②依申请和以职权查处的制度 海关根据权利人申请扣留查处侵权货物,或者以职权查处侵权货物。

11.4 花卉国际贸易中的知识产权保护

11.4.1 UPOV公约1991年文本对花卉业的意义

国际上，通常是将农民与种植者的概念加以区别对待，农民(farmer)是指粮食、饲料、纤维类作物的种植人员以及畜禽养殖人员等，而种植者(grower)则指园艺作物果树和观赏植物的种植人员与苗圃的从业者。由此，为了加强对所有植物新品种的保护，UPOV于1991年3月19日在日内瓦对公约文本再次进行修订，形成UPOV的1991年公约，该文本明显强化了对植物新品种的保护力度，目前已有不少发达国家和部分发展中国家加入了该公约。

	1991年公约(发达国家)	1978年公约	中国《条例》
受保护的属和种	原成员国：5年内全部 新成员国：10年内全部	3年内至少10个 6年内至少18个 8年内至少24个	分期、分批公布保护名录
受保护的权利：保护范围	为生产或销售、进出口而提供的存货； 育种家附加条件或限制； 受保护品种的收获材料； 受保护品种收获材料的制成品； 派生品种(EDV)：与受保护品种没有明显区别，直接由原始品种选出，通过选择天然或诱变株、体细胞无性变异株，从原始品种中选变异单株(突变或芽变)、回交或经遗传工程转化获得的派生种	以商业销售为目的之生产，提供出售、市场销售，可扩大到观赏植物或部分以正常销售为目的而不是繁殖用的观赏植物，育种家可根据自己的指定条件授权	仅限于繁殖材料(泛指)，其他均未提及
例外(豁免)条款	强制性：私人的非商业活动、试验性活动、培育其他品种的活动； 非强制性：允许农民自种自收受保护品种或其派生品种，以供自用	用于开发其他品种的原始变种来源或其他品种的销售	进行育种及其他科研活动；农民自繁自用其繁殖材料
保护期限	树木、藤本25年，其他植物20年	木本植物、藤本植物18年，其他植物15年	木本植物20年，其他植物15年

11.4.2 国际发展现状与趋势

由于以无性繁殖为主的观赏植物、果树类作物及林木给人类社会带来美丽、营养和健康，此类植物的品种要求符合流行时尚，因而观赏植物品种的市场变化非常快速，这就要求育种家不断推出全新的时尚花卉品种，加之无性繁殖方式基本没有自然和技术方面的任何障碍，扩繁起来异常容易、快捷和方便，截取一根枝条或摘取一片叶子带回去即可通过扦插、嫁接或组织培养扩繁出该品种的大量植株。因此，育种家们对该类植物新品种保护的需求显得尤为迫切与必要。

实际上，国际上早已细分为种子类的农作物和无性繁殖的观赏植物、果树与林木两大领域了。其中，1924年即成立的国际种子联盟(International Seed Federation, ISF)已经加入以下多个国际和政府间的组织，如国际植物新品种保护联盟(International Union for the Protection of New Varieties of Plants，UPOV)、世界知识产权组织(World Intellectual Property Organization，WIPO)、生物多样性公约(Convention on Biological Diversity，CBD)、国际植物保护公约(International Plant Protection Convention，IPPC)、联合国粮农组织(Food and Agriculture Organization，FAO)以及经合组织(经济合作与发展组织，Organization for Economic Cooperation and Development，OECD)。与此对应、平行而互为补充的社会组织则是国际无性繁殖园艺植物(观赏植物与果树)育种家协会(the International Community of Breeders of Asexually Reproduced Ornamental and Fruit Horticultural Plants，CIOPORA)于1961年在欧洲成立。其宗旨是把植物育种家、各国的育种者协会、全球的专利与品种权事务所、专利咨询服务机构等联合在一起，大家携手合作，共同为各个国家和国际的植物新品种保护法律法规的建设、发展、改进和协调作出贡献。CIOPORA作为全球化的独立、公正、非营利、非政府国际组织，努力寻求为全世界的观赏植物与果树类植物新品种建立起有效的知识产权保护体系。CIOPORA已经成为欧盟植物新品种保护办公室(CPVO)和国际植物新品种保护联盟(UPOV)的观察员。国内与此相对应的是种业界的中国种子协会、中国种子贸易协会和无性繁殖(林业园艺)领域的中国野生动植物协会新品种保护分会、广东省园林植物创新促进会、植物新品种保护与产业化创新国家战略联盟等。

此外，关于农民豁免条款，对花卉类无性繁殖的植物新品种来说，若继续采用现行的条例规定，即对农民自繁自用受保护品种的繁殖材料加以免责，将使此类植物的新品种保护变得没有意义；花卉与果树的新品种保护范围不仅限于繁殖材料，更应当包含整个植物体及其实质性派生品种(EDV)；育种家或品种权人必须能够有效控制受保护品种的突变或诱变品种。总之，通过无性方式繁殖的花卉和果树类作物的新品种保护要求一些特殊的知识产权保护措施，而UPOV公约1991年文本即提供了这方面的选择。

11.4.3 花卉进出口及生产环节的知识产权保护

(1)进口环节的品种专利问题

由于现阶段中国实现标准化、产业化、规模化、工厂化生产栽培的鲜切花与盆花类新品种基本都要依赖发达国家提供，企业发展、市场竞争的核心——知识产权绝大部分掌握在外国公司手中，即便目前部分国内科研教学单位和私营民营企业已经育成一些新品种，但依然面临着市场推广开发的瓶颈。国际上，一个花卉新品种从育成到被市场认可，以至发展成为主导品种，通常需要10年左右的时间，而中国现在自育的部分切花新品种也不过10余年时间；在市场上尤其是国际市场竞争中明显处于弱势地位。

目前情况下，在新品种引进的时候，国内的种植户常常遇到外国育种公司或种苗供应商要求签订不扩繁协议并要求种植方支付新品种使用费，即品种权许可费(royalty)，俗称品种专利费(品种权费)，也有人称作版权费，这是照搬词典里的汉译词，套用起来实在是谬误。这属于一种正当的协约条件，因为一个新品种的育成一般需要花费巨大的人力、财力、物力，如一个百合新品种的育成，需要持续10年以上的时间，而等到大量供给生产者种球并满足市场需求则需12~15年之久。事实上，此类禁繁协议因其属于法人主体之间的商业合同，尽管受到中国《合同法》的保护，然而，由于国外的新品种大部分还未及时在中国申请知识产权保护，在这种情况下，如果合同以外的第三方采取一些正当方式（如合法购买）获得协约要求保护的新品种植株加以非法繁殖的话，则国外的品种所有人就很难追究第三方及其以外侵权人的法律责任了，这对于无性繁殖的观赏植物和果树、林木类新品种而言极其常见。很多侵权行为就是通过合法购买保护品种的切花或盆栽产品，以及枝条、芽叶等用作繁殖材料开始擅自使用、非法扩繁的。遇到此类情形，商业诚信即显得尤为可贵和必要。在最近几年花卉产业取得相当成功和规模的南美洲哥伦比亚、厄瓜多尔以及非洲的肯尼亚和津巴布韦等发展中国家，他们基本都是全盘按照欧美发达国家的制度和惯例，其育种商或品种权人都能如数收到其新品种权许可费。这样一来，来自发达国家的合作伙伴即可在保证利益平衡的前提下优先提供国际最新流行品种，经过生产加工后合法顺畅地返销至欧美发达国家的消费市场，真正实现合作双赢。

（2）生产过程中的新品种保护

由于知识产权保护制度具有地域性特点，一项新品种权只有在所在国家或地区（如港澳台）申请保护的前提下才能获得该国家或地区的法律保护，就是说，如果一些植物新品种不在中国申请植物新品种保护，那么这些品种在中国境内就没有法律来保护品种所有人的独占权利。从法律的角度来看，任何人只要在遵循双方有关合同的前提下，可以自繁而不受新品种保护法规的约束，国外的权利人甚至政府只能"望洋兴叹"而"鞭长莫及"。在上述情形之下，尽管我们没有违法，但极有可能会在全球范围内失去诚信与信誉，长期而言，损失更大、影响更坏。

这方面的经验和教训特别体现在日本的果树新品种，近年来国内很多知名而栽培广泛的水果新品种如柑橘类的'不知火'、'爱媛'及葡萄新品种'阳光玫瑰'等均为日本选育的优良新品种，但因未曾在中国申请过新品种权，致使此类品种目前在中国被大量扩繁、种植，日本方面既无奈又懊恼，由此而促成日本各级政府及官方的育种公司和科研院所终于下定决心，将其育成的园艺作物新品种特别是花卉（绣球、月季等）和果树（草莓）等新优品种全覆盖地来中国申请了新品种权。这更多属于一种防御性的知识产权保护策略。花卉种子、种苗、种球等繁殖材料的重复生产与销售，除非是获得品种权人的授权许可，否则如果擅自扩繁留种都可能构成对权利人的侵权，这一点对无性繁殖的观赏植物来说最为敏感，也最为重要。目前，国内有部分花卉种植企业和个人无视植物新品种的知识产权，随意扩繁新品种，已对中国花卉产业的国际信誉造成了相当大的负面影响，虽然他们的产品现阶段尚可在国内市场"合法"销售，但如果出口将会遭遇品种权瓶颈。

（3）出口环节的知识产权问题

世界贸易组织 WTO 的《与贸易有关的知识产权协定》（简称 TRIPS 协定，Trade-Related Aspects of Intellectual Property Rights）对知识产权在国际贸易中的保护作出了明确规定，成员国海关均可依据《海关法》及《知识产权海关保护条例》对国际贸易中与知识产权相关的货物与服务贸易等实施法律保护。因此，在花卉产业链中，无论是生产繁殖环节，还是销售流通领域，甚至终端使用阶段都要尊重知识产权，对植物新品种权实行合理而必要的保护。

重点是花卉产品出口中的知识产权壁垒。国外育种公司可以依据《知识产权海关保护条例》通过在输出或输入国的海关申请备案对自己的知识产权实施保护，他们既可以在中国，也能向花卉产品出口目标国的海关申请保护，而各国海关均可依据他们的相关法律来满足权利人的保护要求。这方面的案例已有多起，国内的花卉生产企业在不了解品种来源是否合法的情况下，由未经品种权人授权（非法）生产的种苗公司购入大批的生产用苗，在产品收获后即直接往日本市场出口，殊不知，此类品种权人早已在日本海关登记备案，一旦遇到这类侵权嫌疑的产品，海关不仅会扣留产品，而且还将处以巨额罚款。如果此类案件频繁发生，将会对中国花卉产品的出口乃至产业信誉造成相当大的负面影响，对花卉产业的健康有序发展形成空前的压力。所以国内的所有花卉从业人员务必遵循国际惯例，尊重知识产权，要有国际视野和全球眼光，尽量避免目光短浅、观念落后、信息闭塞的鲁莽行径。

除此之外，随着中国改革开放的不断深入、居民生活条件的持续改善以及收入水平的明显提高，出国旅游观光和消费购物的人士越来越多，其中就有一些堪称"新品种猎手"的人专门在发达国家的园艺超市、花卉市场、花园中心和专业场所收集、猎取园艺植物新品种，再通过地下渠道输入或由游客随身带入境内，形成一条灰色甚至黑色的产业链，其中就有很多的 PBR 保护新品种。若是已在中国申请了新品种权，那在引入国内擅自扩繁销售之际即侵犯了权利人的知识产权；若还未在中国申请新品种权但属于最新品种，这样输入国内擅自进行扩繁，就会在国际上造成相当大的负面影响。

11.4.4 应对之策

2008 年，《国家知识产权战略纲要》，明确将自主创新、保护知识产权上升为基本国策。实施国家知识产权战略，大力提升知识产权创造、运用、保护和管理能力，有利于增强中国自主创新能力，建设创新型国家。知识产权战略，将成为新中国建国以来经济、科技领域继人才发展战略、科教兴国战略、可持续发展战略之后的第四个国家战略。

自主育种与新品种保护方面，知识产权作为进行市场竞争的有力武器，眼下已然成为企业乃至一个国家的核心竞争力所在。可以通过以下方式来创造、选育出具有自主知识产权的花卉新品种。

①跟踪发展，将自主创新确定为育种的目标 目前，国内花卉生产单位、种植农户与专业公司在不得已而为之地跟踪发展的同时，利用自身对国内市场比较了解的本土化优势，通过良好的市场营销，取得一定的市场份额之后，就不宜总是跟在跨国公司身后亦步亦趋，而是应当加大对技术创新的投入，创造条件开展自主创新育种，逐步选育出具有自主知识产权的花卉新品种来，一步一个脚印地打入国际高端市场。

②未必完全自主研发，可采取与国外公司合作育种的方式 有实力的企业早期可通过跨国并购的方式把国外的领先型育种公司收购并入，在此基础上消化吸收、融合发展，既要竞争，亦需合作。努力调动育种人员的积极性与创造性，整合各方资源，经过十到二十年的艰苦努力，力争把中国自主培育的花卉新品种发展成为国际市场主要品种。

③避开热门种类，错峰发展，差异化竞争，专攻选育中国特有的植物新品种　举例说明，棕榈园林在21世纪初期，当夏季开花的杜鹃红山茶（即张氏山茶）种质资源于广东省阳江的山区被发现之际，凭着敏锐的市场判断力和锲而不舍的专业精神，自筹资金持续投入开展四季茶花的杂交选育工作。经过十余年的努力和大量的人力、财力、物力的投入，终于育成四季皆可花开不断的突破性茶花新品种。这些新品种一经问世即惊艳全球的茶花界，堪称继20世纪60年代黄色系茶花资源被发现轰动了国际茶花界之后的又一具有里程碑意义的成就。目前，四季茶花系列新品种不仅在国内大力推广应用，也已在国外特别是欧洲、美国、日本和澳洲开始了一种全新模式的国际化战略，即：引种试验（种植+市场）→申请新品种权（以棕榈公司的名义）→授权许可扩繁生产（规避产成品出口销售的烦琐）→全面推向市场（以知识产权为抓手，全面走向世界）。

11.5　世界主要国家新品种保护制度

11.5.1　欧盟与荷兰的植物新品种保护制度与成效

欧盟（European Union）自2020年英国脱欧后现有26个成员国，UPOV的创始成员国基本都来自欧盟国家。目前欧盟设有植物新品种保护办公室（Community Plant Variety Office，CPVO）专门受理和审查新品种权申请，其所覆盖的范围包含了欧盟全部26个成员国，因此，一般去欧洲申请新品种保护基本都是直接去CPVO，很少再去单一的欧盟国家申请。CPVO目前基本实现了电子化、无纸化申请审查程序，其官费申请费部分也在不断降低，但DUS测试费用需要每年缴纳，而且必须由幼苗阶段开始测试，这样对于木本植物（如果树）来说就花费不浅，最高的申请需花费近10万人民币才能完成测试后获得新品种权授权。

荷兰的大田作物（主要是马铃薯种薯）和园艺作物种子种苗的出口仅次于美国，位居全球第二。其最早的植物育种者权益法律是于1941年第二次世界大战期间制定的植物育种者法令（Plant Breeder's Decree），该法令随后因1967年6月1日新公布实施之种子种苗法（Seeds and Planting Material Act）而停止使用。种子种苗法是在1961年UPOV成立后，为顺应该组织于当年12月2日公布之国际公约而专门制订的，后来随着UPOV公约分别于1972、1978及1991年3次修正，荷兰也对国内的种子种苗法进行了相应的修订。

荷兰是UPOV的5个创始会员国之一，也是UPOV公约1991年新文本修正后最早生效执行的五个会员国之一。历经半个多世纪的发展，其新品种保护制度与实施均已成熟稳定，可为后来者学习提供借鉴。

（1）新品种权申请、审查与测试机构

植物育种及繁殖研究中心（DLO-Centre for Plant Breeding and Reproduction Research，CPRO-DLO）为荷兰农业与自然资源部下属的研究单位，是该国负责所有作物品种登记研究及性状检定的唯一机构，工作人员包括室内试验室10多位研究人员（包括蔬菜、花卉及观赏植物各方面的资深专家，同时为植物新品种保护局的终身专家，以及其他技术人员），以及田间工作的技术人员等共约 30 人。

植物新品种保护局，即植物育种者权利局（Board for Plant Breeders' Rights，BPR）为农业与自然资源部立法成立并编列预算支出的独立机构，隶属该部下属的法务部门，固定编制人员包括 1 位法定执行秘书及 4 位行政人员。另依法组织由 1 位主席及 5 位学者专家组成的审查委员会，以审理新品种权利登记申请案。诉讼案件则由 1 位法定主席、1 位法定执行秘书及 5 位学者专家组成的诉讼部门负责。

(2) 植物新品种权申请及审查程序

①申请　申请新品种育种者权登记，必须向植物育种者权利局提交下述书面资料、植物材料并付费。

申请表格　必须署名，详填技术问卷（technical questionnaire），并附新品种的有关照片。

品种暂定名称　可稍晚提出，但必须符合命名规定，若不符合则无法给予登记。至于名称之检索，可参考 UPOV 推荐方法或自电脑数据库中搜寻。植物育种者权利局受理申请案后，将核对包括国家品种名录、欧盟和 OECD 名录等在内的品种名称计算机资料库。名称若经准许，将公告于该局公报，公告 3 个月期间，其他 UPOV 国家、国际组织或个人等皆可提出异议。

植物材料　申请材料若经受理并进入审查程式后，申请人必须交付品质良好、具备一致性和稳定性的合格繁殖材料。

②检定与 DUS 测试　荷兰植物新品种权申请的新品种性状检定测试采取官方检测的方式，即凡申请权利登记的新品种均需交由政府测试机构负责进行性状检定。检定的目的是为确认申请登记新品种所属种类及其新颖性，并通过测试确定其是否符合特异性、一致性和稳定性即 DUS 的要求。

品种新颖性检定　品种权申请一经受理，该新品种即接受新颖性审查。与所有的 UPOV 国家一样，该品种在申请日前公开销售不得超过 1 年，若系国外或欧盟以外国家引进者，则限 4 年内，树木类及藤本植物则限于 6 年以内。

DUS 检定测试　可于荷兰进行或基于国际合作检定方式进行。若在荷兰境内，皆由植物育种及繁殖研究中心进行，欧盟国家间则另有合作检定的协定。如荷兰负责郁金香、月季、马铃薯、莴苣及草类等作物；英国负责菊花、苹果及其他果树等作物；德国负责草莓及天竺葵等作物；丹麦负责圣诞红等作物；法国则负责玉米等谷类作物。

性状检定所需时间根据作物种类不同而各异，一般而言，观赏植物为 1 年，蔬菜及农作物为 2 年 2 个生长周期，草类作物则为 3 年。至于样品数量也因作物不同而各异，无性繁殖作物大部分为 25 株，但如兰花之类极昂贵的材料，若申请者仅提供 2 株也可接受；有性繁殖作物，也因作物不同而不同，提交的种子数量，如番茄为 20~30g、甘蓝为 60g、莴苣为 50g。

植物育种及繁殖研究中心每年新增受理检定的新品种权申请 35~40 件，同时还进行 100 种以上包括农作物、园艺作物及观赏植物在内的新品种检定试验。

DUS 报告及授权　测试检定单位第一年试验进行完毕后，提出期中报告交给申请者，由申请者续缴第二年检定费用。整个试验结束后，性状检定专家将针对试验结果提出暂时性报告，申请者需对报告的内容提出说明。申请者对于报告内容若认无任何问题，则该品种权利登记即获确定，缴纳年费后其新品种权申请即告授予品种权；若有疑义，则该申请案将被驳回并告知申请者。申请者对于不予权利登记的审查结果若不服，可向植物育种者权利局诉讼部门申诉。

（3）植物育种者权利局公报

该公告为月刊，双语（荷兰语及英文）编辑，各章节内容包括：申请者、品种登记名称（含最初的暂定名称及授权的品种名称）、撤销、判决（授权登记及驳回）、权利之期限、其他通知和相关信息等。

荷兰将农作物品种的预备试验、生产试验和官方审定称为栽培应用评估（value for cultivation and use，VCU），与中国一样，重点考察大田作物的产量、品质与抗逆性等特性，园艺作物无需经过此程序。VCU 试验常与植物新品种保护的 DUS（特异性、一致性和稳定性）测试同时进行，这样可以省去相当多的时间和经费（图 11-1）。

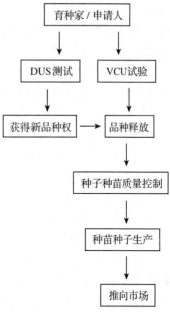

图 11-1　品种审定与新品种保护流程示意图

荷兰的植物新品种权申请有 80% 以上是观赏植物，大田作物所占比例很少；而中国的农作物申请则占到 90% 左右，日本则介于二者之间。在荷兰，仅百合一种每年的品种权申请量就达 80~100 件，而且被申请新品种保护的百合品种占百合总量的 95%。

11.5.2　日本的知识产权战略与植物新品种保护

（1）知识产权战略

进入 20 世纪 90 年代，日本在高技术领域的竞争力开始落后于欧美，而在传统工业和劳动密集型产品方面，又面临着亚洲其他国家（地区）的竞争。在这样的背景下，日本开始确立"知识产权立国"的国策。在进行深入的调查研究和充分论证的基础上，2002 年 7 月 3 日，日本政府的知识产权战略会议发表《知识产权战略大纲》，将"知识产权立国"列为国家战略，同年 11 月 27 日，日本国会通过了政府制定的《知识产权基本法》，并于 2003 年 3 月 1 日生效，为"知识产权立国"提供了法律保障。在组织上，2003 年 2 月 25 日，日本政府决定在内阁增设知识产权战略总部，作为过去直属首相的咨询机构"知识产权战略会议"的延续，由全体内阁成员和 10 名在知识产权方面有专长的成员组成。日本政府的做法，值得我们借鉴和深思。

（2）植物新品种保护制度

日本政府在 1998 年 5 月对《种子种苗法》进行过一次全面修订，主要目的是为了扩大植物新品种保护的范围，当时修订的《种子种苗法》内容符合 UPOV 公约 1991 年文本的要求，这也标志着日本自此开始执行 UPOV 的 1991 年公约；1998 年 5 月以后，日本又对《种子种苗法》进行过几次修改，其中最为重要的一次修订是 2003 年通过的新《种子种苗法》规定：凡未经品种权人许可，其他国家使用在日本获得的授予品种权的植物新品种作为源材料所生产的种子、种苗、收获物（是指切割、冷冻、干制或盐浸的植物收获体，如鲜切花、采摘的蔬菜与水果，冷冻和盐制蔬菜等）及其加工品（包括加热煮制如烤、蒸、喷、煮而成的熟制品，烟熏、碾碎或挤压的植物收获材料）再返销日本的都属侵权，将会受到严厉处罚。为配合该法的实施，日本的《关税定率法》于2004年4月1日执行，要求各口岸禁止侵害"植物育种者权益"产品的进口，并在相关口岸配备了DNA检测分析设备。

由于日本目前实行的是UPOV公约1991年文本，因而他们对植物新品种的保护力度更强，对品种权人（育种家）权益的维护得更为全面，主要表现为：

①对实质性派生品种（essentially derived variety，EDV）的定义，仅是通过选择变异株、回交选育、转基因方法、细胞融合（限于非对称的融合途径）等手段从被保护的源品种选出的、只有部分性状特征得到改变的一类品种。对此类实质性派生品种的知识产权保护，日本的最新规定是：该类新品种可以获得品种权，但在进行商业销售和品种开发时必须得到该派生品种的源品种所有人的同意。这一点对国内的花卉育种家或相关花卉企业至为重要，因为目前许多的国内育种单位选出的新品种均来源于国外品种的突变或芽变体，尤以月季较为突出。如果这些单位选育的此类芽变种未经源（母本）品种所有人的许可，那么，由他们的这类"具有自主知识产权"的新品种生产的切花产品在出口日本时就会遇到麻烦。

②品种权的有效期限即新品种的被保护期限，在日本多年生植物（木本植物如果树、林木、木本观赏植物等）为30年，其他植物是25年，基本多出中国10年的保护期限。

③育种者权益的例外（豁免）条款如下：

第一种情形是用于实验研究以及培育其他新品种的目的，品种权人不享有该品种的独占权，这一点与中国及国际惯例相符。

第二种情形是指农民特权，即农民自繁自用授权品种的种子种苗及其收获物的可以享受豁免，品种权人无权覆盖至此。然而，对于无性繁殖的植物新品种，如果品种权人与农民或相关责任方就某一种植物有约在先，那么品种权人的权利将延伸至协议所约束的植物种类上。据日本经济新闻社报道，日本国会于2020年12月通过的旨在打击新品种非法外流，保护其水果、蔬菜和花卉类园艺作物新品种知识产权的《种苗法》修订法案于2021年4月正式生效。4月9日，日本农林水产省首次公布了禁止带往海外的农业新品种清单，其中包括'阳光玫瑰（Shine Muscat）'葡萄和'甘王（Amaou）'草莓等1975个品种。针对这些品种，有关部门将基于4月1日开始部分实施的日本《种苗法》（修订）建立相关制度，防止优良品种流向海外，以在2030年实现农产品出口额达到五万亿日元（约合人民币2988亿元）的政府目标。日本《种苗法》允许对与农业新品种开发相关的知识产权实施保护。通过该法修订，将能够特别指定日本登记品种可以输出的国家和地区。例如，如果指定地区为"泰国和越南"，就只能将该品种种苗带往这两个国家。对于非法带往非指定地区的行为，侵犯知识产权的相关处罚条例将适用。

(3) 植物新品种保护的执法

日本的民法中有关知识产权侵权制止、损害赔偿和商业名誉恢复等条款规定；在刑事处罚上，对于侵权的刑罚处 3 年以下劳动教养或罚款 3 百万日元以内，对法人的处罚不超过 1 亿日元。

如果发现品种权侵权案件，通常采取以下措施：

第一步，发现侵权，收集证据：从 2005 年 4 月开始，日本的国立种子种苗中心任命了 4 位品种保护对策官或称侦探、监查员（PVP G-men），负责监视和查处植物新品种权侵权的各类案件，他们的主要工作包括：

①在品种权侵权的查处方面提供咨询与建议；

②收集并提供品种权侵权相关证据与信息；

③对品种权人请求的、通过 DUS 测试或 DNA 鉴定将侵权嫌疑品种的特征特性与类似品种比对、鉴别等工作进行专业指导；

④记录、寻找并确认嫌疑侵权的行为，包括销售路径和嫌疑品种的数量等；

⑤贮存植物材料并查验嫌疑品种的名称；

⑥属于国际贸易的，请求日本海关滞留嫌疑侵权品种的种子种苗、收获物或制成品。

第二步，提出警告，试图谈判：品种权人与侵权嫌疑人双方若能通过谈判解决纠纷，则嫌疑方首先必须停止侵权，在同意缴纳品种权使用费的前提下双方可以协商解决并可继续下一步的合作；如果双方谈判不了抑或是谈判破裂，那么权利人将诉诸法律程序。

第三步，协商不成，司法解决：权利人提出法律诉讼，要求侵权方停止侵权，赔偿损失；若属于跨国侵权，则可请求日本海关查扣侵权嫌疑品种的种子种苗、收获物及其制成品等，并提出犯罪指控。

11.5.3 美国的植物专利新品种保护制度

当今世界上，唯有美国比较特殊，他们对于无性繁殖的新品种给予植物专利保护（USPP），由美国商务部（USDC）的专利与商标办公室（USPTO）负责；而对于其他方法培育的品种（包括无性繁殖的块茎类植物和有性繁殖的农作物类）给予植物新品种保护，由其农业部（USDA）下属的农业科技市场服务中心（AMS）的植物新品种保护办公室负责受理和审查。但自 2020 年开始，美国农业部已开始受理所有种类的植物新品种权申请，主要是考虑到国家对具有战略价值的生物种质资源的收集与保存，以及申请人对新品种的新颖性宽限的需要。这也将出现交叉重叠、申请人可以二选一的情况，即无性繁殖的新品种既可继续在商务部申请植物专利，也能在农业部申请植物新品种权。此外，还有实用新型专利可以对新品种进行保护。

(1) 植物专利（US plant patent）

准确的名称是指植物新品种专利，其受理和审查的官方部门在美国商务部下属的专利商标办公室。植物专利的主要特点与要求如下：

①新颖性的规定遵从于专利制度而非新品种保护制度的要求，即要求该新品种公开而不是仅指销售（包括出版、展览展示、论文或广告发表、网络宣传公开等）不得超过 1 年；

②中小型申请人的官费（申请费、证书费）可按减免一半收取；

③植物(新品种)专利的保护期是自授权之日起17~20年;

④无需缴纳任何授权后的年费,仅一次性缴付授权前的所有费用;

⑤无需提交任何植物材料用于测试等,仅凭书面材料和彩色照片予以授权,但该类材料要求极为翔实,植物学性状的描述可达200余项,当然也要求必须完全真实可信。

(2) 植物新品种权(US plant variety protection certificate)

在美国农业部下属的农业科技市场服务中心(AMS)设立植物新品种保护办公室(PVPO),基本等同于国际上通行的植物新品种保护制度,适用于UPOV公约1991年版本。重点受理有性繁殖的农作物类及块茎类植物新品种权申请。

美国政府考虑到植物种质资源作为生物资源的重要组成部分,属于国家战略资源。为实现尽可能多地收集和获取植物种质资源,很有必要对无性繁殖的植物新品种要求申请人尤其是国外的申请人提供繁殖材料到美国境内进行保存。因此,2018年,经对《农场法案》(Farm Bill)的修订,自2020年开始,无性繁殖的新品种既可选择植物(新品种)专利,也能选择在农业部申请植物新品种权,其优势及其与修订前的区别在于:

①优势　新颖性的宽限期由全部1年扩展至境外6年(木本)和4年(草本)。

②区别　需要提交繁殖材料用于保存(种子类植物新品种一般需要提交3000粒种子)并进行DUS测试,或者对无性繁殖、无法保存的植物新品种由申请人自主测试+审查员进行现场考察;如果某个新品种既可通过有性繁殖也能进行无性繁殖,那么它可根据情况申请植物专利或者新品种权。

此外,官方费用增加,一次性即需缴纳5000多美元的官费,目前的政策是授权后需缴纳年费维护等。

(3) 实用新型专利(US utility patent)

植物领域保护的对象包括植物、植物的器官或组织,还可以包括改良的植物基因、蛋白质,以及生产或使用上述产品的方法等。此种形式要求提交有性繁殖的种子数量一般是2500粒。

11.5.4　其他国家

部分其他发展中国家,由于重视对花卉新品种实行有效的知识产权保护,使得花卉产业获得良好发展。如南美洲的哥伦比亚,在其首都波哥大高原地区,目前的鲜切花种植面积已近万公顷,种植种类以月季、菊花和香石竹为主,产品直接出口至美国和欧洲发达国家,每年由此提供的直接就业人口达10余万,还可间接解决10万人的就业。近年,哥伦比亚的鲜切花出口创汇达到10亿美元以上*。此外,目前在哥伦比亚和厄瓜多尔等南美洲发展中国家香石竹的生产上,切花种植户主动支付种苗繁殖费(即新品种权使用费)的比例已经超过90%。

在非洲的肯尼亚,鲜切花与切叶的年出口额可达数亿美元,花卉出口已发展成为肯尼亚的第三大创汇产业,占据该国总出口额的比例也在提高,同时还创造出若干个就业机会以及带动巨大就业规模的关联产业发展。津巴布韦也是非洲的后起之秀,他们的花

---

* 数据来源:哥伦比亚花卉出口商协会(AsocoFlores)。

卉产业发展速度甚至已经超过了中国。所有这些可观的发展成果很大程度上都应归功于这些国家对知识产权(植物新品种权)的尊重,尽早且全方位地与发达国家接轨,遵循国际惯例,不断从中获益。

11.6 花卉新品种管理

11.6.1 品种审定与登记

这部分内容实际包括农业和林草两方面的:

即主要农作物(5种)品种审定和非主要农作物的品种登记,以及林木良种审定与认定。主要是针对关系国计民生和国家粮食安全的大田生产农作物类以及事关国土绿化、生态安全与环境保护而设计的农业和林草植物品种管理制度,是由国家级、省级的农作物品种或林木良种审定委员会对新育成的或者新引进的农林植物品种通过试验、示范进行区域化鉴定,按规定程序进行审查,决定该品种能否推广并确定推广范围的过程,其目的是为防止盲目引进和任意推广不适宜本地种植的或劣质的品种,给农林业生产和农民利益造成损失。品种审定主要针对重要的农作物品种和主要的林木品种而言。2000年12月1日起实施的《中华人民共和国种子法》第十五条规定:"主要农作物品种和主要林木品种在推广应用前应当通过国家级或者省级审定。"据此,农业农村部确定水稻、玉米、小麦、大豆、油菜、棉花和马铃薯7种农作物品种必须通过国家级或省级审定,各省、自治区、直辖市还可在此基础上确定2~3种农作物品种经过当地审定。而2016年修订后实施的《种子法》将农作物分级为主要农作物仅限于水稻和小麦(口粮)、大豆(食用油及蛋白质)、棉花、玉米(饲料)需进行品种审定,除此之外的列为非主要农作物需进行品种登记,农业农村部公布的第一批非主要农作物包含了旧《种子法》规定、当初由各省、自治区、直辖市确定的其他29种包括粮食、油料、糖料、蔬菜、果树、西甜瓜(西瓜和甜瓜)及热带作物类,尚无一种观赏植物。

除此之外,申请人既可申请各级品种审定委员会组织鉴评、认定,也能通过各级科技主管部门或行业协会、专业学会组织的专家鉴定或经科技成果鉴定;对于园艺作物尤其是观赏植物来说,更多的是由国际或国家的民间学术团体即园艺学会来进行各类品种登录。

11.6.2 品种登录

品种登录是加强国内国际合作与交流的重要前提,意义重大、影响深远,同时对于育种者的权益保护可起到一定的辅助作用,目前基本局限在观赏植物范围内。而品种国际登录的主要意义在于:

①让不同的植物新品种各有其统一、唯一和合法的名称,竭力规避同物异名和同名异物的现象发生,这大大有利于国际交流;减少并避免目前大量存在的品种同名异物和同物异名现象,有助于最终根除品种的名称混乱。

②由于品种登录时要求上报正式的性状特征、系谱来源以及其他相关资料,这就等

于建立了国际统一的品种档案材料，有利于研究、推广与交流、生产。

③植物品种的命名必须严格遵守最新版本的《国际栽培植物命名规则》(*International Code of Nomenclature for Cultivated Plants*)的规定，从而使得各国的园艺植物品种名称趋于规范化、标准化。

④将不同的植物品种纳入国际登录体系的统一管理之下，可以促进全球各国间、科研教学单位、专业协会(学会)以及种子种苗公司和生产者之间在园艺植物品种名称上的统一一致和交流合作(陈俊愉，1999)。

目前，全世界共有70多个花卉类作物的国际登录权威分布在10多个国家，其中，美国29个，英国20个，澳大利亚5个，亚洲的数量近年一直处于增加中。当今世界流行的花卉及观赏植物大多数已有了国际(品种)登录权威，如月季在美国，山茶在澳大利亚，菊花、兰花、杜鹃花、莲类在英国，丁香在加拿大，牡丹与芍药的品种国际登录权威是美国牡丹芍药学会，而三角梅在印度。1999年11月，国际园艺学会命名与登录委员会及其执行委员会、理事会首次授权中国花卉协会梅花蜡梅分会，作为梅(含梅花和果梅 *Prunus mume*)品种的国际登录权威；随后于2004年12月，中国花卉协会桂花分会又获得同样授权，成为木犀属(*Osmanthus*)植物栽培品种的国际登录权威。后续还有竹类(Bamboo，2013)、海棠属(*Malus*)、山茶属(*Camellia*)、枣属(*Ziziphus*)、秋海棠属(*Begonia*，2020)、莲属(*Nelumbo*)、鸢尾属(*Iris*)、姜属(*Gingiber*)和沙漠玫瑰属(*Adenium*)等的栽培品种国际登录(权威)相继落户中国或在中国设立分支机构。

11.6.3 三者的异同

综上所述，农林作物的品种审定和登记、园艺花卉作物的品种登录或称品种注册与植物新品种保护是明显不同的，三者均属品种管理的内容，但其间的区别是明显的，主要表现在：

品种审定和登记是一种以《种子法》为法律依据的强制性要求，对应于欧洲荷兰的品种栽培与应用评价(value for cultivation and use，VCU)。一般情况下，通过2～3年的预备试验、区域试验和生产试验，重点测定参试品种的农艺性状包括产量特点、品质特征与抗性(抗病、抗虫、抗逆境等)鉴定以及DUS(distinctness 特异性、uniformity 一致性和 stability 稳定性)结果。

新品种保护属于财产权的范畴，本质上是非强制性行为，依据《种子法》和《植物新品种保护条例》，申请法律对植物新品种实施行政与司法保护，通俗地说就是申请国家法律对新品种权利人的知识产权即无形财产权进行保护。与品种审定和登记不同，新品种保护重点审查、测试申请品种的暂定名称、新颖性、特异性、一致性和稳定性(DUS)，以品种的植物学性状为主，强调植株的根、茎、叶、花、果实、种子等特征特性的观测与鉴定，而对该新品种的产量、品质与抗性特征不作要求，常常可以忽略不计。

小 结

作为专利制度的一个分支,植物新品种保护制度是农业领域最重要的知识产权,其主要的法律特征就是独占权,即专有性、垄断性,此外还具有无形性、地域性和时间性(新颖性)等特征。植物新品种保护的目的是保护农林植物的新品种权(相当于发明专利权),鼓励培育和使用植物新品种,促进农林草业生产的发展,为确保国家的粮食安全、保护国土生态环境和改善人民的生活质量源源不断地提供优质丰富的农作物、经济作物、林草、果树和观赏植物的新品种。"一粒种子可改变世界",而一个植物新品种可以成就一个产业。

植物新品种保护即 PVP 的具体表现形态为"植物新品种权(PVR)",也称作"植物育种者权益(PBR)"保护。我国的《植物新品种保护条例》符合 UPOV 公约 1978 年文本的基本要求。目前,UPOV 成员国中,绝大部分国家均选择了专门立法形式即植物新品种保护制度来保护植物新品种。除了主要通过新品种权的形式进行保护外,植物新品种还可通过其它的知识产权形式加以辅助性保护,如注册商标、授权品种的名称以及专利、商业秘密等。中国植物新品种保护的法律体系逐步形成并健全,新品种权维权的司法实践日益丰富,有效弥补和大力促进了植物新品种知识产权保护的法律法规体系和发展完善。

世界贸易组织(WTO)的《与贸易有关的知识产权协定》(简称 TRIPS 协定)对知识产权在国际贸易中的保护做出了明确规定,成员国海关均可依据《海关法》及《知识产权海关保护条例》对国际贸易中具有知识产权相关的货物与服务贸易等实施法律保护。花卉进出口及生产环节的知识产权保护包括进口、出口环节的品种专利许可问题,以及在花卉产业链中,无论是生产繁殖环节,还是销售流通领域,甚至终端使用、消费阶段都要尊重知识产权,对植物新品种权实行合理而必要的保护。了解学习发达地区欧盟和美国、日本的新品种保护先进经验,通过对其制度介绍,为我国花卉国际贸易中的新品种保护提供参照并逐步实现与国际接轨。

与此同时,专门论述了花卉园艺业界屡被困扰和混淆的品种管理三种形式:品种审定(及登记)、品种登录和新品种保护三者的具体内容与异同。

思考题

1. 什么是植物新品种保护?请解释品种的概念。
2. 知识产权包括哪几种类型?知识产权的有哪些主要法律特征?
3. UPOV 公约 1978 年文本和 1991 年文本有哪些区别?我国加入的是哪个版本公约?试谈看法。
4. 简述品种审定(登记)、品种登录与新品种保护三者的内涵与异同点。
5. 试述植物新品种保护在花卉国际贸易中的主要作用,在国际贸易中需要注意哪些方面?

参考文献

农业部植物新品种保护办公室,1999. 植物新品种保护基础知识[J]. 北京:蓝天出版社.
郁书君,2019. 谈谈无性繁殖新品种的知识产权保护[J]. 中国花卉园艺,2019(15):20-23.
周翔,罗霞,游美玲,2020. 植物新品种权中繁殖材料的认定[J]. 人民司法,2020(1):39-42.
Plant Variety Protection Office, 2005. Ministry of agriculture, forestry and fisheries, variety registration system and breeder's right in Japan.

12 花卉认证与国际贸易

随着花卉产业蓬勃发展，花卉已成为全球性的大宗贸易产品。世界花卉产业发展经历了从产销同地到分离的过程，当前，世界花卉产业发展的趋势主要是：发展中国家花卉生产迅速扩大，并积极组织出口，给发达国家花卉生产和出口带来一定的冲击。对此，一些发达国家，特别是荷兰、美国和日本为巩固有利于自己的国际花卉贸易格局，启动了以"三个保护"为核心的市场竞争策略（提高产品质量，保护消费者利益；提倡生产和经营环保型花卉产品，保护人们的生存环境；尊重知识产权，保护品种专利），抬高了发展中国家进入国际市场的门槛。

花卉业已成为全球最具活力的产业之一，随着花卉业的发展和消费者对环保问题的日益关注，国际上出现了花卉业的认证。在2003年昆明国际花卉展期间举办的研讨会上，来自荷兰的有关专家和企业家反复强调了有关保护花卉新品种专利权和实施观赏植物生产的相关认证、生产和经营环保型花卉产品等问题，这将是今后花卉产品进入国际市场的"门票"，也是花卉竞争转向"科技战"的重要标志，应当并引起有关方面的重视。

12.1 花卉认证概述

12.1.1 花卉认证的概念

早在20年前，花卉产业就开始提倡一个可提升产业形象的观念——企业社会责任，透过这个观念，种种与环境改善相关的实际行动正逐步地进行。这些观念目前已落实为许多不同的认证计划，也称环保标章（全球约有15个），其中有国家级、国际级的，有以产业为基础的或是以民间组织为主的。

花卉认证通常包括对花卉可持续经营的认证和花卉产销监管链的认证。花卉可持续经营认证是按照公认的原则和标准，对申请认证的花卉经营企业的经营管理活动进行评估，评估内容包括花卉调查、经营规划、花卉基础设施，有关的法律、法规，以及环境、经济和社会等方面。花卉产销监管链认证是对花卉产品从原产地花卉经营到运输、加工、流通直至最终消费者的整个过程进行认证。

花卉认证是一种市场经济措施，其核心是对花卉的生产过程进行评估和认可，目的是在保护环境的同时提高花卉质量，规范花卉贸易，使消费者、生产者、经营者以及权益相关者都受益。花卉认证作为促进花卉产业可持续发展的一种市场机制已经在全世界范围内全面展开，并得到了消费者、生产者和经营者的认可。纵观全球花卉产业的发展，必将有越来越多的种植者加入认证认可标准体系，形成规范化、安全化的花卉交易市场。未得到认证的种植者将很难进入国际市场，而得到认证的种植者将具有较强的竞争力。开展花卉认证工作、逐步实现与国际认证标准接轨，将有利于中国花卉企业在国际市场上争取主动，规避非关税贸易壁垒的影响。

12.1.2 花卉认证的意义

保护环境——花卉认证以减少农药化肥等的投入来减少化学品的使用，保护环境和可持续发展。

提高品质——开展花卉认证，可以使种植者更加注重生产技术的研究与开发，使用新的品种，从而提高花卉品质。

增进健康——有研究表明，减少化学药剂能使种植者、花卉消费者和其他人群的健康得到保证，降低环境中有害物质含量。

促进产业结构调整——通过认证引导生产者从数量型增长向质量型增长转变，发展优质、高效的花卉产业。

与国际接轨，促进出口——获得国际通行的花卉认证，可以提高中国花卉产品的市场竞争力，促进出口。

12.2 花卉认证形式

与花卉有关的认证形式，可以分为针对生产企业或种植者进行的 ISO 9000，ISO 14000 环境管理体系，专门针对花卉产品的 MPS 认证、绿色花卉认证和 GAP 认证，以及针对花卉贸易和发展的花卉可持续发展倡议（FSI）和公平贸易（fairtrade）认证，其中，最为普遍和通行的是 MPS 认证。

12.2.1 MPS 认证

12.2.1.1 概述

20 世纪 90 年代中期，随着人们对环境问题的日益重视，一些发达国家对环保型花卉产品的生产技术要求和管理办法也应运而生。MPS 是 milieu programma sierteelt 的缩写，中文译名为观赏植物生产环保项目。1996 年在荷兰发起，是荷兰农业部、荷兰植物保护局、荷兰农业和园艺业组织联盟（LTO）、荷兰花卉拍卖和种植者协会等部门制定的行业性生产规范，是一项在国际上注册登记的环境保护标准，现已成为一种世界通行的花卉认证形式。它既是花卉认证体系的统称，也是荷兰一家花卉认证机构的名称。

认证不仅是一种认证方式，更是生产环节的监控工具，要求花卉生产企业在系统中详细记录农药、化肥、水、能源和废物等采购和使用信息，督促其比照认证方案中的指标，有意识地合理利用资源，从而实现透明、高效、环保的可持续发展目标。MPS 的目标是促使参加者将其对环境的影响减至最小。通过对花卉生产过程进行评估，以达到将绿色消费与寻求提高花卉生产经营水平和扩大市场份额获得更高收益的生产者联系在一起的目的。根据 MPS 官方网站于 2019 年 12 月发布的统计数据，除荷兰本国的 2249 家获证花卉企业外，已有 54 个国家(地区)的 1190 家花卉生产经营者获得 MPS 认证。

中国 MPS 花卉认证体系的建立，对实现中国花卉产业从数量型到质量型转变，提高中国花卉在国际市场的竞争力，促进中国花卉业持续健康发展，推动中国花卉走向国际市场具有重要意义。

12.2.1.2　主要内容

(1) 认证范围

认证范围主要包括观赏植物、蔬菜、作物、木材、苗圃种苗等的生产过程，此外，近年来还开展了附加认证项目。如评估向超市供花种植者的良好农业操作规范(good agriculture practice，GAP) 证书；评估种植者在遵守社会条款方面的社会证书(Socially Qualified) 等。2004 年又增加了国际标准化组织的 ISO 9001:2000 质量认证、荷兰花卉评级组织认证(Florimark Production) 以及 MPS 零售认证(MPS Trade Cert) 等。

(2) 认证的生产周期

MPS 规定，一个生产周期为 13 个月，即种植者必须提交连续 13 个月的资料和数据，在此基础上进行打分和审定。

(3) 认证项目的主要指标

获得 MPS 认证，最基本的要求是符合病虫害防治手段、氮磷肥料使用、能源(包括天然气和电)使用、废物处理和水的使用 5 项主要指标。种植者能否获得 MPS 认证完全取决于所采取的生产方式。

(4) 病虫害防治手段

对植物保护用品的使用情况，必须每 4 周登记 1 次，允许使用的药剂是有限度的；对被使用的药剂数量和使用后的剩余数量，都必须进行控制；鼓励使用生物学植物保护用品；要针对每个植物组群确定特定标准。

禁止在病虫害防治中使用气雾设备和气雾喷射器械。禁止使用毒性的敌敌畏，只允许按照正确的剂量、在每个认证周期中最多使用 1 次二嗪农和庚烯。凡是农药委员会(Commissie Toelating Bestrijdingsmiddelen，CTB)不准许在荷兰或相关种植业中使用的毒性物质，都须禁止使用。鼓励采用生物防治手段防治虫害，在必须使用农药时，应选择对环境危害最小的农药。MPS 总部将农药分成 3 类，分别以绿色、黄色、红色标签表示各种农药对环境造成影响的程度，绿色标签的农药对环境影响最小，而红色标签的农药对环境的危害严重。

(5) 氮磷肥料的使用

对所使用的一切化肥，都必须每 4 周登记 1 次；鼓励高效率地使用化肥；使用化肥的种类和数量都必须进行控制，氮和磷的使用量也有其上限，根据环保项目企业标准确定。磷酸盐中镉的含量，最多不能超过 20mg/kg（供应商提供证明书）。使用常规肥料，也要根据作物的需要施肥。种植者要使用环保型肥料进行合理施肥，既满足植物对营养的需要，又避免肥料浪费。

(6) 能源的使用

对一切形式能源的使用，都必须每 4 周登记 1 次；鼓励高效率地使用能源；确定能源使用方面的标准；鼓励使用高效率能源；能源的使用量也有其上限；能源的消耗主要源自热水锅炉、联合热电供应装置和二氧化碳补充设备等。

(7) 垃圾处理

鼓励充分处理垃圾；鼓励应用自然沤肥法；对垃圾中的各种不同成分，如有机垃圾、塑料、介质、玻璃、包装材料及其他无机垃圾等，都必须进行分类收集和运输。杀虫剂包装材料必须按照农业企业联合会的规定进行处理。种植者要出示关于垃圾处理的证明书。

(8) 其他方面

用于生产花卉的块根和块茎原料，都必须来源于已经注册环保项目的企业。一个环保检验合格的产品，必须以环保的、可识别的和吸引人的方式包装；必须采用可重复使用的箱子，材料必须使用聚乙烯、聚丙烯或循环使用的纸张；禁止使用其他的包装方式。

(9) 社会条款

观赏植物生产环保项目不仅仅关心环境，而且也关心安全、健康和使用条件，包括雇员合同、劳动时间、劳动工资、保健检查、全面的福利、在保证安全的劳动方法和生产方法方面的义务、对风险的归纳和评估等。

雇佣员工　MPS 规定，在任何情况下，禁止强迫劳动；雇员不必向雇主缴纳保证金或将身份证件交给雇主；不得雇佣 15 岁以下的雇员，18 岁以下雇员不得从事对健康有危害的工作；所有雇员都必须与雇主签订合法有效的劳动合同；雇员工资必须达到法定最低标准；在为同一位雇主连续工作一定时间后，雇员有权享受带全薪的年假；女性雇员生产后，有权享受至少 12 周带全薪的产假。

安全与健康　MPS 规定，雇主应向雇员提供饮用水、干净的卫生间，应指定人员负责安全事宜，安全规程应不断更新，并就此问题与雇员沟通。

杀虫剂使用与管理　喷洒设备必须定期检查和调校；接触杀虫剂的人员应接受相关培训，且只有接受过培训的人员才能从事混合、喷洒杀虫剂的工作；雇主应向相关工作人员提供具有防护功能的服装。对于喷施过杀虫剂的区域，人员再次进入时要在严格监控下进行；所有喷施过杀虫剂的区域都要有明显的标志；所有杀虫剂都要有明显的标志，且应注明厂商和生产日期。

(10) 档案

MPS 要求 MPS 成员建立并保存详细的档案，包括劳动合同（无论长期工作人员还是季节性的工作人员）、薪金支付记录、关于安全和健康方面的培训会议记录、所有的事故记录、所有的杀虫剂使用记录和所有的种植记录等。

(11) 评分标准及等级划分

评分标准是针对某一种观赏植物，在一个审核周期(13个月)中所允许使用农药、化肥、能源、水的种类和数量(重量)和垃圾处理情况等的数据登记，根据现有的 MPS 成员在生产中的平均水平而定，按不同作物的情况进行具体评分。种植者总共可以获得 105 分，其中，环保项目 100 分，综合杀虫和治病 5 分，但只有在进行环境检查的框架下，才能获得综合杀虫和治病的分数。一般来说，在环保项目中，植物保护方面占 50 分(至少获得 30 分才有继续申请获得认证的资格)，能源使用方面占 10 分，肥料使用方面占 20 分，垃圾处理占 10 分，水的使用占 10 分。

根据成员执行规章的情况、登记的资料、审核员的打分结果，将其分为 3 个等级，最好的是 A 级(70~100 分)，其次是 B 级(55~69 分)和 C 级(0~54 分)。在荷兰的花卉拍卖市场，达到 A 级的产品售价要远远高于同类产品。对于一个种植多种观赏植物企业的评分，是在对每种观赏植物评分的基础上进行综合评定，最终授予企业一个等级。

(12) 工作过程及缴费

根据 MPS 总部的要求，MPS 成员每 4 周将标准执行数据提交 MPS 办事处。工作人员将对各项数据进行比对，同时查看他们的工作日志；审核员对水、土和植物叶片进行抽样检测并与企业员工谈话，详细了解有关标准的执行情况。通过这些调查，找出种植者存在的问题。一般大约有 30% 的成员每年至少被审核 1 次，如果发现存在欺诈现象，将取消其认证资格。荷兰的 MPS 成员每年交纳的费用为 1000 欧元。对于境外申请者，MPS 将通过对种植者生产数据的分析，得到当地观赏植物生产对环境影响的方式，进而判定在当地进行 MPS 认证的可行性，如果可行，交纳 2000 美元后成为 MPS 成员，此后的年费也是 2000 美元。

(13) 推广情况

在荷兰的花卉拍卖市场，约有 70% 的营业额来自于 MPS 认证产品。MPS 成员正在逐年递增，至 2019 年 12 月发布的统计数据，除荷兰本国的 2249 家获证花卉企业外，已有 54 个国家(地区)的 1190 家花卉生产经营者获得 MPS 认证。MPS 已经成为盆花、观赏植物、球根花卉的市场主导认证体系。与此同时，MPS 也成为其他花卉标准制定与实施的基础，如 EUREPGAP(Euro-Retailer Produce Working Group Good Agricultural Practice)，欧洲零售商农产品工作小组良好农业规范(已于 2007 年更名为 GLOBALG.A.P)。

12.2.2 GLOBAL 认证

12.2.2.1 概述

国外有很多花卉质量的管理经验和措施，质量认证便是其中很重要的内容。欧洲采取的良好农业操作规范(GAP)就是其中认证标准的典型代表，欧洲良好农业操作规范(EUREPGAP)自诞生以来一直保持着强劲的发展势头。截至 2004 年 6 月底，通过 EUREPGAP 认证的面积达到了 724 247 hm^2，是 2003 年的 1.9 倍。

截至 2019 年年底，超过 130 个国家(地区)的 209 440 个生产商获得综合农场保障(IFA)认证，面积超过 384 万 hm^2。其中，41 个国家(地区)的 1940 个生产商获得花卉和观赏植物类认证，面积超过 4 万 hm²。另外，GLOBALG.A.P 在 25 个国家(地区)开展了初级农场保障(PFA)认证工作，这有利于小规模生产者以更加规范的标准改进生产方式，逐步获得 IFA 认证。

近年来，澳大利亚、美国等国家(地区)的协会或组织纷纷制定了自己的 GAP 标准，由此，EUREPGAP 制定了一个基准比较程序，以确保这些标准与 EUREPGAP 的一致性。从 2004 年开始，国家认证认可监督管理委员会也开始启动了中国良好农业操作规范标准的编写工作。

12.2.2.2 EUREPGAP 相关的组织机构

欧洲的产业链由零售商控制，大型超市控制着欧盟大部分的商业资本。欧洲零售商协会是欧洲大型超市的行业协会，会员包括零售商、农产品供应商和生产者，还包括相关的农业企业。EUREPGAP 于 1997 年由欧洲零售商协会发起，其目的在于促进良好农业操作。它是通过第三方的检查认证和国际上统一的标准协调农业生产者、加工者、分销商和零售商的生产、储藏和管理，从根本上降低农业生产中食品安全的风险。随着欧洲对于食品安全问题关注程度的增加，欧盟进口农产品的要求越来越严格。没有通过 EUREPGAP 认证的供货商将在欧洲市场上占有越来越小的市场份额，甚至有可能被逐渐淘汰出局。

Food PLUS 是 EUREPGAP 标准的制定者和拥有者，通过其技术和标准委员会实现对标准的制定、修改、完善和提高。该技术和标准委员会的成员 50% 来自零售商，另外的 50% 来自农产品的供货商。同时，Food PLUS 也组织会议，举办培训班，让相关人员更好地理解 EUREPGAP。

12.2.2.3 主要内容

(1) GLOBALG.A.P 的标准体系

EUREPGAP 相关的标准包括控制点及遵循标准、检查清单和总则(即关于认证程序和检查员的要求) 3 个部分。所有这些文件组织了 GLOBALG.A.P、认证机构和种植者组织之间契约协议的文件系统。现在 GLOBALG.A.P 标准涵盖了新鲜蔬菜水果、花卉和观赏植物、肉类、禽类、奶类、杂粮、水产和咖啡等各个农业生产领域。这里以最具代表性和影响力的花卉标准为例说明其标准架构。

控制点及遵循标准 花卉标准对可追踪性、记录的保存、品种和根茎、地点的历史及地点的管理、土壤和基质的管理、化肥的使用、灌溉、植保、收获、产品的处理、垃圾和污染物的管理、循环使用和再利用、工人的健康、安全和福利、环境问题、投诉表这 16 大类生产和管理方面提出了具体要求。在标准中共有 210 个控制点，其中有 47 个主要必须项，种植者必须证明已经完全履行这类控制点标准；有 98 个控制点是次要必须项，要求有至少 95% 的履行率；其余的 65 个控制点是"应该做到的"，即推荐项，鼓励种植者执行，因为这是属于良好农业的操作规范，即农业生产中比较高水平的措施。

主要必须项 如控制点"可追溯性"，指所有产品必须可以追溯到生产它的农场。

在花卉的安全生产中，可追溯性是最重要的要求，生产者在生产管理中必须证明符合这个标准要求。

次要必须项 如控制点"野生植物保护政策"，要求生产者建立野生植物和自然资源保护计划。这个要求是区域性的或因不同地区而异，并不是所有企业都应遵守。

推荐项 如控制点"土壤的熏蒸"，要求企业证明其通过技术知识、书面证据或本地实践，评估土壤化学熏蒸剂的选择。该条款是指土壤化学熏蒸不是蔬菜和水果生产中最好的生产措施，企业应该积极采取措施来确保优先考虑其他生产措施，只有在不得已的情况下才采取土壤熏蒸措施，并且企业最好通过技术知识、书面证据或本地实践，评估土壤化学熏蒸剂的选择。

检查清单 就是将控制点和遵循标准以问题的形式列出，供企业或认证机构进行内部检查或外部检查时使用。

总则 是对 GLOBALG.A.P 认证相关的定义、流程、标准、程序、认证等事项进行的总体说明。值得注意的是，GLOBALG.A.P 将 ISO 9001 中的内部质量控制思想引入标准，要求企业做好内部审核。在总则中专门以附则 2 的形式规定了农户组织质量管理体系的要求。

(2) GLOBALG.A.P 的认证

申请成为 EUREPGAP 的认证机构，首先要得到 Food PLUS 的批准，同时也要得到认可机构的认可。作为被批准的 EUREPGAP 认证机构，必须严格按照 ISO 65 和 GLOBALG.A.P 的要求从事认证活动，同时，每月要提交给 Food PLUS 一份关于当月认证和注册情况的报告，每年至少要送 1 个人参加 Food PLUS 组织的培训班。

(3) EUREPGAP 的费用

如果种植者或种植者组织运行的系统通过基准程序，即与 EUREPGAP 等效，即被承认拥有 EUREPGAP 认证，不需花费额外的审核费用。如果经营者直接向认证机构提出按照 EUREPGAP 标准进行认证，经营者须交纳由认证机构决定的认证费用。注册 EUREPGAP 还须交纳每年每户种植者 5 欧元的年费以及每次完成检查后收取的认证证书费 20 欧元。这两项费用均由认证机构收取。

12.3　花卉认证与进出口贸易

12.3.1　花卉认证与花卉产品进出口

随着经济全球化，国际花卉市场的开放程度越来越高，并呈现出较强的区域性。欧洲是世界主要花卉贸易和消费区，世界主要花卉进出口国集中在欧洲。发展中国家为了把花卉产品出口到发达国家，生产规模不断扩大，出口量逐年上升，给发达国家花卉生产和出口带来一定的冲击。对此，许多发达国家，特别是荷兰、美国和日本为巩固有利于自己的国际花卉贸易格局，纷纷制定并推出高于发展中国家的环境质量标准，推行新的贸易保护主义，制定以所谓的技术法规、技术标准、认证制度为核心的市场竞争策略，其中最常用的就是借口提高产品质量，保护消费者利益，提倡生产和经营环保型花卉产品，保护人们的生存环境，尊重知识产权，保护品种专利，不断抬高发展中国家进入国际市场的门槛。

12.3.2 花卉认证与中国花卉进出口

中国花卉产业正处在发展进程中的关键时期，花卉认证体系的建立和实施，对于引导花卉生产企业在生产过程中降低农药、化肥等化学合成物质的投入，减少不可再生资源的消耗，减少花卉生产过程中对环境的污染，实现中国花卉产业从数量型到质量型转变，增强花卉生产企业的国际形象和企业竞争力，促进中国花卉业持续健康发展，推动中国花卉走向国际市场具有重要意义；同时，对促进花卉的出口贸易具有重要作用；对于贯彻国务院提出的建设节约型社会、发展循环经济，改善农业生产生态环境、实现可持续发展也具有重要的现实意义。

通过加强花卉质量管理，可以繁荣中国花卉产业，促进花卉的出口创汇，同时科学、有效地控制进口。中国加入 WTO 后的优异表现及 2008 年举办的奥运会提出的"绿色奥运"的目标，为促进花卉消费并使中国花卉走向国际市场提供了重大机遇。2013 年国家林业局印发《全国花卉产业发展规划（2011—2020 年）》，强调要健全以质量为核心的花卉标准化体系，促进出口花卉产品质量标准与国际接轨。2018 年，国家林业和草原局科学技术和科技发展中心委托中国林业科学研究院编制中国森林认证体系框架下的花卉认证标准，以及近些年陆续发布的国家、行业、地方标准、技术规程等，都旨在尽快建立起与国际接轨的中国花卉认证认可监督管理制度。

小 结

本章重点介绍了 MPS 认证、有机花卉认证及 EUREPGAP 认证的概况及主要内容等。针对我国花卉业的发展，结合目前国际花卉认证的形势，讨论了花卉认证引入的意义和对中国花卉进出口的影响。

思 考 题

1. 什么是花卉认证？
2. 花卉认证有哪些形式？最普遍的是哪种形式？
3. 简述 MPS 认证的概念及意义。
4. 花卉认证有哪些意义？
5. 简述花卉认证与中国进出口贸易的关系。

参 考 文 献

白燕枫，2007. 中荷 MPS 花卉认证合作项目启动仪式在京举行[J]. 中国花卉园艺（1）：19.
孟凡乔，周鑫，尹北直，2005. 欧洲良好农业操作规范（EUREPGAP）介绍[J]. 世界蔬菜（5）：13-14.

王丽花, 张艺萍, 杨秀梅, 等, 2016. 借鉴国际经验, 建立健全我国花卉环保生产认证机制[J]. 中国标准化(10): 50-57.

王雁, 吴丹, 2005. MPS: 世界通行的花卉认证形式[J]. 中国花卉园艺(21): 21-23.

吴丹, 王雁, 宋永英, 2007. 哥伦比亚的生态标签——Florverde 认证[J]. 中国花卉园艺(1): 42-44.

张璇, 卢文明, 2021. 中国花卉认证发展现状及建议[J]. 世界林业研究, 34(2): 68-73.

13 新贸易壁垒与花卉进出口贸易

13.1 新贸易壁垒

13.1.1 概述

新贸易壁垒是指以贸易技术性壁垒为核心，包括环境、知识产权及植物检验检疫等壁垒在内的所有阻碍花卉产品自由流通的新型非关税壁垒体系。这里的新贸易壁垒体系，是相对于传统贸易壁垒而言的。传统贸易壁垒是指关税壁垒和传统的非关税壁垒，其主要通过高关税、产品配额、产品许可证、反倾销和反补贴等措施限制花卉产品的正常国际贸易。

近年来，因新贸易壁垒造成的损失在各种贸易壁垒中十分突出，根据国家质检总局调查结果显示，仅技术性贸易壁垒一项，近几年全国年均损失额就高达600亿美元。中国花卉贸易过程中，知识产权问题是最为频繁出现的新贸易壁垒，涉及到知识产权问题的新贸易壁垒问题也在国际花卉贸易中高频出现，许多花卉产业发达国家已将花卉知识产权工作视为花卉贸易可持续发展的有力支持，也相继建立了完善的花卉知识产权保护系统。中国许多的花卉贸易伙伴利用知识产权设置新贸易壁垒，提高了中国花卉出口成本，降低了中国花卉产品的价格优势。今后中国花卉出口企业面临的知识产权问题将会不断出现，围绕知识产权的竞争也会成为全球花卉贸易企业竞争的重要形式。

新贸易壁垒体系与传统贸易壁垒的根本区别在于：传统贸易壁垒主要是从花卉商品的数量和价格方面实行限制，更多地体现在商品和商业利益上，所采取的措施多数是边境措施；而新贸易壁垒体系往往着眼于花卉商品数量和商品价格等商业利益以外的东西，更多地考虑花卉商品对于人类的健康、安全以及环境的影响，所体现的是社会利益和环境利益，采取的措施不仅是边境措施，而且还涉及各国国内政策和法规的调整。

新贸易壁垒的出现及不断加强并不是偶然的，它是国际经济、社会、科技不断发展的产物。从新贸易壁垒产生的原因看，最主要的成因是产品安全、可持续发展、传统贸易壁垒受限、科技进步和创新、贸易保护。①受国际公约的制约,关税、许可证和配额等传统贸易壁垒的使用广遭谴责和报复,这就为技术性贸易壁垒的发展提供了良好的空间。②区域化经济、发达国家经济增长缓慢,贸易保护主义抬头,为新贸易壁垒营造了发展的环境。③社会发展和多元化经济为人类物质生活和精神文明创造了新的国际环境,人们的健康安全意识不断加强,对环保、卫生和质量标准提出了更高的标准。④国际政治局势的变化直接影响到国与国之间的贸易关系,这种关系多体现在政治价值取向和双边、多边国际关系敌对或冷漠的国家之间,从而使得国际贸易关系上升为贸易国之间政治斡旋的一种媒介。⑤发达国家和发展中国家的经济环境和贸易立法的基础与条件存在一定的差异,这将可能引发贸易国之间在产品质量、生产经营环境和安全卫生标准等方面的争议。为维护国内良性循环的经济秩序,各国都会采取相应的措施通过国内立法加以规范,由此形成对贸易伙伴国的新贸易壁垒。

13.1.2 新贸易壁垒的类别

关于贸易壁垒的界定,中国商务部 2014 年发表的《国别贸易投资环境报告 2014》(以下简称《报告》)鉴于中国的贸易伙伴多为 WTO 成员,因此《报告》主要参照 WTO 规则界定贸易壁垒(含新贸易壁垒)。在贸易伙伴为非 WTO 成员或所涉及问题 WTO 没有相应规则的情况下,主要以有关的双边或多边协定为依据,并参考通行的国际贸易规则界定贸易壁垒(表 13-1)。

表 13-1 贸易壁垒的主要类别

序号	主要类别	序号	主要类别
1	关税及关税管理措施	8	政府采购
2	进口限制	9	出口限制措施
3	通关环节壁垒	10	补贴
4	对进口产品征收歧视性的国内税费	11	服务贸易壁垒
5	技术性贸易壁垒	12	知识产权保护
6	卫生与植物卫生措施	13	环境贸易壁垒
7	贸易救济措施	14	其他壁垒

结合中国当前花卉产品出口国际贸易现状,与花卉产品出口关系密切的新贸易壁垒主要有:技术性贸易壁垒(TBT)、卫生与植物检疫措施(SPS)、环境贸易壁垒(ETB)以及知识产权(植物新品种权)保护壁垒等。

13.1.2.1 技术性贸易壁垒

技术性贸易壁垒指的是一国以维护国家安全、保障人类健康、保护生态环境、防止欺诈行为及保证产品质量等为由而采取的一些技术性措施。主要通过颁布法律、法令、条例、规定,建立技术标准、认证制度、卫生检验检疫制度等方式,对外国进口商品制定苛刻的技术、卫生检疫、商品包装和标签等标准,从而提高对进口商品的技术要求,最终达到限制其他国家商品自由进入本国市场的目的。

从表现形式来看，技术壁垒主要是技术法规、技术标准及合格评定程序。技术法规即规定强制执行的产品特性或其工艺和生产方法，包括适用的管理规定在内的文件；这些文件还包括或专门适用于产品、工艺或生产方法的专门术语、符号、包装、标志或标签要求。技术标准指的是经公认机构批准的、规定非强制执行的、供通用或重复使用的产品或相关工艺和生产方法的规则、指南或特性的文件。目前，欧盟拥有的技术标准就有十几万个，美国的技术标准和法规更是多得不胜枚举。而且，这些发达国家的技术标准大多数要求非常苛刻，让发展中国家望尘莫及。合格评定程序指的是任何直接或间接用以确定是否满足技术法规或标准中的相关要求的程序。一般由认证、认可和相互承认组成。影响较大的是第三方认证。认证是指由授权机构出具的证明，一般是由第三方对某一事物、行为或活动的本质或特征，经当事人提出文件或实物审核后给予的证明，通常称为第三方认证。认证可分为产品认证和体系认证，产品认证主要指产品符合技术规定或标准的规定。其中，因产品的安全性直接关系到消费者的生命健康，所以产品的安全认证为强制认证。欧盟对欧洲以外国家的产品进入欧洲市场要求符合欧盟指令和标准（CE）；美国和加拿大规定，无"UL"标志的电子产品不能在其市场销售；日本有JIS认证。体系认证是指确认生产或管理体系符合相应规定。目前最为流行的国际体系认证有ISO 9000质量管理体系认证和ISO 14000环境管理体系认证。

13.1.2.2　植物检验检疫措施

基于保护环境和生态资源，确保人类和动植物的健康，许多国家，特别是发达国家制定了严格的产品检验检疫制度。同时，关贸总协定（General Agreement on Tariffs and Trade，政府间缔结的有关关税和贸易规则的多边国际协定，WTO的前身）通过的《实施卫生与动植物检疫措施协议》也规定各成员国政府有权采取措施，保护人类与动植物的健康，使人、畜免遭污染物、毒素、添加剂的影响，确保人类健康免遭进口动植物携带疾病造成的伤害。为了防止危险性病、虫及其他有害生物传入国内，保护国内消费者的利益，满足对商品健康、安全等隐性需求，各国海关、商检机构都制定了不同的卫生检验检疫制度，对进口本国的产品进行严格的检验检疫。一些国家为了保护本国企业和农民的利益，经常把进口产品检验检疫作为新贸易壁垒的一种有效手段，对外国植物花卉产品进口进行变向的限制。这些与植物材料进口相关的检验检疫制度和规则表面上并不与世贸组织的《卫生与动植物检疫措施协定》相抵触，但是在实施过程中经常被发达国家作为贸易保护措施加以使用。由于各国环境和技术标准的指标水平和检验方法不同，以及对检验指标设计的任意性，使之成为一种新兴的非关税贸易壁垒。

13.1.2.3　环境贸易壁垒

环境贸易壁垒又称绿色贸易壁垒，是指进口国政府以保护生态环境、自然资源和人类健康为由，以限制进口保护贸易为目的，通过颁布复杂多样的环境保护法规、条例，建立严格的环境技术标准和产品包装要求，建立烦琐的检验认证和审批制度，以及征收环境进口税方式，对进口产品设置的贸易障碍。环境贸易壁垒的兴起有其深刻的背景，实质上是发达国家借着环境保护的名义，依赖自身的先进技术和环保水平，通过立法手段，制定严格的强制性的技术、环境标准，以达到贸易保护的目的，将发展中国家的一些商品拒之门外。

环境贸易壁垒涉及范围非常广泛，从原材料生产流程、加工工艺、包装标签、卫生安全、技术标准到环境保护等产品生产、流通、消费的各个环节。主要内容包括绿色产品包装和标签、绿色环境标志、绿色卫生检疫制度等。例如，1996年4月国际标准化组织(ISO)专门技术委员会正式公布了ISO 14000系列标准，对企业的清洁生产、产品生命周期评价、环境标志产品、企业环境管理体系加以审核，要求企业建立环境管理体系，这是一种自愿性标准。目前，ISO 14000逐步成为企业进入国际市场的一个绿色技术标准。

另外，发达国家以保护环境为名，对一些发展中国家的出口产品频频征收环境保护税，还要求根据谁污染谁治理的原则，污染者应彻底治理污染并将所有治理费用计入成本，也就是使环境资源成本内在化，否则认为进口产品是进行生态倾销，从而征收生态反倾销税，实际上这是一种实施绿色贸易壁垒手段的真实反映。

13.1.2.4 知识产权保护壁垒

在中国花卉出口贸易过程中，知识产权保护频繁出现。涉及知识产权的新贸易壁垒正在国际花卉贸易活动中逐步升温。所谓知识产权壁垒，就是在保护知识产权的名义下，对含有知识产权的商品，如专利产品、贴有合法商标的商品实行进口限制；或者凭借拥有的知识产权优势，实行不公平贸易。知识产权壁垒必须以建立知识产权保护的法律制度为前提，未确定知识产权保护制度的国家，不存在受知识产权保护的主、客体，也就无从建立起知识产权壁垒。在国外，花卉知识产权问题早已被视为发展的重要问题来对待，许多花卉业发达国家都将花卉知识产权和新品种开发与保护工作视为花卉产业和贸易持续发展的有力支持，他们建立了系统完善的植物新品种研发和知识产权保护机制。与此同时，中国主要花卉出口国利用自身知识产权方面的领先优势，设置新形式的贸易壁垒，阻碍中国花卉产品进入该国市场；他们利用掌握的知识产权，赚取专利费、品种使用费，从而提高了中国花卉出口产品的成本等相关费用，降低了中国花卉出口产品的价格优势。《与贸易有关的知识产权协议》，即知识产权问题在WTO中占有非常重要的位置，它与货物贸易、服务贸易一起构成WTO的三大支柱。中国加入WTO后，花卉知识产权的作用已经越加突显，今后中国花卉出口企业面临的花卉知识产权问题将会不断增多，花卉贸易企业将会为对花卉知识产权的淡漠付出沉重的代价。而围绕花卉知识产权和植物品种保护进行的竞争将成为全球花卉贸易企业竞争的最高级、最核心形式。

13.1.3 新贸易壁垒的特点

(1) 双重性

新贸易壁垒具有合理合法与不合理合法的双重特点。新贸易壁垒一般以保护人类健康、生命和生态环境为由，其中不乏合情合理之处。世界贸易组织协议中也承认各成员国采取技术措施的必要性和合理性。其前提是不影响正常的国际贸易或对其他成员国产生歧视。但是新贸易壁垒经常以保护消费者利益、环境等问题为借口，进行贸易保护，对某些国家进行有意刁难或是歧视。例如，中国出口日本的花卉产品经常受到日本植物检验检疫规定的影响，当日本国内某种花卉产品供应不足时，日方就会降低检验标准，扩大进口；相反，就会不断提高检验标准，限制进口并对中国花卉产品有意刁难，致使很多企业蒙受经济损失。因此，这类名为保护人类健康，实为贸易保护的歧视性手段具有很大的双重性。

（2）隐蔽性

传统贸易壁垒透明度相对较高，比较容易掌握和应对；新贸易壁垒则名目繁多，涉及多为产品标准和产品以外的内容，花样百出、变换频繁，而且一般表面都有一个很难反击的名目，让人难以应对。例如，技术贸易壁垒与其他非关税壁垒如进口配额、许可证等相比，不仅隐蔽地回避了分配不合理、歧视性等分歧，而且各种技术标准极为复杂，往往使出口国难以应付和适应。同时，技术贸易壁垒措施对国别没有限制，一视同仁，不存在配额问题。技术贸易壁垒措施是以高科技基础上的技术标准为基础，科技水平不高的发展中国家难以作出判断。一些新型的国际贸易壁垒还具有不确定性且涉及面很广，令人无从谈起、无法把握，很难全面顾及。

（3）多样性

新贸易壁垒本身就已包含许多类别，而各个国家在具体使用的过程中又会依据各国国情出台不同的政策，形成种类繁多的新贸易壁垒体系。就花卉产品出口经常遇到的新贸易壁垒而言，已经包括了技术壁垒、绿色壁垒、植物检验检疫措施以及知识产权与新品种保护等几种主要壁垒类别和形式，而每个类别之中又包含了许多具体的程序、标准和规定；不同国家之间的新贸易壁垒体系和构成内容也有所差异；同时国际组织制定的双边、多边协议以及公约名目繁多。例如，中国出口到美国的花卉产品不仅要符合世界贸易组织规定的植物检验检疫程序和标准，还要符合美国国内的植检要求，其中还涉及植物无土、沙和土质材料，知识产权，植物大小规格，农药残留量等诸多标准和要求，可谓名目繁杂，种类多样。

（4）争议性

由于技术性贸易壁垒涉及面非常广，有些还相当复杂，加上其形式上的合法性和实施过程中的隐蔽性，不同国家从不同角度有不同的评定标准，因而国与国之间较难协调，其双重性又很容易引起国家（地区）之间的争议和贸易纠纷，并且解决争议的时间较长。

（5）广泛扩散性

新贸易壁垒可以造成花卉出口企业减少国际市场份额、失去贸易机会、退出市场、损害企业信誉等不利影响，同时使国外消费者对中国部分花卉产品及其相关产品信心下降，给中国出口带来长期的负面影响。扩散效应之大、影响面之广，让人感到难以应对，措手不及。而且其表现形式极具广泛性，既涉及国际或区域性协议，国家法律、法令、规定、要求、指南、准则、程序等强制性的措施，也包括非政府组织等制定的自愿性措施等。从产品角度看，新贸易壁垒几乎涵盖了所有贸易产品；从过程角度看，包括研究开发、生产、包装、运输、销售和消费整个产品的生命周期；从领域角度看，已从有形商品扩展到知识产权以及环境保护等各个领域；表现形式也涉及法律、法令、规定、要求、程序、强制性或自愿性措施等各个方面。

(6) 合法性

新贸易壁垒具有很多合法性外衣的保护，而且发达国家还在继续制定技术标准和技术法规，为新贸易壁垒提供更多的法律支持。与此同时，WTO 也正在不断完善国际性的技术标准和技术法规，一旦这些标准和法规通过，对发展中国家的影响将会非常巨大，新贸易壁垒也有了更多形式上的合法性。例如，美国就制定并实施了大量的技术性贸易措施。据估算，目前美国官方认定的国家标准有 4 万余个，各种非官方标准机构、专业学会和行业协会制定的标准有 5 万余个。有了这些标准和法规，越来越多的新型贸易壁垒得以出现并受到法律保护。

(7) 强制性

在新贸易壁垒领域，尤其是技术性贸易壁垒领域，有许多自愿性的措施，如 ISO 9000、ISO 14000 及各种环境标志认证等，以生产者自愿为原则决定是否申请认证。自 2002 年以来，有些自愿性措施正在与强制性措施结合并有向强制性法规方向转化的趋势。例如，欧盟于 1996 年启动了 ISO 14000 环境管理体系认证，要求进入欧盟市场的产品从生产前到生产、使用以及最后处理阶段都要达到规定的技术标准，从而对出口产品形成了强制性措施。

13.2 新贸易壁垒与花卉进出口贸易

新贸易壁垒的性质和特点决定了其双刃剑的作用和影响。正当的贸易壁垒反映了各国对环保的重视，是国际贸易可持续发展的需要，是人类社会走向文明和进步的标志和必然要求。不正当的贸易壁垒将会阻碍或制约国际贸易的顺利发展。目前中国与经贸发达国家相比差距还很大，尤其与花卉产品贸易有关的环保法规、质量认证体系和行业、产品标准尚不健全，更需要正视新贸易壁垒的影响和作用，制定并执行对中国有利的政策和措施，同时积极规避其他国家或地区对中国花卉贸易进口所采取的不利政策和措施，真正用好这把双刃剑。从短期来看，新贸易壁垒对中国花卉产品进出口活动有消极影响的一面；从长期来看，又有督促中国花卉质量提升、法规体系健全等积极影响的一面。同时，对双方贸易交往而言，如果国外的新贸易壁垒措施无故限制或抵制中国的花卉产品进入他国，那么中国也可以对国外的产品实行各种方式的回击，用花卉贸易壁垒措施保护自己国家及企业的切实利益。

13.2.1 新贸易壁垒对中国花卉出口贸易的影响

由于发展中国家(地区)的贸易政策、法规体系不健全，产品数量较为单一，质量不稳定，经济发展水平和竞争实力远远落后于发达国家，在国际花卉贸易活动中常常无法达到发达国家不断提高的贸易壁垒门槛，从而在对外贸易活动中常常蒙受巨大的经济损失。虽然中国花卉生产面积不断扩大，花卉产值连年升高，然而花卉出口额占世界花卉贸易总额的比例却非常小。这一方面是自身条件和其他因素的限制，如重产量数量而轻质量效益，强调产品多样而忽视特色专长，盲目扩大生产规模而违背市场消费规律等；另一方面也受国际花卉贸易活动竞争激烈、贸易壁垒层出不穷等客观因素制约。虽然近些年中国花卉产业规模发展迅速，从各方面提升自身竞争水平，为花卉产品出口贸易奠定了一定的基础，但是面对国外越加繁杂的新贸易壁垒，中国花卉出口贸易正在遭到前所未有的考验和挑战。一般来说，花卉出口目标国的新贸易壁垒体系越严格、越复杂，对中国花卉产品出口的影响也就越大。

另外，不同国家针对相同产品却制定了不同的标准和合格评定程序，无形中增加了花卉贸易活动的难度和复杂性；不同季节对相同产品实行不同的检疫标准，人为地干扰了花卉贸易活动的经济规律；发达国家(地区)对发展中国家(地区)实施不公平的环境保护要求，从而加剧了南北之间的贸易和经济差距等。随着新贸易壁垒措施的不断强化，中国花卉产品进入国际市场的难度越来越大。中国花卉产品的质量、标准等许多方面还不过关。如果发达国家继续肆意推行新贸易壁垒，提高花卉产品的进口条件，中国花卉产品在短期内难以达到相关标准要求，花卉出口速度势必减缓，这对中国加快出口战略目标的实现将产生重大的影响。

13.2.2　新贸易壁垒对中国花卉贸易政策措施的影响

因为新贸易壁垒措施的实施对花卉出口相关政策、贸易法规、检疫程序、认证标准以及知识产权保护等方面都提出了更高的要求，原有的法规、标准和程序都要进行相应的改革才能适应这些要求，而中国的贸易法规和标准体系原本就不完善，可以在新贸易壁垒的推动下逐步得以完善，同时还可借鉴国外花卉出口贸易领先国家的一些做法，变被动为主动，为中国花卉出口贸易提供政策法规上的有力保障。例如，中国逐步规范了植物检疫检验制度，分别颁布和公布了《中华人民共和国植物检疫条例》《中华人民共和国进出境动植物检疫法》《中华人民共和国进境植物检疫危险性病、虫、杂草名录》和《引进林木种子苗木及其他繁殖材料检疫审批和监管规定》《中华人民共和国进境植物检疫禁止进境物名单》等法律条文和名录，对花卉进出口贸易中经常出现的检疫问题提供了处理的法律依据。除此之外，还对包装材料、容器、植物进出境方式、介质和繁殖材料等与花卉产品贸易相关的事项进行了严格的规定，尽量与目标出口国的要求相一致，减少企业不必要的损失。

因此，不断发展和完善花卉产品标准、检疫程序、认证机制和新品种培育机制，充分总结国外新贸易壁垒现状和发展趋势及特点，中国花卉出口贸易一定能够适应国外新贸易壁垒的各项要求，从而提高花卉出口贸易额，扩大销售市场，形成中国花卉出口贸易的良性发展。

13.2.3　新贸易壁垒对中国花卉企业的影响

发达国家通过技术标准的设置使中国花卉出口产品的成本大大增加，削弱了企业的国际竞争力。严格的环境标准，使企业背上额外的污染生产防治成本，使花卉出口企业的生产成本的竞争能力下降。例如，环境贸易壁垒要求出口企业将环保科学、生态科学的基本原理运用到产品的生产、加工、贮藏、运输和销售过程中，从而形成一个从生产到销售的完整、无公害、无污染的环境管理体系。中国花卉产品的出口在生产、流通过程中，为了达到目标国对商品的环保标准，不得不接受越来越多的检验、认证和鉴定等繁杂手续，并且在产品的包装、出口标签等方面作出大幅度调整，这将导致出口产品的各种中间费用及附加费用增多，最终推动出口企业的成本总体上涨。

严格且多变的植物卫生检疫程序也经常致使中国的花卉出口企业无所适从，因为不能及时准确地掌握目标国的最新进口检疫标准和要求，很多出口企业不能顺畅地出口自己的产品，逐渐失去原有的花卉市场份额。企业需要不断关注目标国的质量标准和要求，关注国外最新的农残标准和规定，关注国外卫生检疫程序变化和进程，关注他们的知识产权措施以及植物新品种保护等方面的最新举措，调整提高自身的相应技术和能力，这样才能在国际花卉出口贸易舞台上站稳脚跟，这些无形中都增加了企业的竞争成本。

另外，中国企业为了获得国外绿色标志，还要支付大量的检验、测试、评估、购买仪器设备等费用，同时支付高额的认证申请费用和使用年费等直接费用。从目前的状况看，如果出口费用继续上涨，无疑会打击花卉产品出口企业的积极性，从而影响出口企业的经济效益。

在知识产权以及新品种保护方面，由于中国新品种培育工作相对落后，企业能够拥有的具有自主知识产权的花卉产品新品种数量非常有限，所以很多出口企业需要支付大量的专利费生产和销售国外花卉品种，从而增加了企业的生产成本，间接提高了出口商的出口成本，产品在到达目标国市场之后，与当地或其他国家的相同产品一起销售时就会失去一些价格上的竞争优势，企业获利进一步减少。

严格的贸易壁垒环境可以为出口企业提供良性竞争、优胜劣汰的广阔舞台。那些规模较小、生产落后、经营不善、缺乏创新意识、发展缓慢的花卉生产和出口企业将会在激烈的市场竞争中和严格的贸易壁垒挑战下逐步被淘汰。适合花卉企业生产和销售的优势资源将会不断集中到那些能够预见国家花卉市场行情、能够较好地应对新贸易壁垒措施的大中型企业之中，从而在中国最终形成以几个大型出口企业为主导和众多精干小型出口企业为辅助的企业发展格局。

13.2.4 新贸易壁垒对中国花卉产品的影响

新贸易壁垒措施不仅给花卉产品带来了不利影响，也在很大程度上促进了中国花卉出口产品结构和产品质量的改善和提高。严格的技术标准和检疫程序促使中国花卉产品提高等级和质量；严格的环保标准和知识产权要求促使中国花卉企业提高环保生产和新品种保护及培育意识。通过这些工作，中国主要花卉产区及优势产品的分布逐步趋向合理，花卉出口产品形成了较为完善的产品结构体系，针对不同出口目标国，不断加强产品侧重，为花卉产品顺利出口并且占领更多国外市场提供了机遇和保障。

短期内出现的花卉产品被退回或者销毁等现象及其造成的经济损失将会更好地敦促花卉生产和出口企业改善花卉产品从培育、生产到包装、运输和销售的条件，促使相关部门和行业企业为花卉产品提供更多质优价廉的港口冷藏、航空运输等服务。这些措施的实施将会大大提高花卉出口产品的质量和等级，进一步强化自身的价格优势，从而提高中国花卉产品的国际市场竞争力。

从长期来看，中国出口的花卉产品要想在国际市场站稳脚跟，就必须紧跟国际市场最新行情，紧盯国外最新贸易壁垒措施要求，紧抓国内花卉企业的生产和管理。只有牢牢把握市场需求，才能供应畅销的花卉产品；只有及时了解国外新贸易壁垒措施，才能实现花卉产品的顺利出口；只有完善国内企业的生产和管理机制，才能实现花卉产品的保质保量供应。另一方面，由于中国政府和企业提高了知识产权保护意识，国内企业对花卉生产质量标准严格要求，更多国外投资者愿意把其最新产品推向中国市场，并在中国设立生产基地，从而带动国内花卉企业的产品优化进程，丰富花卉产品内容。同时，有利于国内企业吸收消化国外最新研究成果，及时了解国际市场的最新需求，增加花卉产品生产的目标导向性，从而减少花卉贸易风险。

13.3 规避花卉新贸易壁垒的策略及措施

13.3.1 政府的主导作用

为了提高中国花卉产品的出口效益，提高中国花卉产品在国际市场上的竞争力，拉动中国经济的持续增长，中国政府应当借鉴发达国家的通行做法。从自身做起，以保护国内农业生态环境和满足消费者身体健康需求为目标，依靠组织创新、制度创新、科技创新，加大基础设施投入，构建灵活、隐蔽、有效且适合中国国情的花卉新贸易壁垒对策。

(1) 构建法律政策体系

各国有各国的国情，有各自相对固定的对外经贸关系，在国际贸易中的地位和作用也各不相同。在采取何种措施应对贸易壁垒方面，也有多种多样的措施可供选择。总的来说，构建并完善本国的法律标准体系应该处于重中之重的地位。首先，必须积极虚心地学习并适时适当地采用国际标准、国际质量认证体系和国外的先进经验，加入国际公认的法律条约或协议，通过学习逐步积累，吸收其中的精华部分，并结合本国发展需要和实际国情，制定并完善自身的法律规章体系。同时，伴随国内经济的快速发展，国际贸易活动的迅速增加，应不断扩大中国的国际经济影响力，逐步将中国的一些标准法规制定成国际标准，或者将本国的国家标准、行业标准或是协会标准推向世界。

(2) 合理运用贸易规则

应积极合理利用WTO规则，保证中国花卉贸易活动的顺利进行，维护从业企业及人员的合法权益。对国外滥用贸易壁垒实施贸易保护主义的情况，除加强双边协商外，还应积极利用WTO的《TBT协议》和《SPS协议》赋予的权利，运用争端解决机制；中国花卉出口产品经常遭遇国外明显的歧视政策，许多贸易壁垒缺乏科学性，并且明显违背WTO相关规则等，中国不仅应在TBT和SPS委员会上及时提出申诉，更应直接提交争端解决机制。

当今世界经济全球化趋势、世界格局多极化趋势以及世界经济区域化趋势越发突出，以致可以在加强国与国之间的交流与合作、加强区域合作与协调、在WTO框架内等多层次的回旋空间内解决问题。对于花卉贸易活动，可以通过进一步加大多边、双边对外协作合作力度，争取逐步彼此承认各相关国有关机构的检验检疫证书，以便简化手续，为产品出口提供便利。例如，由于美国与许多欧盟国家同为1979年罗马《国际植物保护公约》的成员国，美国向欧盟多数国家出口农产品时，可以美国农业部动植物检疫局按照公约的统一规定制定的《联邦植物卫生证书》为准，到岸后不必要再接受欧盟国家的检疫制度，从而便利了美国农产品进入欧洲市场。

应建议加强国际合作，以防范滥用新贸易壁垒，促进花卉国际贸易的健康发展。建立由 WTO 成员认可的国际性贸易壁垒监督机制，规范 WTO 成员正确执行《TBT 协议》和《SPS 协议》，特别是对有关成员实行国内外双重标准进行有效监督。加强同欧盟、日本、美国等有关方面的合作，与有关国家建立农产品贸易壁垒事先通报机制，以便事先知情和及时完善自身，尽可能防止贸易纠纷，促使有关国家不采取贸易壁垒，使中国企业的损失降低到最小限度。积极参与国际标准化制定机构的工作，对中国具有优势的花卉产品，应努力要求制定国际标准，同时积极参与其他国家提出的国际标准制定工作。

(3) 切实落实扶持政策

为了发展花卉产业，中国政府对花卉产业发展战略作出总体规划，并就企业关心的问题发布了相关政策，积极扶持花卉重点企业，加大对花卉行业各项补贴和奖励，鼓励花卉企业生产和出口工作等。然而，政策在落实阶段遇到了很多问题，如出口奖励和运价补贴等，因资金有限、政策变动较大或落实主体不明确等因素，难于落实和不稳定。另外，目前政府对农林发展的主要优惠政策主要倾向于农业方面，尤其在对外贸易方面，对花卉产品进出口的保护力度明显低于其他农产品。国家之间发生贸易摩擦，最易受到波及影响的就是农林产品，而林业产品更甚。如中国与欧洲某国发生贸易摩擦，该国对中国某出口产品实施贸易制裁措施，将中国出口到该国的花卉种苗实施销毁，直接和间接经济损失严重，对此国家不承担任何责任。不难看出，企业在对外贸易活动能够发挥主体作用，但是其自身抵御风险、规避贸易壁垒的能力相对有限，国家保护政策落实不到位，不但会严重降低企业的风险抵抗力，还会降低企业和产品的国际竞争力，阻碍企业壮大规模，从而影响中国花卉产业的长远发展。

因此，政府应切实将制定的优惠措施落实到企业层面，从企业的立场出发，规范服务方式和意识，完善产业发展优惠措施体系。

(4) 构建合理贸易保护

正当的贸易壁垒体现了保护生态环境、促进人类健康的良好愿望，同时也给中国花卉产品的出口带来新的机遇和挑战；而不正当的贸易壁垒，是中国花卉产品出口的绊脚石，一定要坚决抵制。中国政府要采取相应措施，向发达国家学习先进的经验，运用制度规范保护中国的合法权益。我们可以设置正当的、符合中国国情的贸易壁垒，以保护人民身体健康及保护生态环境的可持续发展，寻求合理的贸易保护。

因此，应尽快培养一批熟悉世界贸易组织原则、精通外语、能够参与贸易争端解决的专门人才，包括熟悉贸易壁垒等非关税壁垒的专门人才，将学习贯彻对外开放的基本国策和学习运用 WTO 关于环境和贸易的有关条款结合起来，促使对外贸易的全过程和各方面与环境保护相协调，实现对外贸易、生态环境和社会效益相统一的可持续发展战略。

13.3.2　行业协会的辅助作用

国外花卉产业发展迅速，花卉国际贸易发达的国家都在一定程度上形成了良好的自我服务和管理体系，在不同层次上组成了花卉生产业者合作组织和行业协会，这些组织填补了政府与企业之间的空白地带，为企业提供了除行政措施外的其他重要服务和保障，无论对内还是对外，行业协会都很好地起到政府部门功能的补充作用，其显著作用得到全世界花卉从业者的肯定。

(1) 建立花卉行业发展联盟

在不同的国家(地区)，花卉行业者合作组织有诸多表现形式，有的是行业协会，有的是合作社，有的是批发市场体系，有的是拍卖市场体系。应针对我国的国情构建自己的花卉行业者合作组织，共同制定发展策略，研讨发展对策，承担行业风险，降低产品单位成本，规避贸易壁垒，维护健康和谐的国内外市场格局。如哥伦比亚的花卉出口协会，为本国花卉生产和出口企业及时提供国际市场需求信息、国外贸易政策动向，以及本国对花卉行业发展政策变动等诸多信息。帮助企业及时调整自己的生产和出口方向，保证花卉产品的优质优价，避免出现大的经济损失。另外，协会协调其他行业部门为花卉产品顺利出口提供优质服务，如包装、运输、检疫和海关等，形成一条龙服务体系。对内保证了本国生产者的利益，规范了本国企业的竞争模式，提供了企业合作的基础，也对外维护了其行业和产品的国际形象，为进一步开拓市场奠定坚实的基础。

(2) 收集国内外最新贸易政策

花卉行业协会的建立为提供诸多服务项目提供了可能，包括提供市场信息，提供各国贸易政策，提供国外先进发展措施技术等。这些对花卉生产和出口企业而言都是非常重要的服务内容和信息，没有这些服务措施，花卉行业的发展必然遇到更多困难，企业和农民自身又无力自身解决，就会形成恶性循环，最终损坏自身利益，破坏自身发展格局。

同时，行业组织要按时收集各国实施的贸易壁垒措施和通报信息，对国外正在制定和现行的对中国花卉出口造成影响的技术法规、标准和合格评定程序进行分析和评估，为中国企业及时掌握国外贸易壁垒信息、突破限制和扩大出口提供信息和咨询服务。特别是要加强对 WTO 成员的 TBT 和 SPS 通报的评议工作，努力维护中国合法权益。

(3) 搭建产业合作平台

高效的流通体系是实现花卉产品顺畅地从产地流向各类市场和消费者的渠道，也是市场经济在花卉产业化经营中的最重要的反映之一。流通体系不但包括各类市场，更重要的是为花卉市场销售服务的各种措施和机制。如荷兰的拍卖市场，不但包括销售，而且还有从分类分级包装、质检、海关、冷藏贮运等一系列的服务；日本结合批发市场建立了卫星网络拍卖制度；哥伦比亚建立了帮助花卉出口进行多方位服务的花卉出口协会；美国的电报购花公司和批发市场提供从包装冷藏到储运的一系列服务。

花卉流通服务体系的建立需要多部门、多行业、多层次的参与和合作，行业协会需要不断协调各方利益关系。从产品的生产到最终消费经过了多个环节，涉及的服务主体不断变化，涵盖包装、质检、海关、运输、冷藏等方面。诸如运力和运价就是影响花卉贸易畅通与否的重要原因之一，低层次的服务将导致花卉销售成本上升，产品质量受损，降低国际竞争力。以航空运输为例，由于昆明出发的相应航班不能满足运输需要，出口企业不得不采用其他运输方式或路线，如到香港直接运费为 5 元/kg，通过广州到深圳运费为 1.5 元/kg，加上由深圳通过冷藏车快运到香港的费用约为 0.2 元/kg，实际转运费是直航运费的 1/2~2/3。云南省输出中国香港的鲜花，50%以上通过深圳转运。同样，从上海、宁波、大连和青岛通过冷链方式向日本和韩国海运，花卉运价也更便宜。因此，相关行业构建合作平台，形成产业优势互补，能促成花卉流通体系的完善和畅通。

13.3.3 企业的主人翁作用

突破贸易壁垒单靠政府和行业协会组织的力量是不够的，需要企业和个人的积极参与与配合。要强化企业和从业人员的贸易壁垒意识，实施生态可持续发展，促使从企业到个人都重视花卉贸易壁垒的防范和应对工作。鼓励花卉产品出口导向型企业生产出高标准、卫生、环保的产品，鼓励采用国际国外先进技术标准，鼓励新品种研发和知识产权保护，鼓励企业合作发展等。

(1) 实施可持续发展战略

企业要想在激烈的国际市场竞争中生存和发展就必须顺应国际贸易发展潮流，把自身的发展规划与国家可持续发展战略相结合，与国际贸易发展趋势相统一。面对国外各种贸易壁垒措施，企业必须首先调整自身发展策略，努力适应新环境和新措施，争取营造出一条可持续发展道路。面对不断更新的贸易壁垒措施，企业必须苦练内功，提高预警意识，加快标准化体系建设，完善自身质量管理和生产安全制度，积极学习国外先进经验，在吸收接纳的同时注重自我创新，力争在技术层面上实现超越，与国际接轨。

(2) 合理运用相关政策方针

面对国外不断变化的技术标准以及范围不断扩大的检验检疫措施，中国企业应积极地收集相关信息，及时吸取前人经验，避免重蹈覆辙。企业可以充分利用行业协会，获取行业发展信息和国内外最新行业动态，构建自己产品相关领域的信息数据库。对产品主要出口地和市场进行重点分析研究，对主要竞争对手进行对比跟踪，对主要贸易对象实施的贸易壁垒采取预警措施，将信息采集和对策采用相结合，做到有的放矢。

企业应该认真研究目标市场的贸易保护措施对企业及本行业的影响，密切关注国际市场的贸易保护信息，注意搜集相关方面的案例，认真总结国内外其他企业突破贸易壁垒限制的经验和教训。同时认真研究发达国家贸易保护浪潮的基本趋势及有关厂商对产品的各方面要求，根据市场和产品特点，从不同方面寻求突破花卉新贸易壁垒的具体应对策略，做到心中有数、应付自如。在国际贸易活动中，企业需要了解并学会利用国际法规协议，诸如 WTO 有关技术标准和农业方面的协议等，对国外企业恶意实施的贸易措施，企业可以通过国家相关部门诉诸世界贸易组织。

(3) 提高花卉产品质量

产品质量是保证花卉国际贸易顺利进行的根本保障，也是规避国外贸易壁垒最有力的武器。高质量的花卉产品能够达到各个环节要求，能够满足消费者对花卉产品的购买要求，能够帮助企业占领目标市场，能够提升企业和产品的国际竞争力和知名度，能够加快企业标准化和国际化进程。针对花卉这个特殊产品，如何提高质量成为企业关注的重要课题。面对国外花卉贸易壁垒，一方面，企业要积极从内部改革，提高生产水平，运用国际标准，将产品质量放在首位，以质量为生命，以质量求发展；另一方面，企业要调整和优化产品结构，发展拳头产品，鼓励名优产品的出口，加快实施出口花卉产品结构多元化战略，在保持传统产品出口优势基础上，加大特色产品的出口比重，使出口产品结构互补搭配，更加稳固。另外，企业要实施出口市场多元化战略、全球市场一体化战略。既要抓住美、日、欧等发达国家市场，也要关注新兴工业国家的市场。要进行市场细分，根据不同的市场要求，提供不同的花卉产品。在发达国家受到限制的产品可能在新兴工业国家有广阔的市场；当一种产品在发达国家市场销售受阻后，可以转移出口对象，向经济和技术发展水平不是很高、进口门槛不是很严的国家出口。要做到西方不亮东方亮，努力减少企业的市场风险。

(4) 注重知识产权保护

知识产权对于花卉企业很重要，既能保护企业自身独立研发的新品种，又能防止企业侵害他人的新品种。同时，知识产权又是企业打开迈向国际大门的一把钥匙，通过与国外公司签订品种权许可生产、品种权转让等方式，进入国际市场。花卉企业相关知识产权保护涉及植物新品种、技术发明创造的专利权、著作权，新品种商标权和商业秘密权等方面。在中国，花卉植物法律保护的途径有两条，一是通过申请品种权直接保护所申请的植物品种，也就是植物新品种保护；二是通过申请生产植物品种方法的发明专利权，间接保护得到的植物品种。对于花卉企业而言，第一条保护途径是比较常见的。

提高知识产权意识必然重要，加快自身研发新品种的力度也很重要，二者相互兼顾，互为保证。新品种研发出来，必须严格保护其知识产权，赋予拥有者一定的权利，鼓励更多企业和个人根据市场需求研发新产品。另外，应积极从国外引进先进品种，了解市场发展消费和发展方向，紧跟市场，调整自己的产品研发和生产走向。国外先进产品和企业的进入，也会带来新鲜的研究技术和设备，可以间接培养一批中国的研究人员和技术人员，最终为我所用。对开发自主知识产权品种的企业，政府要给予奖励，企业间也要相互尊重他人的劳动成果，避免剽窃、恶意竞争等行为。企业还要充分利用政府和民间资源，如政府研究机构和高校专家，有条件的可以与之建立长期的合作关系，共同开发植物新品种。总之，国家制定法律，社会提供资源，企业积极参与其中，维护和谐发展环境，维护法律权威，自觉开展新品种的保护和研究工作，为企业长久发展奠定最根本的基石。

小 结

本章分别从花卉新贸易壁垒的4个类别，即技术性贸易壁垒、植物检疫检验壁垒、环境贸易壁垒和知识产权壁垒着手，分析了其双重性、隐蔽性、多样性、争议性、扩散性、合法性和强制性等特点；分析了新贸易壁垒对中国花卉进出口贸易产生的消极和积极影响，提出了规避和应对花卉新贸易壁垒的策略和措施。

思考题

1. 何谓新贸易壁垒？它是如何形成的？与传统的贸易壁垒有何区别？
2. 新贸易壁垒有哪几类？有何特点？
3. 新贸易壁垒对中国花卉进出口贸易有哪些影响？
4. 出口企业应如何应对新贸易壁垒？

参考文献

陈曦，2018. 花卉贸易与新贸易壁垒研究[J]. 时代经贸，4(22)：53-54.

高永富，2003. WTO与反倾销、反补贴争端[M]. 上海：上海人民出版社.

广东省WTO/TBT通报资讯研究中心，2019. 国际贸易技术壁垒案例评析[M]. 北京：国家质检出版社，国家标准出版社.

顾肖荣，2000. WTO法律规则与非关税壁垒约束机制[M]. 上海：上海财经大学出版社.

刘力，蒙慧，2001. WTO与中国农业发展对策[M]. 北京：中共中央党校出版社.

赵维田，2000. 世贸组织的法律制度[M]. 长春：吉林人民出版社.

卓骏，2016. 国际贸易理论与实务[M]. 4版. 北京：机械工业出版社.

附 录

《濒危野生动植物种国际贸易公约》

在花卉贸易的交易过程中除了要符合前面各章节介绍的标准、术语、规则、流程之外，还要遵守《濒危野生动植物种国际贸易公约》，该公约又称华盛顿公约(CITES)，中国于1980年12月25日加入了这个公约，并于1981年4月8日对中国正式生效。其精神在于管制而非完全禁止野生物种的国际贸易，其用物种分级与许可证的方式，以达成野生物种市场的永续利用性。该公约管制国际贸易的物种，可归类成三项附录，附录I的物种为若再进行国际贸易会导致灭绝的动植物，明确规定禁止其国际性的交易；附录II的物种则为目前无灭绝危机，管制其国际贸易的物种，若仍面临贸易压力，族群量继续降低，则将其升级入附录I。附录III是各国视其国内需要，区域性管制国际贸易的物种。

按照2019年11月26日生效的新修订的公约附录，对于濒危植物等级的划分分述如下：

(1) I级濒危植物

对于I级濒危植物而言，按照《公约》附录I的统计，共计有412个种类。其中，百合科芦荟属占据27席，这些种类主要分布在热带地区的马达加斯加和南非等地；而仙人掌科无疑是I级濒危植物中种类最多的，有75个种列入，这些种主产于热带美洲和西印度群岛，是小型的肉质植物，现多有人工栽培。在I级濒危物种中，最具观赏价值的当属兰科植物。其中，兜兰属、石斛属、卡特兰属和万代兰等甚至全属列入了I级濒危植物的范畴。由此可见，I级濒危植物种类繁多，是植物保护的重中之重。

(2) II级濒危植物

II级濒危植物中，兰科植物所占的比重是其他类群无法比拟的。整个兰科植物全被列入《公约》附录II，成为濒危物种保护的"旗舰"类群(flag-ship)。这是由于兰科植物自身的生物学习性和生长特性，种群数量少，而人为采挖和生境的破坏，造成了兰科植物在全球范围内境况堪忧。同样全科所有种被列入附录II的还有龙树科、苏铁科和仙人掌科。桫椤是已经发现唯一的木本蕨类植物，也是最大的蕨类植物，因其极其珍贵，数量稀少，所以桫椤属所有种被列入附录II。大戟科大戟属也受到了特别的关注，该科属植物所有种列入附录II。红豆杉科植物由于其观赏和药用价值，在II级保护植物中受到了高度重视，就全球而言，其濒危状况当列入I级保护范围。在II级濒危物种中，草本和木本植物各占一定比例，分布范围由南非、澳大利亚和美洲等地的热带和暖温带地区，至中国和俄罗斯的温带地区。

(3) III级濒危植物

III级濒危植物中，仅列入了蒙古栎(*Quercus mongolica*)、水曲柳(*Fraxinus mandshurica*)、白日青(*Podocarpus nerifolius*)、盖裂木(*Magnolia hodgsonii*)、巴拿马天蓬(*Dipteryx panamensis*)、塞舌尔海椰子(*Lodoicea maldivica*)、红松(*Pinus koraiensis*)、买麻藤(*Gnetum montanum*)、尼泊尔绿绒蒿(*Meconopsis regia*)和水青树(*Tetracentron sinense*)10个种。这些种集中分布在中国西藏、云南、广西和四川等地，其中，喜马拉雅山脉横亘于整个亚洲的中西部地区，是附录III植物的主产地；大叶桃花心木主要分布于中美洲、南美洲南部，是很好的观赏植物和经济树种；蒙古栎与水曲柳仅在俄罗斯被提出列入附录III。

《公约》附录I、附录II、附录III见下表所示。

濒危野生动植物种国际贸易公约附录Ⅰ、附录Ⅱ和附录Ⅲ（2019年11月26日起生效）

附录Ⅰ	附录Ⅱ	附录Ⅲ
龙舌兰科 Agavaceae		
小花龙舌兰（姬乱雪）*Agave parviflora*	皇后龙舌兰 *Agave victoriae-reginae* 同型酒瓶兰 *Nolina interrata* 克雷塔罗丝兰 *Yucca queretaroensis*	
石蒜科 Amaryllidaceae	雪花莲属所有种 *Galanthus* spp. 黄花石蒜属所有种 *Sternbergia* spp.	
漆树科 Anacardiaceae	德氏漆 *Operculicarya decaryi* 织冠漆 *Operculicarya hyphaenoides* 象腿漆 *Operculicarya pachypus*	
夹竹桃科 Apocynaceae		
安博棒锤树 *Pachypodium ambongense* 巴氏棒锤树 *Pachypodium baronii* 德氏棒锤树 *Pachypodium decaryi*	火地亚属所有种 *Hoodia* spp. 棒锤树属所有种 *Pachypodium* spp. ★蛇根木（印度萝芙木）*Rauvolfia serpentina*	
五加科 Araliaceae		★人参 *Panax ginseng* （仅俄罗斯联邦种群；其他种群都未被列入附录） 西洋参 *Panax quinquefolius*
南洋杉科 Araucariaceae		
智利南洋杉 *Araucaria araucana*		
天门冬科 Asparagaceae	酒瓶兰属所有种 *Beaucarnea* spp.	

(续)

附录 I	附录 II	附录 III
小檗科 Berberidaceae		
	★桃儿七 *Podophyllum hexandrum*	
凤梨科 Bromeliaceae		
	哈氏老人须 *Tillandsia harrisii* 卡氏老人须 *Tillandsia kammii* 旱生老人须 *Tillandsia xerographica*	
仙人掌科 Cactaceae		
岩牡丹属所有种 *Ariocarpus* spp. 星冠 *Astrophytum asterias* 花笼 *Aztekium ritteri* 精美球 *Coryphantha werdermannii* 孔雀花属所有种 *Discocactus* spp. 林氏鹿角柱 *Echinocereus ferreirianus* ssp. *lindsayorum* 珠毛柱 *Echinocereus schmollii* 小银光球 *Escobaria minima* 须弥山 *Escobaria sneedii* 白斜子 *Mammillaria pectinifera*（包括亚种 spp. *solisioides*） 圆锥花座球 *Melocactus conoideus* 晚刺花座球 *Melocactus deinacanthus* 苍白花座球 *Melocactus glaucescens* 疏刺花座球 *Melocactus paucispinus* 帝冠 *Obregonia denegrii* 金毛翁 *Pachycereus militaris* 布氏月华玉 *Pediocactus bradyi* 银河玉 *Pediocactus knowltonii* 雏鹭球 *Pediocactus paradinei* 斑鸠球 *Pediocactus peeblesianus* 天狼 *Pediocactus sileri* 斧突球属所有种 *Pelecyphora* spp.	仙人掌科所有种 Cactaceae spp.（除被列入附录 I 的物种和木麒麟属所有种 *Pereskia* spp.、麒麟掌属所有种 *Pereskiopsis* spp. 和顶花掌属所有种 *Quiabentia* spp.）	

(续)

附录 I	附录 II	附录 III
布氏白虹山 Sclerocactus blainei	仙人掌科所有种 Cactaceae spp.（除被列入附录 I 的物种和木麒麟属所有种 Pereskia spp.、麒麟掌属所有种 Pereskiopsis spp. 和顶花掌属所有种 Quiabentia spp.）	
突氏玄武玉 Sclerocactus brevihamatus ssp. tobuschii		
短刺白虹山 Sclerocactus brevispinus		
新墨西哥鱼王 Sclerocactus cloverae		
白琅玉 Sclerocactus erectocentrus		
苍白玉 Sclerocactus glaucus		
藤荣球 Sclerocactus mariposensis		
月想曲 Sclerocactus mesae-verdae		
尼氏鱼玉 Sclerocactus nyensis		
月童 Sclerocactus papyracanthus		
毛刺球 Sclerocactus pubispinus		
塞氏鱼玉 Sclerocactus sileri		
狐他球 Sclerocactus wetlandicus		
怀氏虹山 Sclerocactus wrightiae		
鳞茎玉属所有种 Strombocactus spp.		
蛟丽球属所有种 Turbinicarpus spp.		
尤伯球属所有种 Uebelmannia spp.		
多柱树科 Caryocaraceae		
	多柱树 Caryocar costaricense	
菊科 Compositae（Asteraceae）		
	云木香 Saussurea costus	
葫芦科 Cucurbitaceae		
	柔毛沙葫芦 Zygosicyos pubescens	
	沙葫芦 Zygosicyos tripartitus	
柏科 Cupressaceae		
	智利肖楠 Fitzroya cupressoides	
	皮尔格格柏 Pilgerodendron uviferum	
	姆兰杰南非柏 Widdringtonia whytei	

(续)

附录 I	附录 II	附录 III
桫椤科 Cyatheaceae		
	★桫椤属所有种 Cyathea spp.	
苏铁科 Cycadaceae		
印度苏铁 Cycas beddomei	★苏铁科所有种 Cycadaceae spp. (除被列入附录 I 的物种)	
蚌壳蕨科 Dicksoniaceae		
	★金毛狗脊 Cibotium barometz 蚌壳蕨属所有种 Dicksonia spp. (仅包括美洲种群，其他种群未被列入附录)	
龙树科 Didiereaceae		
	龙树科所有种 Didiereaceae spp.	
薯蓣科 Dioscoreaceae		
	★三角叶薯蓣 Dioscorea deltoidea	
茅膏菜科 Droseraceae		
	捕蝇草 Dionaea muscipula	
柿树科 Ebenaceae		
	柿属所有种 Diospyros spp. (马达加斯加种群)	
大戟科 Euphorbiaceae		
安波沃木大戟（安波麒麟）Euphorbia ambovombensis 开塞恩坦马里大戟 Euphorbia capsaintemariensis 克氏大戟 Euphorbia cremersii (包括变型 f. viridifolia 和变种 var. rakotozafyi) 筒叶大戟（筒叶麒麟）Euphorbia cylindrifolia (包括亚种 tuberifera) 德氏大戟（皱叶麒麟）Euphorbia decaryi (包括变种 ampanihyensis，robinsonii 和 spirosticha)	大戟属所有种 Euphorbia spp. [除填入附录 I 的物种，仅包括肉质种类。彩云阁 Euphorbia trigona 栽培品种的人工培植标本、嫁接在麒麟角 Euphorbia neriifolia 人工培植的根砧的木上的冠状、扇形或颜色变异的龟纹筒 Euphorbia lactea，以及不少于100株目易于识别为虎刺梅的标本（花麒麟）Euphorbia "milii" 栽培种的人工培植标本不受本公约条款管制]	

附录 I	附录 II	附录 III
费氏大戟（潘郎麒麟）Euphorbia francoisii 莫氏大戟 Euphorbia moratii （包括变种 Euphorbia antsingiensis、bemarahensis 和 multiflora） 小序大戟 Euphorbia parvicyathophora 扁枝大戟 Euphorbia quartziticola 图拉大戟 Euphorbia tulearensis	大戟属所有种 Euphorbia spp. [除崖大戟 Euphorbia misera 和被列入附录 I 的物种，仅包括肉质种类。彩云阁 Euphorbia trigona 栽培品种的人工培植标本，嫁接在麒麟角 Euphorbia neriifolia 人工培植的根砧木上的冠状、扇形或颜色变异的色箭 Euphorbia lactea，以及不少于 100 株且易于识别为人工培植标本的虎刺梅（花麒麟）Euphorbia "milii" 栽培种的人工培植标本不受本公约条款管制]	
壳斗科 Fagaceae		★ 蒙古栎 Quercus mongolica（俄罗斯）
福桂花科 Fouquieriaceae		
簇生福桂花 Fouquieria fasciculata 普氏福桂花 Fouquieria purpusii	柱状福桂花（观峰玉）Fouquieria columnaris	
买麻藤科 Gnetaceae		★ 买麻藤 Gnetum montanum（尼泊尔）
胡桃科 Juglandaceae	枫桃 Oreomunnea pterocarpa	
樟科 Lauraceae	玫瑰安妮樟 Aniba rosaeodora	
豆科 Leguminosae（Fabaceae）	★ 黄檀属所有种 Dalbergia spp.（除被列入附录 I 的物种）德米古夷苏木 Guibourtia demeusei 佩莱古夷苏木 Guibourtia pellegriniana 特氏古夷苏木 Guibourtia tessmannii 巴西苏木 Paubrasilia echinata	
巴西黑黄檀 Dalbergia nigra		巴拿马天蓬树 Dipteryx panamensis（哥斯达黎加，尼加拉瓜）

(续)

附录 I	附录 II	附录 III
	大美木豆 *Pericopsis elata* 多穗阔变豆 *Platymiscium parviflorum* 刺猬紫檀 *Perocarpus erinaceus* 檀香紫檀 *Perocarpus santalinus* 染料紫檀 *Perocarpus tinctorius* 南方决明 *Senna meridionalis*	
百合科 Liliaceae		
微白芦荟 *Aloe albida* 白花芦荟（雪女王）*Aloe albiflora* 阿氏芦荟 *Aloe alfredii* 贝氏芦荟（斑蛇龙）*Aloe bakeri* 美丽芦荟 *Aloe bellatula* 喜钙芦荟 *Aloe calcairophila* 扁芦荟 *Aloe compressa*（包括变种 var. *paucituberculata*, *rugosquamosa* 和 *schistophila*） 德尔斐芦荟 *Aloe delphinensis* 德氏芦荟 *Aloe descoingsii* 脆芦荟 *Aloe fragilis* 十二卷状芦荟（琉璃姬孔雀）*Aloe haworthioides* （包括变种 var. *aurantiaca*） 海伦芦荟 *Aloe helenae* 艳芦荟 *Aloe laeta*（包括变种 var. *maniaensis*） 平列叶芦荟 *Aloe parallelifolia*	芦荟属所有种 *Aloe* spp. （除被列入附录 I 的物种；不包括未被列入附录的翠叶芦荟 *Aloe vera*，亦即 *Aloe barbadensis*）	
小芦荟 *Aloe parvula* 皮氏芦荟（女王锦）*Aloe pillansii* 多叶芦荟 *Aloe polyphylla* 劳氏芦荟 *Aloe rauhii* 紫萼芦荟 *Aloe suzannae* 变色芦荟 *Aloe versicolor* 沃氏芦荟 *Aloe vossii*	芦荟属所有种 *Aloe* spp. （除被列入附录 I 的物种；不包括未被列入附录的翠叶芦荟 *Aloe vera*，亦即 *Aloe barbadensis*）	

（续）

附录 I	附录 II	附录 III
木兰科 Magnoliaceae		
		★盖裂木 *Magnolia liliifera* var. *obovata*（尼泊尔）
锦葵科 Malvaceae		
	格氏猴面包树 *Adansonia grandidieri*	
楝科 Meliaceae		
	洋椿属所有种 *Cedrela* spp.（新热带种群）（延期12个月即2020年8月28日起生效） 矮桃花心木 *Swietenia humilis* 大叶桃花心木 *Swietenia macrophylla*（新热带种群） 桃花心木 *Swietenia mahagoni*	劈裂洋椿 *Cedrela fissilis*（玻利维亚、巴西）（2020年8月28日删除） 阿根廷洋椿 *Cedrela lilloi*（玻利维亚、巴西）（2020年8月28日删除） 香洋椿 *Cedrela odorata*（巴西和玻利维亚以及哥伦比亚、危地马拉和秘鲁国家种群）（2020年8月28日删除）
猪笼草科 Nepenthaceae		
卡西猪笼草 *Nepenthes khasiana* 拉贾猪笼草 *Nepenthes rajah*	★猪笼草属所有种 *Nepenthes* spp.（除被列入附录 I 的物种）	
木犀科 Oleaceae		
		★水曲柳 *Fraxinus mandshurica*（俄罗斯）
兰科 Orchidaceae		
	★兰科所有种 Orchidaceae spp.（除被列入附录 I 的物种）	
（对于以下所有被列入附录 I 的物种中，离体培养的、置于固体或液体介质中，以无菌容器运输的幼苗或组织培养物，仅当标本符合缔约方大会同意的"人工培植"定义时，不受公约条款管制）		
马达加斯加船形兰 *Aerangis ellisii*		

(续)

附录 I	附录 II	附录 III
大花蕾立兰 *Cattleya jongheana* 浅裂蕾立兰 *Cattleya lobata* 血色石斛 *Dendrobium cruentum* 墨西哥兜兰 *Mexipedium xerophyticum* ★ 兜兰属所有种 *Paphiopedilum* spp. 鸽兰 *Peristeria elata* 美洲兜兰属所有种 *Phragmipedium* spp. ★ 云南火焰兰 *Renanthera imschootiana*	★ 兰科所有种 Orchidaceae spp. （除被列入附录 I 的物种）	
列当科 Orobanchaceae		
	★ 肉苁蓉 *Cistanche deserticola*	
棕榈科 Palmae (Arecaceae)		
	马岛葵 *Beccariophoenix madagascariensis* 三角槟椰（三角椰）*Dypsis decaryi* 狐猴葵 *Lemurophoenix halleuxii* 达氏仙茅棕（玛瑙椰子）*Marojejya darianii* 繁孚雷文葵 *Ravenea louvelii* 河岸雷文葵（国王椰子）*Ravenea rivularis* 林蓟葵 *Satranala decussilvae* 长苞椰 *Voanioala gerardii*	巨籽棕 *Lodoicea maldivica*（塞舌尔）
拟散尾葵 *Dypsis decipiens*		
罂粟科 Papaveraceae		
		尼泊尔绿绒蒿 *Meconopsis regia*（尼泊尔）
西番莲科 Passifloraceae		
	紫红叶蒴莲 *Adenia firingalavensis* 鳄鱼蔓 *Adenia olaboensis* 小叶蒴莲 *Adenia subsessilifolia*	
胡麻科 Pedaliaceae		

(续)

附录 I	附录 II	附录 III
松科 Pinaceae	黄花艳桐 *Uncarina grandidieri* 粉花艳桐 *Uncarina stellulifera*	
危地马拉冷杉 *Abies guatemalensis*		★红松 *Pinus koraiensis*（俄罗斯）
罗汉松科 Podocarpaceae		
弯叶罗汉松 *Podocarpus parlatorei*		★百日青 *Podocarpus neriifolius*（尼泊尔）
马齿苋科 Portulacaceae		
	回欢草属所有种 *Anacampseros* spp. 阿旺尼亚草属所有种 *Avonia* spp. 锯齿离子芥 *Lewisia serrata*	
报春花科 Primulaceae		
	仙客来属所有种 *Cyclamen* spp.	
毛茛科 Ranunculaceae		
	春福寿草 *Adonis vernalis* 白毛茛 *Hydrastis canadensis*	
蔷薇科 Rosaceae		
	非洲李 *Prunus africana*	
茜草科 Rubiaceae		
巴尔米木 *Balmea stormiae*		
檀香科 Santalaceae		
	非洲沙针 *Osyris lanceolata*（布隆迪、埃塞俄比亚、肯尼亚、卢旺达、卢干达和坦桑尼亚联合共和国种群）	
瓶子草科 Sarraceniaceae		

(续)

	附录Ⅰ	附录Ⅱ	附录Ⅲ
	山地瓶子草 Sarracenia oreophila 阿拉巴马瓶子草 Sarracenia rubra ssp. alabamensis 琼斯瓶子草 Sarracenia rubra ssp. jonesii	瓶子草属所有种 Sarracenia spp.（除被列入附录Ⅰ的物种）	
玄参科 Scrophulariaceae		库洛胡黄连 Picrorhiza kurrooa （不包括胡黄连 Picrorhiza scrophulariiflora）	
蕨苏铁科 Stangeriaceae			
蕨苏铁 Stangeria eriopus		波温铁属所有种 Bowenia spp.	
紫杉科 Taxaceae		★ 红豆杉 Taxus chinensis 和木本种的种下分类单元 ★ 东北红豆杉 Taxus cuspidata 和木本种的种下分类单元 ★ 密叶红豆杉 Taxus fuana 和木本种的种下分类单元 苏门答腊红豆杉 Taxus sumatrana 和木本种的种下分类单元 ★ 喜马拉雅红豆杉 Taxus wallichiana	
瑞香科 Thymelaeaceae（Aquilariaceae）		★ 沉香属所有种 Aquilaria spp. 棱柱木属所有种 Gonystylus spp. 拟沉香属所有种 Gyrinops spp.	
水青树科 Trochodendraceae（Tetracentraceae）			★ 水青树 Tetracentron sinense（尼泊尔）
败酱科 Valerianaceae		★ 甘松 Nardostachys grandiflora	
葡萄科 Vitaceae		象足葡萄瓮 Cyphostemma elephantopus 拉扎葡萄瓮 Cyphostemma laza 蒙氏葡萄瓮 Cyphostemma montagnacii	

(续)

附录 I	附录 II	附录 III
百岁叶科 Welwitschiaceae		
	百岁叶 Welwitschia mirabilis	
泽米科 Zamiaceae		
角状泽米属所有种 Ceratozamia spp. 非洲苏铁属所有种 Encephalartos spp. 小苏铁 Microcycas calocoma 哥伦比亚苏铁 Zamia restrepoi	泽米科所有种 Zamiaceae spp. （除被列入附录 I 的物种）	
姜科 Zingiberaceae		
	菲律宾姜花 Hedychium philippinense 埃塞俄比亚野姜 Siphonochilus aethiopicus （莫桑比克、南非、斯威士兰和津巴布韦种群）	
蒺藜科 Zygophyllaceae		
	萨米维腊木 Bulnesia sarmientoi 愈疮木属所有种 Guaiacum spp.	